普通高等教育"十三五"规划教材

机械精度设计与检测技术

王恒迪 主编　　毛 玺 张发玉 副主编

U0196382

化学工业出版社

·北京·

内 容 提 要

《机械精度设计与检测技术》结合我国产品几何技术规范（GPS）的最新国家标准，系统阐述了机械精度设计和几何量检测的基本方法。本书内容分为三部分，分别是：机械精度设计基础，包括机械精度设计概论、线性尺寸精度设计、表面精度设计、几何精度设计、圆锥和角度精度设计，以及精度综合设计——尺寸链；典型结合和传动的精度设计，包括滚动轴承结合的精度设计、键和花键结合的精度设计、螺纹结合和螺旋传动的精度设计，以及圆柱齿轮传动的精度设计；几何量检测，包括几何量检测基础、几何量检测技术，以及量规设计等内容。各章均配有适量的思考题、练习题和公差表格，以方便学习和设计使用。

本书有配套的电子教案和课件，可登录化学工业出版社教学资源网免费下载。

本书可作为高等院校机械类、近机械类等专业的学生教材，也可供从事机械设计、机械制造、标准化和计量测试等工作的工程技术人员参考。

图书在版编目（CIP）数据

机械精度设计与检测技术/王恒迪主编．—北京：化学工业出版社，2020.9
普通高等教育"十三五"规划教材
ISBN 978-7-122-37187-4

Ⅰ.①机… Ⅱ.①王… Ⅲ.①机械-精度-设计-高等学校-教材②机械元件-检测-高等学校-教材 Ⅳ.①TH122②TG801

中国版本图书馆 CIP 数据核字（2020）第 097849 号

责任编辑：高 钰		文字编辑：陈 喆	
责任校对：杜杏然		装帧设计：刘丽华	

出版发行：化学工业出版社（北京市东城区青年湖南街 13 号　邮政编码 100011）
印　　刷：北京京华铭诚工贸有限公司
装　　订：三河市振勇印装有限公司
787mm×1092mm　1/16　印张 17¾　字数 436 千字　2020 年 9 月北京第 1 版第 1 次印刷

购书咨询：010-64518888　　售后服务：010-64518899
网　　址：http://www.cip.com.cn
凡购买本书，如有缺损质量问题，本社销售中心负责调换。

定　　价：49.00 元

前言

本书是配合高校"互换性与技术测量"课程教学的一本新体系教材,该课程是机械类和近机械类专业的一门重要技术基础课。

机械产品的技术设计可分为三个阶段:总体设计、结构设计和精度设计。总体设计是根据产品的功能要求,确定机器的主要性能参数和总体布局;结构设计是通过运动学和动力学的分析计算,确定机器的装配结构和零件的基本尺寸;精度设计则是根据产品的功能要求和经济性确定零部件的尺寸精度、几何精度和表面微观精度。由此可见精度设计是产品设计过程中的重要环节。产品精度的获得包含在设计、制造和验收过程中,其中验收工作贯穿于产品制造的全过程。因此对从事机械设计与制造的工程技术人员而言,必须掌握机械产品精度设计与检测的基本知识与技能。

本书以精度设计为主线,分别涵盖了线性尺寸精度设计、表面精度设计、几何精度设计、圆锥和角度精度设计、尺寸链等精度设计的基本知识;滚动轴承、键、花键、螺纹和圆柱齿轮等典型结合与传动的精度设计;几何量检测基础、检测技术、量规设计等内容。各章均配有适量的思考题、练习题和公差表格,以方便学习和设计使用。

本书依据最新的国家标准编写,将最新的标准体系和内容融合在专业基础理论中和解决实际问题的过程中,使学生在掌握基础知识的同时,获得机械精度设计与检测的实际能力。

本书的内容已制作成用于多媒体教学的 PPT 课件,并将免费提供给采用本书作为教材的院校使用。如有需要,请发电子邮件至 cipedu@163.com 获取,或登录 www.cipedu.com.cn 免费下载。

本书由王恒迪担任主编,毛玺、张发玉担任副主编。参加本书撰写的有:王恒迪(第 1、3、4 章)、毛玺(第 10、11 章,第 12 章第 4、5、6、7、8 节,第 12 章习题)、张发玉(第 2、5、7、8、9、13 章)、徐彦伟(第 12 章第 1、3 节)、蔡海潮(第 6 章)、涂鲜萍(第 12 章第 2 节),张发玉、徐彦伟、涂鲜萍(附录)。

河南科技大学的武充沛对本书作了全面审阅,并提出了诸多宝贵意见和建议,本书在编写过程中也得到了学科前辈的悉心指导,同时得到了河南科技大学教务处的大力支持,在此一并表示衷心感谢!

由于编者水平有限,书中难免存在不足之处,恳请广大读者提出意见和建议。

编　者

2020 年 5 月

目录

第 7 章　滚动轴承结合的精度设计 / 123

第 8 章　键和花键结合的精度设计 / 132

第 9 章　螺纹结合和螺旋传动的精度设计 / 141

第 11 章　几何量检测基础 / 175

第1章
机械精度设计概论

1.1 机械精度与加工误差的概念

1.1.1 机械精度的概念

反映实际结果或状态与理想结果或状态接近程度的量通常称为精度，它与误差的大小相对应，误差小表示精度高，误差大表示精度低。如工件的测得值与其真值的偏离量表达了测量精度的高低，机床加工后零件的实际尺寸与设计要求的理想尺寸的偏离量表达了加工精度的高低等。

机械精度包括整机的精度和零件的精度。整机的精度是机械产品的实际工作状态与理想工作状态的接近程度，如机床加工过程中主轴的径向跳动和轴向窜动，工具显微镜纵向导轨和横向导轨移动方向的垂直度等。而零件的精度是指零件加工后实际几何参数与理想参数的不一致，包括尺寸误差，形状、方向、位置误差和微观粗糙度等。由于机械产品是由一定几何形状的零、部件安装组成的，因此整机精度的高低主要取决于零部件的加工误差、机器的装配误差和运行误差。

机械精度可分为静态精度和动态精度，机器在非工作状态下的精度称为静态精度，机器在工作状态下的精度称为动态精度。动态精度不仅取决于零件的加工精度，也取决于机构运动和受力等因素的影响，如高速旋转的齿轮因离心力而膨胀会影响齿轮的齿侧间隙，发动机活塞裙部因受热会产生不均匀变形，从而影响它与气缸的配合间隙等。

1.1.2 加工误差

影响零件几何精度的因素是客观存在的加工误差，分析加工误差的来源和它对产品性能的影响有利于采取措施限制或减小误差，提高产品质量。

(1) 加工误差的主要来源

机械加工中，零件的尺寸、形状和表面之间相互方位关系的形成，取决于工件和刀具在切削运动中的相互位置关系。而工件和刀具又安装在夹具和机床上，这样加工时机床、夹具、刀具和工件就构成了一个相互关联的系统，称为"工艺系统"。加工误差的主要来源包括工艺系统的各种误差、加工原理误差、测量误差和人员误差等。

工艺系统的误差可分为静态误差和动态误差，静态误差主要指机床、刀具和夹具在静态下的几何误差。如机床导轨在水平面内的直线度误差将使工件的素线产生各种形状误差，夹具的制造和安装误差将直接影响工件的正确定位，使工件几何要素的方向和位置产生误差，如垂直度、同轴度误差等，刀具与工件间不准确的相对位置使工件各几何要素间产生位置误差，如孔距误差、分度误差等，也将使工件的尺寸产生误差，刀具的形状误差将直接复现在工件表面上，影响工件的粗糙度、波纹度等表面精度。

工艺系统的动态误差主要取决于切削用量（切削速度、切削深度、进给量）、切削力、切削热和工件内应力等因素。不合理的切削用量会影响表面精度；切削力和切削热导致工件与刀具的变形，对大尺寸工件的尺寸误差和形状误差的影响尤为显著；原材料和毛坯的内应力，将影响完工零件的几何精度和精度的保持性。

加工原理误差是由于采用了近似的加工运动或近似的刀具廓形而产生的。例如活塞裙部的椭圆轮廓加工时用四杆机构产生近似的椭圆形运动产生的误差，铣削加工齿轮时用一把模数铣刀加工不同齿数齿轮产生的近似渐开线的误差等。

在试切法的加工过程中，操作人员的技术水平和责任心，直接影响工件的尺寸误差。采用调整法、数控自动或半自动加工方法，能够有效减少操作人员对加工误差的影响。

(2) 几何误差对使用功能的影响

在相同型号的一批产品中，零部件的几何特性设计是相同的，但是其成品在外观感觉、使用功能和使用寿命等方面都各不相同，这是由于零部件在制造、装配过程中存在的几何误差所造成的。不同的生产者根据相同的设计图样制造同类产品时，虽然设计要求相同，但是其制造误差不同、产品测量和品质检验误差不同，造成产品在性能和使用寿命上有所差别。不同的生产者用相同来源的零部件组装产品时，由于安装误差（即安装精度）的差别，也会造成产品的性能和使用寿命不同。

零、部件的几何误差对于机械产品的使用功能和使用寿命具有直接的影响，但不同几何特性的误差对产品使用功能的影响有所不同。表面误差主要影响外观、摩擦磨损、腐蚀、噪声等使用功能，尺寸和形状误差主要影响零、部件的空间相互位置，直接影响运动传递、载荷传递等性能。

如图1-1所示的内燃机由气缸、活塞、连杆、曲轴和凸轮轴等零件装配而成，活塞在顶部时，进气阀打开，活塞往下运动，吸入油气混合气，然后活塞往顶部运动，压缩油气混合气；当活塞到达顶部时，火花塞放出火花来点燃油气混合气，爆炸使得活塞再次向下运动到达底部，排气阀打开；活塞再次往上运动，将尾气从气缸由排气管排出。活塞的往复直线运动经曲轴转化为连续旋转运动。

其中，凸轮轴控制进气阀和排气阀的开闭，凸轮形状误差会导致进气阀和排气阀的开闭时间出现偏差，直接影响发动机的功率；在压缩和燃烧时，两个阀都是关闭的，以保证燃烧室的密封，阀门的几何误差影响其与缸体之间的密封状况；活塞环在气缸壁和活塞之间起到密封作用，防止在压缩和燃

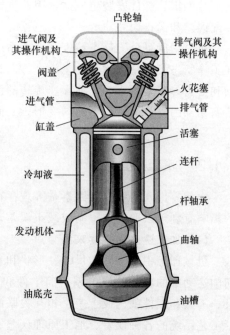

图1-1 内燃机示意图

烧时油气混合气和尾气泄漏进润滑油箱，也防止润滑油进入气缸内燃烧，活塞环的几何误差会导致密封失效，引起尾气管冒青烟等现象；连杆连接活塞和曲轴，使活塞和曲轴维持各自的运动，它们的几何误差会直接影响其运动副的配合性能。

由此可见，机械产品的加工误差、装配误差会对其各种技术性能、使用寿命等产生诸多不利影响。为了满足产品的功能要求，必须对加工误差予以控制。

1.2 精度设计的基本原则和主要方法

产品设计包括系统设计、参数设计和精度设计三个阶段。对机械产品来说，系统设计是根据使用功能要求确定产品的基本工作原理和总体布局，以保证总体方案的合理和先进；参数设计主要是结构设计，即确定机构各零件的结构和尺寸的公称值；精度设计是根据产品的使用功能要求和制造条件确定零部件允许的加工和装配误差，即合理地规定几何要素的公差。

由此可见，对零件每个几何要素给出精度要求，即正确合理地给定零件的几何量公差是机械产品设计的最后一环，具有十分重要的地位，设计过程应采用合理的方法并遵守相应的原则。

1.2.1 精度设计应遵守的原则

(1) 功能保证原则

任何产品都是为满足人们生活、生产或科学研究的需要而设计制造的，对机械产品来说，这种需要表现为可以实现的功能，因此，机械精度设计首先必须满足产品的功能要求。

按照功能保证原则设计机械精度时，首先要熟悉所设计的产品应用功能，然后分析相关零部件的几何误差会对其功能产生何种影响，进而给出合理的精度要求。如内燃机中的连杆，工作时将作用于活塞顶面膨胀气体的压力传给曲轴，又受曲轴的驱动带动活塞压缩气缸中的气体，工作中承受急剧变化的动载荷。其大头孔与小头孔中心线的平行度误差会使活塞在气缸中歪斜，造成气缸壁磨损不均匀，同时使曲轴的连杆轴颈边缘磨损；大头孔与小头孔的中心距将影响气缸的压缩比，从而降低内燃机的效率。因此对连杆大小头孔的平行度和中心距均应规定相应的精度要求。

(2) 互换性原则

① 互换性与公差的概念。

相同规格的一批零部件，不经选择、修配或调整，就能装配成为满足预定使用功能要求的机械产品，零部件所具有的这种性能就称为互换性。能够保证产品具有互换性的生产，就称为遵循互换原则的生产。

由于零件在加工中其几何参数产生误差是难以避免的，从零件的使用功能来看，也没有必要把几何参数加工得绝对准确，只要将加工误差限制在允许的范围内，即可满足互换性的要求。

允许零件几何参数变动的范围称为几何量公差，包括尺寸公差、形状公差、方向公差、位置公差和微观粗糙度要求等。精度设计的主要任务就是依据产品功能对零部件的静态与动态精度要求，以及产品生产和使用维护的经济性，正确合理地对产品的几何参数规定公差。

要全面满足对产品的使用功能要求，仅仅保证零部件具有几何参数互换性是不够的，还需要从零部件的物理性能、化学性能、力学性能等各方面提出要求。这些在更广泛意义上的互换性可称为广义互换性。

② 互换性的种类。

根据互换程度不同，可将互换性分为完全互换和不完全互换。

完全互换要求零部件在装配时不需任何挑选和辅助加工，主要用于大批量生产且精度要求不高的产品中，如汽车、拖拉机上的大多数零件。外购的标准件也采用完全互换，如滚动轴承与轴径和机座孔的配合等。

不完全互换也称为有限互换，即在零部件装配时允许选择和调整，例如滚动轴承的内、外圈滚道和滚动体等零件相互装配的尺寸，由于精度要求极高，如果也要求具有完全互换性，就会给制造带来极大的困难，所以多采用不完全互换，即采取分组装配的方法，才能取得较好的经济效果。

对于单件或小批量生产的零件或精度要求极高时，产品零部件可以不需要互换性，而采用配制的方法制造，如矿山机械和精密仪器等。

③ 互换性的作用。

互换性生产在机械制造中的作用表现在以下三方面。

设计方面：可以最大限度地采用标准件、通用件，简化设计绘图和计算工作，从而缩短设计周期，并有利于计算机辅助设计和产品的多样化。

制造方面：有利于组织专业化生产，便于采用先进工艺和高效率的专用设备，从而降低加工成本，并能够实现流水线装配甚至在自动线上进行装配。

使用维修方面：可以及时更换损坏了的零部件，减少机器维修的时间和费用，提高机器的使用效率。

互换性原则已经成为现代化生产的一项重要的技术经济原则，已经在诸多行业广泛应用，有效地提高了制造过程的经济效益。

(3) 经济性原则

精度设计应经济地满足使用要求，即在满足功能要求的前提下，选用尽可能低的精度（较大的公差），从而提高产品的性能价格比。

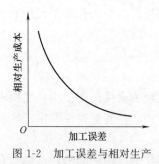

图 1-2 加工误差与相对生产
成本的关系曲线

为获得较高的加工精度，必然需要采用相对复杂的加工工艺和相对精密的工艺设备，并且由技术水平较高的操作人员操作，所以相对生产成本必然提高。实践表明，加工误差与相对生产成本的关系曲线如图 1-2 所示。由图 1-2 可见，加工精度的提高一定会导致相对生产成本的大幅增加。但在条件允许的情况下，适当增加投入，提高零件的几何精度，获得必要的精度储备，往往可以大幅度地增加平均无故障工作时间，延长产品使用寿命，降低产品平均使用成本，提高产品的综合经济效益。

随着科学技术和生产水平的不断提高，以及更为先进的工艺方法的应用，人们可以在不断降低生产成本的条件下提高产品的精度。因此，满足经济性要求的精度设计主要是一个实践的问题。

（4）协调匹配原则

机械产品的综合精度是由与之相关的诸多零部件的精度所决定的，在对这些零部件进行精度设计时，应使其互相协调匹配。协调匹配并非对零件平均规定公差，而是根据它们对产品综合精度影响程度的不同，分别规定不同的精度要求。提高影响使用功能的关键精度要求，降低无关的精度要求，使综合成本得以降低。例如，在齿轮传动的主轴箱中，影响主轴回转精度的主要因素是轴、轴承和箱体，应规定较高的精度要求，而轴上其他零件对回转精度影响较小，则可适当降低精度要求。

1.2.2 精度设计的主要方法

精度设计时，首先需要确定产品整机的精度，然后确定部件的精度，最后确定零件的精度。其主要的设计方法有类比法、计算法和试验法三种。

（1）类比法

类比法（亦称经验法）是通过与实践证明可靠合理的类似产品相比较，从而确定所设计零部件精度的方法。采用该方法进行精度设计时，必须正确选择类比产品，分析它与所设计产品在使用条件和功能要求等方面的异同，并考虑实际生产条件、制造技术的发展、市场供应信息等诸多因素综合确定。

（2）计算法

计算法是根据某种理论或方法建立的数学模型，通过计算确定精度要求的方法。例如，根据液体润滑理论计算确定滑动轴承的最小间隙，根据弹性变形理论计算确定圆柱结合的过盈，根据机构精度理论和概率设计方法计算确定传动系统中各传动件的精度等。用计算法确定零件几何要素的精度只适用于某些特定的场合。而且用计算法得到的公差往往还需要根据多种因素进行调整。

（3）试验法

试验法是先根据一定条件，初步确定零件的精度，并按此进行试制。再将试制产品在规定的使用条件下运行，同时对其各项技术性能指标进行监测，并与预定的功能要求比较，根据比较结果再对原设计进行确认或修改。经过反复试验和修改，最终确定满足功能的精度要求。该方法的设计周期较长、费用较高，因此主要用于新产品设计中个别重要环节的精度设计。

迄今为止，几何精度设计仍处于以经验设计为主的阶段。大多数要素的几何精度都是采用类比的方法由设计人员根据实际工作经验确定。随着计算机技术的普及，计算机辅助精度设计的不断完善，计算法将会在实际设计中得到更多的应用。

1.3 几何精度规范

随着生产力的发展和科学技术的进步，产品的功能越来越强大，产品质量和复杂程度越来越高。一件产品往往需要多个工厂共同完成，必须组织专业化的协作生产。例如在汽车制造业中，汽车上的成千上万个零件是分别由几百家工厂生产的，汽车制造厂只负责生产若干主要的零件，并与其他工厂生产的零件一起装配成汽车。为顺利地实现这种专业化的协作生产，保证产品的互换性，各工厂生产的零件或部件都应该采用统一规范的精度要求。

1.3.1 标准化

(1) 标准化的含义

标准化是在经济、技术、科学及管理等社会实践中，对重复性事物和概念通过制定、发布和实施标准，达到统一，以获得最佳秩序和社会效益的过程。标准化的目的是发展商品经济，促进技术进步，改进产品质量，提高社会经济效益。

标准化的基本形式有简化、统一化、系列化、通用化、组合化和模块化。简化是在一定范围内缩减对象（事物）的类型数目，使之在既定时间内足以满足一般性需要；统一化是把两种以上同类事物的表现形态归并为一种或限定在一定范围内；系列化通常指产品系列化，它通过对同一类产品发展规律的分析研究和技术经济比较，将产品的主要参数、形式、尺寸、基本结构等做出合理的安排与计划，以协调同类产品和配套产品之间的关系；通用化是指在互相独立的系统中，选择和确定具有功能互换性或尺寸互换性的子系统或功能单元的标准化形式。

标准化在人类经济发展的历程中发挥了重要的作用。近代标准化早在 1789 年美国的武器制造中已得到应用，20 世纪初世界上已有二十多个国家相继成立了标准化组织。1936 年成立了国际标准化协会，并于 1947 年更名为国际标准化组织（ISO）。现在这个世界上最大的组织已经是联合国经济和社会理事会的综合性咨询机构。

我国标准化工作从新中国成立后开始起步，1949 年 10 月成立中央技术管理局，内设标准化规格处，1958 年国家技术委员会颁布第一号国家标准 GB1，至 1966 年已颁布国家标准 1000 多项。改革开放后，我国标准化工作受到高度重视，1978 年 5 月，国务院成立了国家标准总局（1998 年改名为国家质量技术监督局），同年参加了国际标准化组织（ISO），1988 年 12 月，第七届全国人大常委会第五次会议通过了《中华人民共和国标准化法》，它的实施对发展商品经济，促进技术进步，提高产品质量，发展对外贸易具有十分重要的意义。截止到 2014 年 3 月，国家标准总数已达 30680 项。

(2) 标准

标准是对重复性事物和概念所做的统一规定。它以科学、技术和实践经验的综合成果为基础，经有关方面协商一致，由主管机构批准，以特定形式发布，作为共同遵守的准则和依据。

标准应反映所涉及对象的内在本质，应符合客观发展规律，因而标准不能凭空臆造，而是科学、技术和实践经验的综合成果。由于科技水平的不断发展，人类社会实践经验的不断丰富，人们对客观世界的认知也会随之深化，因而标准也必须在不断修订中提高水平。

我国标准通常按照体系（级别）和专业性质（管理对象）进行分类。

1）按体系级别分类

标准按体系分为国家标准、行业标准、地方标准和团体标准、企业标准四层。各层次之间有一定的依从关系和内在联系，形成一个覆盖全国又层次分明的标准体系。

① 国家标准：是指需要在全国范围内统一技术要求的标准，代号为 GB、GB/T 和 GB/Z，其含义分别为强制性国家标准、推荐性国家标准和指导性技术文件。

② 行业标准：是没有国家标准又需要在全国某个行业范围内统一技术要求的标准，如机械行业标准（JB）、汽车行业标准（QC）等。当相应的国家标准实施后，该行业标准应自

行废止。

③ 地方标准和团体标准：地方标准是指没有国家标准和行业标准而又需要在省、自治区、直辖市范围内统一技术要求的标准。团体标准是由具有一定资格和能力的社会团体按照标准制定程序自主发布的标准，国家鼓励社会团体制度更为严格的团体标准，目的在于引领产业和企业的发展，提升产品和服务的市场竞争力。

④ 企业标准：是企业范围内需要协调、统一的技术要求、管理要求和工作要求所制定的标准，企业标准的要求不得低于相应的国家标准或行业标准的要求。

2）按专业性质（管理对象）分类

按标准的专业性质不同可将标准划分为技术标准、管理标准和工作标准三大类。

① 技术标准：是对标准化领域中需要统一的技术事项所制定的标准。技术标准是一个大类，可进一步分为基础标准、产品标准、工艺标准、检验和试验方法标准、安全标准、环境保护标准、卫生标准等。其中的每一类还可进一步细分，如基础标准还可再分为术语标准、公差标准等。

② 管理标准：是对标准化领域中需要协调统一的管理事项所制定的标准。管理标准主要是对管理目标、管理项目、管理业务、管理程序、管理方法和管理组织所做的规定。

③ 工作标准：为实现工作（活动）过程的协调，提高工作质量和工作效率，对每个职能和岗位的工作制定的标准叫工作标准。如岗位目标（工作内容、工作任务）、工作程序和工作方法等。

目前，我国基本形成了以国家标准为主体，行业标准、地方标准和团体标准、企业标准相互协调配套的中国国家标准体系。标准化从传统的工农业产品向高新技术、信息技术、环境保护和管理、产品安全和卫生、服务等领域发展，一批关系国计民生的重要标准不断完善，为国民经济现代化建设提供了有力的技术支持。

1.3.2 优先数系

在产品设计中，需要确定很多参数，当某个参数一旦选定，这个数值就会按照一定规律，向一切有关的参数传播。例如，螺栓的尺寸一旦确定，将会影响螺母的尺寸、丝锥板牙的尺寸、螺栓孔的尺寸以及加工螺栓孔的钻头尺寸等。所以产品中的各种技术参数不能随意确定，而应该在一个统一而合理的数系中选择，否则会给生产管理带来麻烦。

为使产品的参数选择能遵守统一的规律，使参数选择一开始就纳入标准化轨道，必须对各种技术参数的数值做出统一规定。因此我国发布了《优先数和优先数系》（GB/T 321—2005），要求工业产品技术参数尽可能采用它。

优先数系为十进等比数列，即数列中含有 10^n 和 10^{-n} 项，它们分别用系列符号 R5、R10、R20、R40 和 R80 表示，各系列的公比 q_r 如下。

$$R5\ 的公比： \qquad q_5 = \sqrt[5]{10} \approx 1.60$$

$$R10\ 的公比： \qquad q_{10} = \sqrt[10]{10} \approx 1.25$$

$$R20\ 的公比： \qquad q_{20} = \sqrt[20]{10} \approx 1.12$$

$$R40\ 的公比： \qquad q_{40} = \sqrt[40]{10} \approx 1.06$$

$$R80\ 的公比： \qquad q_{80} = \sqrt[80]{10} \approx 1.03$$

上述五个系列中，R5、R10、R20 和 R40 四个系列为基本系列，是优先数系中的常用系列，其数值见附表 1-1；R80 称为补充系列，仅在参数分级很细或基本系列中的优先数不能适应实际情况时考虑采用。

为使优先数系有更大的适应性，可从基本系列或补充系列 Rr 中，每 p 项取值形成新的派生系列，以 Rr/p 表示。如 R10/3 就是从 R10 中每逢三项取一个优先数组成新的系列，即

$$1.00,2.00,4.00,8.00,16.00,32.00$$

数值按等比数列分级，相对误差不变，能在较宽的范围内以较小的规格，经济合理地满足需要，是统一、简化制定标准的基础。凡在取值上具有一定自由度的参数系列，都应最大限度地选用优先数，不仅在制订产品标准时应当遵守，在产品设计中应当有意识地使主要尺寸和参数符合优先数。优先数系由于采用等比数列，具有简单、易记、计算方便的特点，如任意一个优先数的积和商仍为优先数，而优先数的对数（或序号）则是等差数列，利用这些特点可以大大简化设计计算。

1.3.3　几何技术规范（GPS）

产品几何技术规范（简称 GPS）是规范所有符合机械工程规律的几何形体产品的整套几何量技术标准，它覆盖了从宏观到微观的产品几何特征，涉及从产品开发、设计、制造、检测、装配以及维修、报废等产品生命周期的全过程。它不但是产品的信息传递与交换的基础，也是产品市场流通领域中合格评定的依据。在国际标准中，GPS 标准体系是影响最广、最重要的基础标准体系之一，与质量管理（ISO 9000）、产品模型数据交换（STEP）等重要标准体系有着密切的联系，是产品质量保证和制造业信息化的重要基础。

第一代 GPS 以几何学为基础，包括几何产品从毫米到微米级的几何尺寸（公差）、从宏观到微观的表面结构（表面粗糙度、表面波纹度、表面形状与位置）、测量原理、测量设备及仪器标准，提供了产品设计、制造及检测的技术规范，但没有建立它们彼此之间的联系。随着国际经济的发展和科学技术的进步，公司规模和地域分散性逐步扩大，传统的内部交流和联系机制日趋消失，先进的制造方法和技术、CAD/CAM/CAQ 以及先进测量仪器的出现和使用，在市场需求和技术进步的推动下，新一代 GPS 以数学作为基础语言结构，以计量数学为根基，给出产品功能、技术规范、制造与计量之间量值传递的数学方法，为设计人员、产品开发人员以及计量测试人员提供了共同的语言，建立了一个交流平台。

GPS 标准体系主要有四个组成部分，即基础的 GPS 标准（矩阵）、综合的 GPS 标准、通用的 GPS 标准（矩阵）和互补的 GPS 标准（矩阵）。

通用的 GPS 标准（矩阵）是 ISO/TC 213 GPS 标准体系的主体部分（表 1-1），不难看出，其矩阵行是根据产品的功能要求，对其相应的几何技术特征进行分析归纳后规范的 18 种工件/要素的几何特征（尺寸、形状、位置及光滑表面特征等）；矩阵列则从系统的角度统筹考虑，给出了从产品功能要求、规范设计到检验评定整个系统过程的各主要链环（图样标注—特征定义—操作算子—比较认证—测量仪器—评定校准）的规范。

在通用产品几何技术规范体系中，规范标准形成相应的标准链，相关的规范标准是相互影响的。目前我国的基础几何标准规范还没有完全满足通用产品几何技术规范体系的要求，正在不断发展的过程中。

表 1-1 通用产品几何技术规范体系

链环号	1	2	3	4	5	6
要素的几何特性	产品文件表代码	公差定义、理论定义和参数值	实际要素的定义、特性或参数	工件偏差的评定与公差极限比较	测量器具要求	校准要求测量标准器
1 尺寸						
2 距离						
3 半径						
4 角度（以度为单位）						
5 与基准无关的线的形状						
6 与基准有关的线的形状						
7 与基准无关的面的形状						
8 与基准有关的面的形状						
9 方向						
10 位置						
11 圆跳动						
12 全跳动						
13 基准平面						
14 粗糙度轮廓						
15 波纹度轮廓						
16 原始轮廓						
17 表面缺陷						
18 棱边						

习 题

一、思考题

1. 零件加工误差的来源有哪些？加工误差与成本有什么关系？

2. 什么是互换性？它的作用是什么？互换性如何分类？各适用于什么场合？

3. 为什么要规定机械零件的几何精度要求？

4. 几何精度设计应遵循的原则是什么？主要设计方法有哪些？各种设计方法有何特点？

5. 何谓标准化？标准化的基本形式是什么？强制性和推荐性国家标准的异同是什么？

6. 我国标准按照体系（级别）如何分类？按照性质（管理对象）如何分类？

7. 试结合自己身边的例子谈谈标准化的作用。

8. 什么是优先数系？优先数系有什么特点？它的作用是什么？

9. 什么是产品几何技术规范？

二、练习题

1. 某机床主轴转速为 50、63、80、100、125……（r/min）。试判断它们属于哪个优先数系系列。

2. 自 IT6 级以后，标准公差等级系数为 10、16、25、40、64、100……。试判断它们属于哪个优先数系系列。

3. R10 系列的公比是多少？系列中每隔多少项数值扩大一倍？

4. 优先数系的一个特点是同一系列中任意两项的理论值之积或商，任意一项理论值之整数乘方，仍为此系列中的一个优先数理论值。优先数系的常用值之间近似具有这种关系。试以 R20 系列中的优先数常用值（保留小数点后面 2 位精度）为例验证这一特点。

第2章
线性尺寸精度设计

　　机械零件的实际尺寸与设计的理想尺寸之间必然存在差异，这种尺寸偏差必然影响产品的使用功能。特别是当孔、轴的尺寸存在偏差时，安装后形成的配合必然存在偏差，对产品的使用功能和无故障工作寿命将产生直接影响。因此，为了满足零件的使用功能要求，必须限制这种差异，对零件尺寸规定精度要求。

　　尺寸的精度要求在设计时用尺寸公差表示。

2.1　尺寸精度的术语定义

2.1.1　孔与轴的定义

　　孔和轴的概念，关系到尺寸公差与孔、轴配合的国家标准和应用范围。

　　孔通常是指工件的圆柱形内表面，也包括非圆柱形内表面（即由两个平行平面或切面形成的包容面）；轴通常是指工件的圆柱形外表面，也包括非圆柱形外表面（即由两个平行平面或切面形成的被包容面）。

　　孔与轴的判断可以采用以下几种方法。

　　① 从定义上来判断，内表面是孔，而外表面是轴。

　　② 从包容性质上来看，孔为包容面（尺寸之间是空的），而轴为被包容面（尺寸之间是实的）。

　　③ 从加工方式上来看，孔类加工尺寸由小到大，而轴类加工尺寸由大到小。

　　这里定义出来的孔和轴是广义的。图 2-1 所示为孔和轴的定义示意图。图 2-1（a）中的内圆柱面和键槽的宽度是孔的尺寸；图 2-1（b）中的外圆柱面是轴的尺寸，轴上键槽的宽度是孔的尺寸；图 2-1（c）中 T 形槽底部槽的高度和上面槽的宽度是孔的尺寸，凸肩厚度是轴的尺寸；图 2-1（c）中的尺寸 L 不属于孔或轴的尺寸，是台阶尺寸的一种。

2.1.2　有关尺寸的术语及定义

　　用特定单位表示长度（或角度）的数值称为尺寸。代表长度值的尺寸称为线性尺寸，代表角度值的尺寸称为角度尺寸，本章只介绍线性尺寸。

　　(1) 公称尺寸

　　公称尺寸是设计给定的尺寸标称值，也称为基本尺寸。公称尺寸是精度设计的起始尺寸，用来与极限偏差（上极限偏差和下极限偏差）一起计算得到极限尺寸（最大极限尺寸和

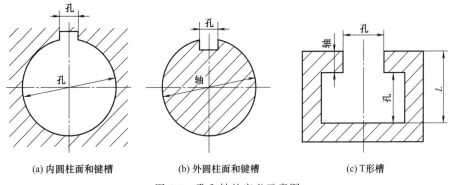

(a) 内圆柱面和键槽　　　(b) 外圆柱面和键槽　　　(c) T形槽

图 2-1　孔和轴的定义示意图

最小极限尺寸）的尺寸。相互配合的孔和轴的公称尺寸必须相同。

公称尺寸是在设计过程中经过计算和分析，并经过圆整、标准化确定的尺寸。它代表尺寸的基本大小或名义值，并不一定是在实际加工中要求得到的尺寸。

孔的基本尺寸常用大写字母 D 表示，轴的公称尺寸常用小写字母 d 表示，非孔非轴的公称尺寸常用 L 表示。

（2）实际尺寸和局部实际尺寸

通过测量得到的尺寸称为实际尺寸。

孔的实际尺寸用 D_a 表示，轴的实际尺寸用 d_a 表示，非孔非轴的实际尺寸常用 L_a 表示。

由于测量过程中存在测量误差，所以实际尺寸不是被测尺寸客观存在的真实大小（也称真值）。由于实际零件存在形状误差，所以在其同一表面不同位置上的实际尺寸往往也是不相等的。多次重复测量同一被测尺寸所得的实际尺寸也是各不相同的。

每一个测得尺寸都可以称为实际尺寸。使用两点式测量得到的实际尺寸称为局部实际尺寸，如图 2-2（a）所示，而点线式和两线式测得尺寸将包含零件的形状误差，如图 2-2（b）、（c）所示。不同的测量器具、不同的环境、不同的操作人员所测得的尺寸含有不同的测量误差，因而也就会产生不同的测得值，但这些测得值都可以作为实际尺寸。在生产实际中，究竟应该以含有多大测量不确定度的测得值作为实际尺寸，要根据经济合理的原则，依据相应的标准规定和被测尺寸的精度要求做出适当的选择。

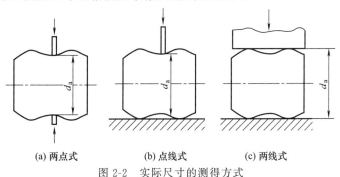

(a) 两点式　　　　(b) 点线式　　　　(c) 两线式

图 2-2　实际尺寸的测得方式

（3）极限尺寸

允许尺寸变化的两个界限值称为极限尺寸，其中较大的一个界限值称为最大极限尺寸，较小的一个界限值称为最小极限尺寸。

孔的最大和最小极限尺寸分别以 $D_{\max}$ 和 $D_{\min}$ 表示，轴的最大和最小极限尺寸分别用 $d_{\max}$ 和 $d_{\min}$ 表示，非孔、非轴的最大和最小极限尺寸常用 $L_{\max}$ 和 $L_{\min}$ 表示。

设计中规定极限尺寸是为了限制零件实际尺寸的变动，以满足预定的功能要求。一般情况下，完工零件的尺寸合格条件就是任一局部实际尺寸都在最大、最小极限尺寸之间，即

$$D_{\max} \geqslant D_a \geqslant D_{\min}$$
$$d_{\max} \geqslant d_a \geqslant d_{\min}$$
$$L_{\max} \geqslant L_a \geqslant L_{\min}$$

2.1.3 有关偏差、公差和公差带的术语及定义

(1) 尺寸偏差

某一尺寸减去其公称尺寸所得到的代数差称为尺寸偏差，简称偏差。"某一尺寸"是指实际尺寸或极限尺寸等。根据"某一尺寸"的不同，偏差可分为实际偏差和极限偏差。

① 实际偏差。

实际尺寸减去其公称尺寸所得到的代数差称为实际偏差，即

对于孔 $\qquad\qquad\qquad\qquad E_a = D_a - D$

对于轴 $\qquad\qquad\qquad\qquad e_a = d_a - d$

② 极限偏差。

极限尺寸减去其公称尺寸所得到的代数差称为极限偏差。最大极限尺寸减去其公称尺寸所得到的代数差称为上极限偏差（简称上偏差），孔、轴的上极限偏差分别以 ES 和 ei 表示，即

孔的上极限偏差 $\qquad\qquad\qquad ES = D_{\max} - D$

轴的上极限偏差 $\qquad\qquad\qquad es = d_{\max} - d$

最小极限尺寸减去其公称尺寸所得到的代数差称为下极限偏差（简称下偏差），即

孔的下极限偏差 $\qquad\qquad\qquad EI = D_{\min} - D$

轴的下极限偏差 $\qquad\qquad\qquad ei = d_{\min} - d$

极限偏差是为了使用方便而定义的极限尺寸的导出值，因而具有与极限尺寸相同的含义。完工零件的尺寸合格条件也可用偏差的关系表示为

$$ES \geqslant E_a \geqslant EI$$
$$es \geqslant e_a \geqslant ei$$

(2) 尺寸公差

尺寸的允许变动量称为尺寸公差，即最大极限尺寸与最小极限尺寸之差，也等于上、下极限偏差之差，即

孔的尺寸公差 $\qquad\qquad T_D = D_{\max} - D_{\min} = ES - EI \qquad\qquad\qquad (2-1)$

轴的尺寸公差 $\qquad\qquad T_d = d_{\max} - d_{\min} = es - ei \qquad\qquad\qquad (2-2)$

尺寸公差表示尺寸允许的变动范围，是允许的尺寸误差大小，它体现设计对尺寸加工精度要求的高低。公称尺寸相同时，公差值越小，零件尺寸允许的变动范围就越小，要求的加工精度就越高。

(3) 尺寸公差带

由代表极限偏差或极限尺寸的直线所限定的区域称为尺寸公差带。尺寸公差带是对尺寸公差和偏差的直观图示，主要作用是辅助理解尺寸公差的意义。

　　取公称尺寸作为零线,用适当的比例画出以两极限偏差表示的公差带,即为线性尺寸公差带,如图 2-3 所示。

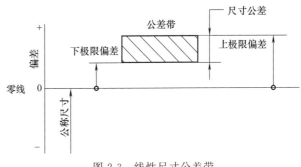

图 2-3　线性尺寸公差带

　　尺寸公差带具有两个特征:大小和位置。尺寸公差带的宽度就是尺寸公差的大小,它体现对加工精度的要求,该数值通常按照国家标准规定的标准公差确定;尺寸公差带的位置由一个极限偏差(上极限偏差或下极限偏差)确定,该极限偏差称为基本偏差。线性尺寸的基本偏差通常也应按国家标准规定选取。

2.1.4　有关配合的术语及定义

(1)　间隙和过盈

　　孔、轴结合的松紧程度用间隙或过盈表示。相互结合的孔、轴尺寸的差值称为间隙或过盈。孔的尺寸减去相配合的轴尺寸,其代数差值为正值时称为间隙,用 S 表示;为负值时称为过盈,用 δ 表示。

　　① 实际间隙和实际过盈。

　　一对实际孔、轴结合的松紧程度用实际间隙 S_a 或实际过盈 δ_a 表示,它们是相互结合的孔、轴实际尺寸之差。

　　② 极限间隙和极限过盈。

　　为了满足一定的功能要求,应该在设计中规定实际间隙或实际过盈允许变动的界限,称为极限间隙或极限过盈。通常要求规定两个分别表示允许最松和允许最紧的界限,即最大和最小极限间隙,或最大和最小极限过盈。它们是确定相互结合的孔、轴极限尺寸(极限偏差)的依据。

　　当孔为最大极限尺寸,轴为最小极限尺寸时,形成最大间隙或最小过盈,即

$$S_{max}(\delta_{min}) = D_{max} - d_{min} = ES - ei \tag{2-3}$$

　　当孔为最小极限尺寸,轴为最大极限尺寸时,形成最小间隙或最大过盈,即

$$S_{min}(\delta_{max}) = D_{min} - d_{max} = EI - es \tag{2-4}$$

(2)　配合

　　公称尺寸相同的、相互结合的孔和轴的尺寸公差带之间的关系,称为配合。根据相互结合的孔、轴尺寸公差带不同的相对位置关系,可以把配合分为三类:间隙配合、过盈配合和过渡配合。

　　① 间隙配合。

　　保证具有间隙(包括最小间隙等于零)的配合称为间隙配合。

　　从孔、轴公差带相对位置看,孔的公差带在轴的公差带以上,就形成间隙配合,如图 2-4 所示。

　　从孔、轴的极限尺寸或极限偏差的关系看,当 $D_{min} \geqslant d_{max}$ 或 $EI \geqslant es$ 时,形成间隙配合。其极限间隙为

$$S_{max} = D_{max} - d_{min} = ES - ei \tag{2-5}$$

$$S_{min} = D_{min} - d_{max} = EI - es \tag{2-6}$$

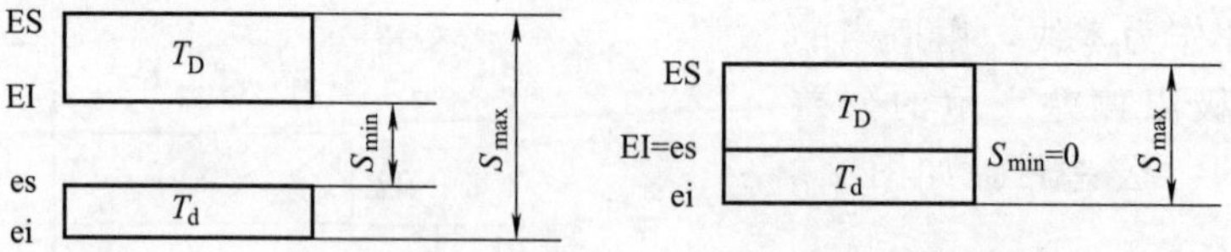

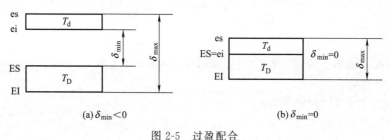

(a) $S_{min} > 0$ (b) $S_{min} = 0$

图 2-4　间隙配合

最大间隙与最小间隙的算术平均值称为平均间隙，以 S_{av} 表示，即

$$S_{av} = \frac{S_{max} + S_{min}}{2} \tag{2-7}$$

间隙配合主要用于孔、轴之间的运动连接。间隙的作用在于储存润滑油、补偿温度引起的热变形、补偿弹性变形和制造安装误差等。间隙的大小直接影响孔、轴之间相对运动的灵活程度。

② 过盈配合。

保证具有过盈（包括最小过盈等于零）的配合称为过盈配合。

从孔、轴公差带相对位置看，孔的公差带在轴的公差带以下，就形成过盈配合，如图 2-5 所示。

(a) $\delta_{min} < 0$ (b) $\delta_{min} = 0$

图 2-5　过盈配合

从孔、轴的极限尺寸或极限偏差的关系看，当 $D_{max} \leqslant d_{min}$ 或 $ES \leqslant ei$ 时形成过盈配合。其极限过盈为

$$\delta_{max} = D_{min} - d_{max} = EI - es \tag{2-8}$$

$$\delta_{min} = D_{max} - d_{min} = ES - ei \tag{2-9}$$

最大过盈与最小过盈的算术平均值称为平均过盈，用 δ_{av} 表示，即

$$\delta_{av} = \frac{\delta_{max} + \delta_{min}}{2} \tag{2-10}$$

过盈配合主要用于孔、轴间的紧固连接，不允许两者之间产生相对运动。若采用大过盈量的配合，可不需要紧固件，依靠孔、轴在结合时的变形即可实现紧固连接，并可承受一定的轴向推力和圆周扭矩。在装配过盈配合的孔和轴时，需要采用压力安装或者变温安装的方法，才能够将比孔尺寸大的轴安装到适当的位置。

过盈的大小直接影响孔、轴之间能够传递载荷的大小。过盈的大小还取决于孔和轴材料的特性，特别是材料的弹性变形特性。

③ 过渡配合。

可能具有间隙也可能具有过盈的配合称为过渡配合。

从孔、轴公差带相对位置看，孔的公差带与轴的公差带有重叠，就形成过渡配合，如图 2-6 所示。

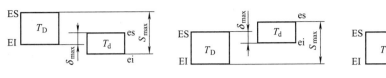

图 2-6　过渡配合

从孔、轴的极限尺寸或极限偏差的关系看，当 $D_{max} > d_{min}$ 且 $D_{min} < d_{max}$，或 ES>ei 且 EI<es 时，形成过渡配合。过渡配合的极限间隙和极限过盈分别为

$$S_{max} = D_{max} - d_{min} = ES - ei \qquad (2-11)$$

$$\delta_{max} = D_{min} - d_{max} = EI - es \qquad (2-12)$$

根据轴孔公差带的位置不同，过渡配合可能具有平均间隙，也可能具有平均过盈，其大小是最大间隙和最大过盈的算术平均值，即

$$S_{av}(\delta_{av}) = \frac{S_{max} + \delta_{max}}{2} \qquad (2-13)$$

过渡配合主要用于孔、轴间的定位连接。过渡配合的间隙或过盈量一般较小，以保证结合的孔、轴间在具有良好对中性（同轴度）的同时，便于装配和拆卸。

（3）配合公差

间隙或过盈的允许变动量称为配合公差，以 T_f 表示。

对间隙配合：　　　　　　　　　$T_f = S_{max} - S_{min} \qquad (2-14)$

对过盈配合：　　　　　　　　　$T_f = \delta_{min} - \delta_{max} \qquad (2-15)$

对过渡配合：　　　　　　　　　$T_f = S_{max} - \delta_{max} \qquad (2-16)$

若将极限间隙与孔、轴极限尺寸或极限偏差的关系代入上式，则可得

$$T_f = T_D + T_d \qquad (2-17)$$

配合公差反映了一批轴孔装配后松紧的一致程度，是表征配合精度高低的参数。同时配合公差又等于相互结合的孔、轴公差之和，可见只有轴、孔规定较高的精度，才能获得高精度的配合。

（4）结合的合用条件

一对孔、轴装配后的实际间隙或实际过盈在设计规定的极限间隙或极限过盈之间，即可满足功能要求，称其为合用。显然，若孔、轴的实际尺寸分别在相应的极限尺寸之间，装配后必然合用，而不合格的轴、孔装配后未必不合用，但不具有互换性。

［例 2-1］　若某配合孔的尺寸标注为 $\phi 30^{+0.033}_{0}$，轴的尺寸标注为 $\phi 30^{-0.020}_{-0.041}$，试分别计算其极限尺寸、极限偏差、公差、极限间隙、平均间隙、配合公差，并画出其尺寸公差带图，说明配合类别。

解：对孔 $\phi 30^{+0.033}_{0}$

孔的极限偏差为：ES=+0.033mm；EI=0

孔的极限尺寸为：D_{max}=30.033mm；D_{min}=30mm

孔的尺寸公差为：$T_D = D_{max} - D_{min} = ES - EI = 0.033$（mm）

对轴 $\phi 30^{-0.020}_{-0.041}$

轴的极限偏差为：es=−0.020mm；ei=−0.041mm

轴的极限尺寸为：d_{max}=29.980mm；d_{min}=29.959mm

轴的尺寸公差为：$T_d = d_{max} - d_{min} = es - ei = 0.021$（mm）

极限间隙为：$S_{max} = D_{max} - d_{min} = +0.074$（mm）

$$S_{min} = D_{min} - d_{max} = +0.020 \ (\text{mm})$$

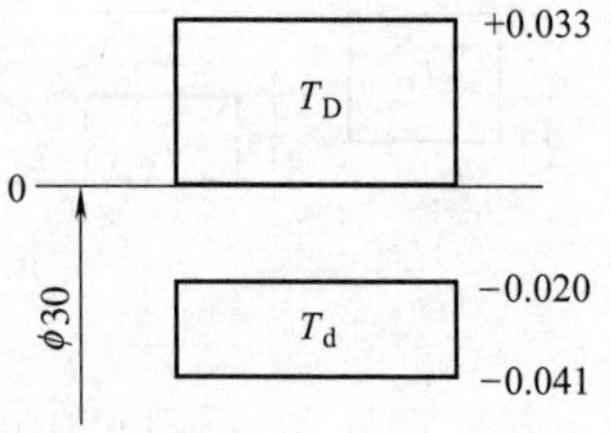

平均间隙为：$S_{av} = \dfrac{S_{max} + S_{min}}{2} = +0.047 \ (\text{mm})$

配合公差为：$T_f = S_{max} - S_{min} = T_D + T_d = 0.054 \ (\text{mm})$

所形成的配合是间隙配合，其尺寸公差带如图 2-7 所示。

若一对孔、轴的实际尺寸分别为：$D_a = 30.021\text{mm}$；$d_a = 29.970\text{mm}$

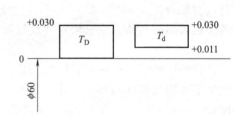

图 2-7　间隙配合尺寸公差带

则　　　$D_{max} = 30.033\text{mm} > D_a = 30.021\text{mm} > D_{min} = 30\text{mm}$

　　　　$d_{max} = 29.980\text{mm} > d_a = 29.970\text{mm} > d_{min} = 29.959\text{mm}$

所以孔、轴尺寸都是合格的。所形成结合的实际间隙为

$$S_a = D_a - d_a = +0.051(\text{mm})$$

所以结合是合用的，由此可见，合格的孔、轴形成的结合一定是合用的，且孔、轴均具互换性。

［例 2-2］　若已知某配合的公称尺寸为 $\phi60\text{mm}$，配合公差为 $T_f = 0.049\text{mm}$，最大间隙 $S_{max} = +0.019\text{mm}$，孔的公差 $T_D = 0.030\text{mm}$，轴的下偏差 $ei = +0.011\text{mm}$，试计算此配合的孔、轴的极限尺寸、极限偏差、极限间隙（或过盈）和配合公差，并画出尺寸公差带图，说明配合类别。

解：　$T_d = T_f - T_D = 0.019 \ (\text{mm})$

　　$S_{min} = S_{max} - T_f = -0.030 \ (\text{mm})$（即 δ_{max}）

　　$es = T_d + ei = 0.030 \ (\text{mm})$

　　$ES = S_{max} + ei = 0.030 \ (\text{mm})$

　　$EI = ES - T_D = 0$

可知此配合为过渡配合，其孔、轴公差带和配合公差带如图 2-8 所示。

若一对实际孔、轴的实际偏差分别为：$E_a = +0.010\text{mm}$，$e_a = +0.005\text{mm}$，则

　　$ES = 0.030\text{mm} > E_a = +0.010\text{mm} > EI = 0$

故孔的尺寸是合格的。

又因　$e_a = +0.005\text{mm} < ei = +0.011\text{mm}$

故轴的尺寸是不合格的（尺寸过小）。

图 2-8　过渡配合的孔、轴公差带和配合公差带

该对孔、轴装配后的实际间隙为：

$$S_a = E_a - e_a = +0.005(\text{mm})$$

实际间隙介于最大间隙和最大过盈之间，故该结合是合用的。由此可见，虽然轴的尺寸不合格，但它仍可能与某些孔形成合用的结合。但是该轴无互换性，它不能与任一合格的孔形成合用的结合。

2.2　极限与配合的标准化

极限制是标准化的孔和轴的公差和偏差制度，国家标准对孔和轴的尺寸极限（极限偏差）进行了标准化，规定了一系列标准的公差数值和标准的极限偏差数值。

2.2.1　标准公差

标准公差是由国家标准规定的，用以确定公差带大小的公差数值。标准公差数值的大小与两个因素相关：标准公差等级和公称尺寸大小。

(1) 标准公差等级

为了满足不同产品中零件的精度要求，国家标准将标准公差划分为 20 个等级，以符号 IT 和阿拉伯数字组成（IT 也可以作为公差值的代号），按精度由高到低的顺序依次排列为

$$IT01、IT0、IT1、IT2、IT3、\cdots、IT17、IT18$$

(2) 加工误差与公称尺寸的关系

统计发现，零件的加工误差与公称尺寸之间存在正相关关系，在相同条件下加工的零件，尺寸越大，产生的加工误差越大。对中小尺寸零件，加工误差通常呈三次方抛物线关系；对大尺寸零件，通常呈线性关系，如图 2-9 所示。这一关系可以用标准公差因子 i 表示，其数值（μm）按下式计算

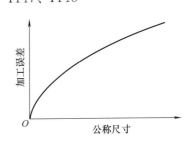

图 2-9　加工误差与公称尺寸之间的关系

公称尺寸 $D \leqslant 500mm$ 时

$$i = 0.45 \sqrt[3]{D} + 0.001D \tag{2-18}$$

公称尺寸 $D > 500 \sim 3150mm$ 时

$$i = 0.004D + 2.1 \tag{2-19}$$

(3) 标准公差数值

标准公差因子反映了加工误差与公称尺寸之间的客观规律，因此标准公差的数值应符合这一规律，对 IT5～IT18 的标准公差数值由下式计算

$$IT = ai \tag{2-20}$$

式中，a 为公差等级系数，表示尺寸精度的高低，其数值见表 2-1。

由表 2-1 可见，a 值按 R5 优先数系（公比为 1.6）的整数值递增，即相邻两个公差等级的公差值相差约 1.6 倍。

表 2-1　公差等级系数

标准公差等级	5	6	7	8	9	10	11	12	13	14	15	16	17	18
公差等级系数 a	7	10	16	25	40	64	100	160	250	400	640	1000	1600	2500

按照上述方法，对于每一个标准公差等级所对应的每一个公称尺寸都可计算出一个相应的标准公差数值，这样编制的公差表格就会非常庞大，不便于使用。为了减少标准公差数值的数量，统一和简化标准公差数值表格，对公称尺寸进行了分段。在每一尺寸段内，用一个尺寸计算公差因子，该尺寸为段内首尾公称尺寸的几何平均值，例如 80～120 尺寸段的几何平均值为 $\sqrt{80 \times 120} = 97.98mm$。这样在每一标准公差等级对应的同一尺寸段内，所有尺寸公差值均相同。

在实际生产中，无需计算标准公差。附表 2-1 列出了公称尺寸至 3150mm 的标准公差数值，供设计时查用。

2.2.2 基本偏差

基本偏差是由国家标准规定的，用以确定尺寸公差带位置的极限偏差。

一般情况下标准规定基本偏差是离零线较近的极限偏差。当尺寸公差带在零线上方时，以下偏差为基本偏差；当尺寸公差带在零线下方时，以上偏差为基本偏差。

为了满足各种不同的使用需要，国家标准分别对孔、轴尺寸规定了 28 种标准基本偏差，每种基本偏差都用一个（或两个）拉丁字母表示，称为基本偏差代号。轴的基本偏差代号用小写字母表示，孔的基本偏差代号用大写字母表示，分别如图 2-10 和图 2-11 所示。

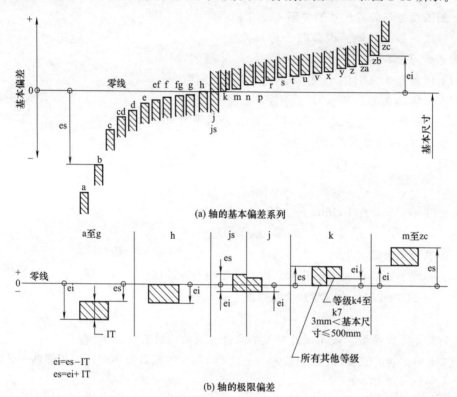

(a) 轴的基本偏差系列

(b) 轴的极限偏差

图 2-10　轴的基本偏差及其代号

非配合尺寸的基本偏差可以参照孔的基本偏差系列确定。

由图 2-10 可见，轴的基本偏差中，a～h 的基本偏差为上偏差，js 为对称公差带，j～zc 的基本偏差为下偏差。由图 2-11 可见，孔的基本偏差中，A～H 的基本偏差为下偏差，JS 为对称公差带，J～ZC 的基本偏差为上偏差。

轴的基本偏差数值见附表 2-2，这些数值大多数是根据设计要求、生产实践和科学实验，经统计分析所得的经验公式计算得到的。除基本偏差 j、k 外，其余基本偏差的数值均与公差等级无关。

孔的基本偏差数值是由同名轴（例如 F 与 f）的基本偏差换算得到的。为保证基孔制与基轴制形成的同名配合性质不变，在大多数情况下，孔的基本偏差按通用规则确定，其数值与同名轴的基本偏差大小相等、符号相反，即 ES＝－ei 或 EI＝－es。但对标准公差等级≤8 的基本偏差 K、M、N，或标准公差等级≤7 的基本偏差 P～ZC，基本偏差数值按特殊规则

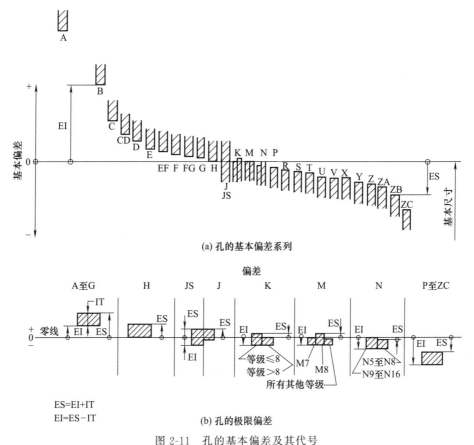

图 2-11　孔的基本偏差及其代号

确定，若标准公差为 n 级，则基本偏差为

$$EI = -es + \Delta \tag{2-21}$$

式中，$\Delta = ITn - IT(n-1)$。

按以上规则确定孔的基本偏差数值和 Δ 数值见附表 2-3。如个别基本偏差不符合上述规则，可直接从附表 2-3 中查出。

2.2.3　公差带与配合的图样标注

(1) 公差带代号及标注

尺寸的公差带代号由基本偏差代号与公差等级代号组成，如 H7、h6、M8、d9 等。在图样上标注尺寸公差时，可以在公称尺寸后标注极限偏差数值，也可以标注尺寸公差带代号，或者两者都标注，如 32H7、100g6、$100^{-0.012}_{-0.034}$、$100g6\ (^{-0.012}_{-0.034})$ 等。

(2) 配合代号与标注

配合代号由相互结合的孔、轴公差带代号组成，并写成分数形式，分子为孔的公差带代号，分母为轴的公差带代号，如 H8/f7、K7/h6、H9/h9、C7/h6 等。在配合代号中，分子为 H 的是基孔制配合；分母为 h 的是基轴制配合；分子为 H、分母为 h 的，如 H8/h7，可视为基孔制配合，也可视为基轴制配合；分子为非 H、分母为非 h 的，如 M8/f7，称为不同配合制的配合。

在装配图中，配合代号标注在公称尺寸之后，如 $\phi52H7/g6$ 或 $\phi52\dfrac{H7}{g6}$。

2.2.4 配合制

机械产品中不同功能要求的配合需要不同的公差带配置来实现，但相同功能要求的配合也可以用不同公差带配置实现。如图 2-12 所示的三种不同的孔、轴尺寸公差带配置，虽然孔、轴的极限尺寸各不相同，但都能形成 $S_{max}=150\mu m$、$S_{min}=50\mu m$ 的间隙配合，可以满足相同的功能要求。

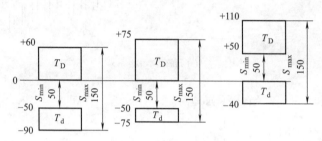

图 2-12 不同极限尺寸构成相同的配合

为了用尽可能少的公差带形成最多种的配合，以满足不同的功能要求，获得最佳技术经济效益，国家标准规定了由同一极限制的孔和轴的公差带组成配合的一种制度，称为配合制。包括基孔制和基轴制。

基孔制——基本偏差为一定的孔的公差带，与不同基本偏差的轴的公差带形成各种配合的制度，简称基孔制，如图 2-13（a）所示。

在基孔制中，孔是基准件，称为基准孔，轴是非基准件。同时规定，基准孔的基本偏差是下偏差，且等于零（EI=0），即基本偏差为 H。

基轴制——基本偏差为一定的轴的公差带，与不同基本偏差的孔的公差带形成各种配合的制度，简称基轴制，如图 2-13（b）所示。

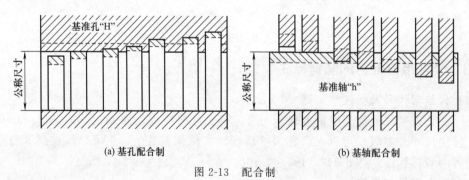

(a) 基孔配合制　　　　　　　　　　(b) 基轴配合制

图 2-13 配合制

在基轴制中，轴是基准件，称为基准轴，孔是非基准件。同时规定，基准轴的基本偏差是上偏差，且等于零（es=0），即基本偏差为 h。

在孔或轴的各种基本偏差中，A～H 或 a～h 与基准件相配时，可以得到间隙配合；J～N 或 j～n 与基准件相配时，基本上得到过渡配合；P～ZC 或 p～zc 与基准件相配时，基本上得到过盈配合。

由于基准件的基本偏差为零，另一个极限偏差（ES 和 ei）就取决于基准件的公差大小（公差等级），所以某些基本偏差（例如 n、N）的非基准件与低公差等级的基准件（H 或 h）相配合时，配合较松，可能形成过渡配合；而与高公差等级的基准件相配合时，配合较紧，可能形成过盈配合。

2.2.5 公差带与配合标准化

标准公差系列中的任一公差与基本偏差系列中任一偏差相组合，即可得到不同大小和位置的公差带。国家标准在公称尺寸至 500mm 范围内列出了 543 种孔的公差带和 544 种轴的公差带。如果这些孔、轴公差带在生产实际中允许任意选用，显然是不经济的，而且也是不必要的。

为了简化公差带种类，减少与之相适应的定值刀具、量具和工艺装备的品种和规格，国家标准对公称尺寸至 500mm 的孔、轴规定了推荐选用公差带，包括优先、常用和一般用途公差带。图 2-14 和图 2-15 所列出的分别为轴和孔的一般用途公差带，其中方框内为常用公差带，带圆圈的为优先公差带。

设计时应优先选用优先公差带，其次选用常用公差带，最后考虑选用一般用途公差带。

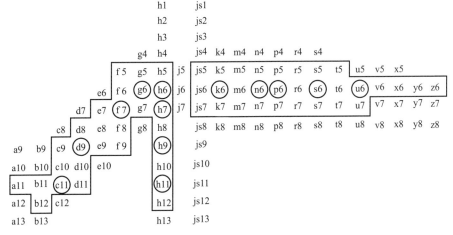

(a) 基本尺寸至500mm

(b) 基本尺寸大于500mm至3150mm

图 2-14 推荐选用轴的公差带

在规定两种配合制的基础上，国家标准又规定了优先配合（基孔制和基轴制各 13 种）和常用配合（基孔制 59 种、基轴制 47 种）。它们都是由优先公差带和常用公差带与适当的基准件组成的，如表 2-2 和表 2-3 所示。

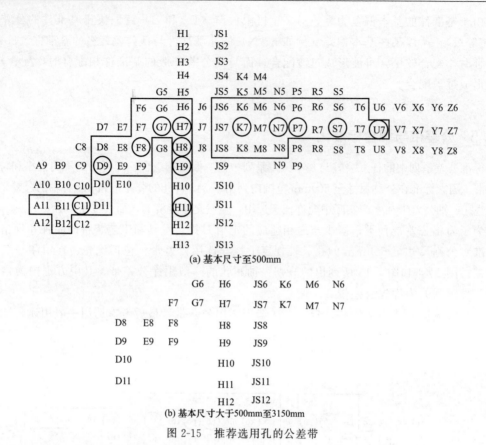

(a) 基本尺寸至500mm

(b) 基本尺寸大于500mm至3150mm

图 2-15　推荐选用孔的公差带

表 2-2　基孔制优先、常用配合

基准孔	轴																				
	a	b	c	d	e	f	g	h	js	k	m	n	p	r	s	t	u	v	x	y	z
	间隙配合								过渡配合				过盈配合								
H6					$\frac{H6}{f5}$		$\frac{H6}{g5}$	$\frac{H6}{h5}$	$\frac{H6}{js5}$	$\frac{H6}{k5}$	$\frac{H6}{m5}$	$\frac{H6}{n5}$	$\frac{H6}{p5}$	$\frac{H6}{r5}$	$\frac{H6}{s5}$	$\frac{H6}{t5}$					
H7						$\frac{H7}{f6}$	$\frac{H7}{g6}$	$\frac{H7}{h6}$	$\frac{H7}{js6}$	$\frac{H7}{k6}$	$\frac{H7}{m6}$	$\frac{H7}{n6}$	$\frac{H7}{p6}$	$\frac{H7}{r6}$	$\frac{H7}{s6}$	$\frac{H7}{t6}$	$\frac{H7}{u6}$	$\frac{H7}{v6}$	$\frac{H7}{x6}$	$\frac{H7}{y6}$	$\frac{H7}{z6}$
H8					$\frac{H8}{e7}$	$\frac{H8}{f7}$	$\frac{H8}{g7}$	$\frac{H8}{h7}$	$\frac{H8}{js7}$	$\frac{H8}{k7}$	$\frac{H8}{m7}$	$\frac{H8}{n7}$	$\frac{H8}{p7}$	$\frac{H8}{r7}$	$\frac{H8}{s7}$	$\frac{H8}{t7}$	$\frac{H8}{u7}$				
				$\frac{H8}{d8}$	$\frac{H8}{e8}$	$\frac{H8}{f8}$		$\frac{H8}{h8}$													
H9			$\frac{H9}{c9}$	$\frac{H9}{d9}$	$\frac{H9}{e9}$	$\frac{H9}{f9}$		$\frac{H9}{h9}$													
H10			$\frac{H10}{c10}$	$\frac{H10}{d10}$				$\frac{H10}{h10}$													
H11	$\frac{H11}{a11}$	$\frac{H11}{b11}$	$\frac{H11}{c11}$	$\frac{H11}{d11}$				$\frac{H11}{h11}$													
H12		$\frac{H12}{b12}$						$\frac{H12}{h12}$													

注：1. $\frac{H6}{n5}$ 和 $\frac{H7}{p6}$ 在公称尺寸小于或等于3mm 和 $\frac{H8}{r7}$ 在公称尺寸小于或等于100mm 时为过渡配合。

2. 标注▼的配合为优先配合。

表 2-3　基轴制优先、常用配合

基准轴	孔																				
	A	B	C	D	E	F	G	H	JS	K	M	N	P	R	S	T	U	V	X	Y	Z
	间隙配合								过渡配合			过盈配合									
h5						$\frac{F6}{h5}$	$\frac{G6}{h5}$	$\frac{H6}{h5}$	$\frac{JS6}{h5}$	$\frac{K6}{h5}$	$\frac{M6}{h5}$	$\frac{N6}{h5}$	$\frac{P6}{h5}$	$\frac{R6}{h5}$	$\frac{S6}{h5}$	$\frac{T6}{h5}$					
h6						$\frac{F7}{h6}$	$\frac{G7}{h6}$	$\frac{H7}{h6}$	$\frac{JS7}{h6}$	$\frac{K7}{h6}$	$\frac{M7}{h6}$	$\frac{N7}{h6}$	$\frac{P7}{h6}$	$\frac{R7}{h6}$	$\frac{S7}{h6}$	$\frac{T7}{h6}$	$\frac{U7}{h6}$				
h7					$\frac{E8}{h7}$	$\frac{F8}{h7}$		$\frac{H8}{h7}$	$\frac{JS8}{h7}$	$\frac{K8}{h7}$	$\frac{M8}{h7}$	$\frac{N8}{h7}$									
h8				$\frac{D8}{h8}$	$\frac{E8}{h8}$	$\frac{F8}{h8}$		$\frac{H8}{h8}$													
h9				$\frac{D9}{h9}$	$\frac{E9}{h9}$	$\frac{F9}{h9}$		$\frac{H9}{h9}$													
h10				$\frac{D10}{h10}$				$\frac{H10}{h10}$													
h11	$\frac{A11}{h11}$	$\frac{B11}{h11}$	$\frac{C11}{h11}$	$\frac{D11}{h11}$				$\frac{H11}{h11}$													
h12		$\frac{B12}{h12}$						$\frac{H12}{h12}$													

注：标注▼的配合为优先配合。

在实际选用时，应首先选用优先配合，不能满足功能要求时，再选用常用配合。当优先和常用配合都不能够满足功能要求时，还可以选用其他任意的配合。个别条件下，也可以根据工作条件的要求，设计不符合国家标准规定的孔、轴公差带组成的配合。

2.3　线性尺寸精度设计

线性尺寸精度设计的主要依据是配合的功能要求，并应同时考虑制造、使用和维护过程的经济性。

可以用三种方式确定满足功能要求的配合：直接选用标准配合或由孔、轴标准公差带形成的配合；选用非标准的孔、轴公差带形成的配合；或采用不具互换性的配制配合。

2.3.1　配合制的选择

在基孔制和基轴制两种配合制中，可以得到配合性质基本相同的标准配合，因此配合制的选用与功能要求无关，主要应考虑工艺的经济性和结构的合理性。

一般情况下应优先选用基孔制，主要是为了满足经济性的要求。因为从工艺角度分析，对较高精度的中小尺寸的孔，广泛采用定尺寸刀具和量具（钻头、铰刀、拉刀、塞规等）进行加工或检验，而每一种规格的定尺寸刀具和量具只能加工或检验一种规格的孔。如果在工业生产中广泛采用基孔制，就可以大大减少孔公差带的种类，从而减少定尺寸刀具和量具的数目，获得很大的经济效益。

对于某些产品，有时选用基轴制更为经济合理。如在农业机械和纺织机械中，由于精度要求不高，经常使用具有一定精度的冷拉棒料直接做轴而不再切削加工，在这种情况下应选用基轴制；小于1mm的精密轴比精密孔难以制造，故经常使用经过光轧成形的钢丝直接做轴，因此，仪器、仪表、电子产品中常采用基轴制。

对于一些特殊的结构，应结合装配工艺考虑采用何种配合制，特别是公称尺寸相同的一根轴与多个孔配合时，若要求中间配合松、两端配合紧，就应该采用基轴制配合。例如图2-16（a）所示的活塞部件中，活塞销与活塞和连杆的配合。根据功能要求，活塞销与活塞应为过渡配合，活塞销与连杆应为间隙配合。若选用基孔制，则活塞销与活塞的配合为$\phi 30H6/m5$，活塞销与连杆的配合为$\phi 30H6/h5$，其公差带如图2-16（b）所示。显然，按照这种设计，就需将活塞销做成两头大、中间小的阶梯轴。而且，销轴两端直径可能大于连杆的孔径，装配时会刮伤连杆孔的表面而影响配合。如果选用基轴制，则活塞销与活塞的配合为$\phi 30M6/h5$，活塞销与连杆的配合仍为$\phi 30H6/h5$，其公差带图如图2-16（c）所示。这样，活塞销就是一根光轴，便于加工和装配，降低了生产成本，也不会刮伤连杆孔的表面。

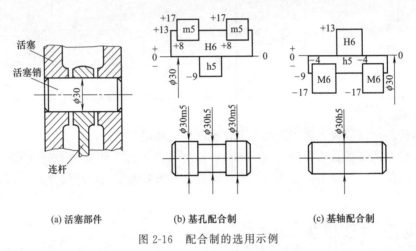

(a) 活塞部件　　　　　(b) 基孔配合制　　　　　(c) 基轴配合制

图 2-16　配合制的选用示例

对机器上安装的标准件（零件或部件），大都通过专业生产厂家采购，无需专门加工，因此与标准件相配合时，必须以标准件作为基准件。例如滚动轴承内圈与轴配合应采用基孔制，轴承外圈与外壳孔之间的配合则应采用基轴制。

必要时，若经过加工工艺和装配工艺分析采用基孔制或基轴制均不合理，可以采用任一轴孔公差带组成配合。例如轴上安装的套筒与轴的配合，轴承端盖与箱体上轴承孔的配合，往往采用非基准制配合。

2.3.2　公差等级的选择

公差等级的选用首先必须满足功能要求，其次要考虑经济性。考虑经济性不单纯从加工成本着眼，还要看到精度的降低会使机器的使用期缩短或性能降低，从而降低机器的生产效益，由此产生的经济损失可能比节约加工成本大得多。因此，有时可适当地提高设计精度以保证产品的质量，使具有足够的精度储备。

从图1-2可以看出，在小公差的范围内，公差值的减小，会使成本迅速增高；在较大公差范围内，公差变化对成本的影响不大，所以在选择公差等级时应注意，在高公差等级范围内，尽量选低的等级；在较低公差等级范围内，可适当提高一或两级，以便以较小的经济代价获得较高的产品质量。

公差等级的选用是一项十分重要但又比较困难的工作,对于实际工作经验较少的设计者尤其如此。因为公差等级的高低不仅直接影响产品的功能和技术指标,而且还直接影响生产和使用过程的经济性。公差等级过低,虽然可以降低生产成本,但是由于低公差等级的尺寸变动量大,难以保证较高的和稳定的产品质量,也影响产品的无故障工作时间和使用寿命,反而增加产品的使用成本。若公差等级过高,则生产成本成倍增加,从而降低产品的性价比,不利于产品的市场竞争,也不利于综合经济效益。

对于某些特殊或重要的配合,可根据工作条件和功能要求确定配合的间隙或过盈的允许界限,然后采用计算法确定相配合孔、轴的公差等级。但是应该指出,这种情况在实际设计过程中是很少的,用计算法确定公差等级只能在个别情况下采用。

设计公差等级的过程就是正确处理功能要求和经济性这对矛盾的过程。由于经济效益受多种因素的综合影响,如技术水平、生产能力、供求关系等,而且在功能要求和公差等级之间也难以建立定量的关系,所以绝大多数尺寸的公差等级只能采用类比的方法来确定。也就是参考经过实践证明是合理的类似产品的设计经验,选择尺寸的公差等级。

用类比法选择公差等级时,应考虑以下几个因素。

(1) 孔、轴的工艺等价

在常用尺寸段内,配合精度要求较高时,即间隙配合和过渡配合的孔的公差等级≤IT8、过盈配合的孔的公差等级≤IT7 时,由于孔比轴难加工,为使相配的孔、轴工艺等价,应选定孔的公差等级比轴低一级。

对于大于 500mm 的孔、轴一般采用同级公差的配合。

对于小于 3mm 的孔、轴,如钟表零件,由于其工艺多样性,孔、轴精度等级可能相差较多,甚至可能孔的公差等级高于轴的公差等级。

有时为了降低加工成本,在不影响产品使用功能的前提下,孔、轴公差等级可相差较多。

(2) 相关要素的精度匹配

例如与齿轮孔相配合的轴的公差等级,受齿轮精度等级的制约;与滚动轴承相配合的外壳孔和轴的公差等级受滚动轴承精度的制约。

(3) 配合性质与加工成本

对于过盈、过渡和较紧的间隙配合,公差等级不能太低,推荐采用孔的公差等级不低于IT8、轴的公差等级不低于IT7。这是因为公差等级过低,会使过盈配合在保证最小过盈的条件下最大过盈增大,当材料强度不够时,零件会受到破坏;过渡配合的公差等级较低时,会导致最大过盈和最大间隙都增大,不能保证相配孔、轴既装拆方便又能实现定心的要求;低公差等级间隙配合会产生较大的平均间隙,满足不了较紧的间隙配合的要求,例如高公差等级的 H6/g5 是较紧的间隙配合,低公差等级的 H11/h11 是较松的间隙配合。

表 2-4 列出了 20 个公差等级的大致应用范围,可作为类比法选择公差等级时的参考。

表 2-5 列出了各种加工方法可能达到的公差等级范围,可供考虑生产条件和制造成本时参考。应该注意,各种加工方法可能达到的公差等级不仅随设备、刀具、工艺条件和工人技术水平的不同而在一定范围内变动,而且随着工艺水平的发展和提高,某种加工方法可以达到的公差等级范围也会有所变化。

表 2-4 公差等级的应用

用途		公差等级(IT)																			
		01	0	1	2	3	4	5	6	7	8	9	10	11	12	13	14	15	16	17	18
量块		IT01~IT1																			
量规	高精度			IT1~IT4																	
	低精度							IT5~IT7													
配合尺寸	特别精密				IT2~IT4																
	精密							IT5~IT7													
	中等										IT8~IT10										
	低精度														IT11~IT13						
非配合尺寸															IT12~IT118						
原材料尺寸											IT8~IT14										

表 2-5 各种加工方法可能达到的公差等级范围

加工方法	公差等级(IT)																			
	01	0	1	2	3	4	5	6	7	8	9	10	11	12	13	14	15	16	17	18
研磨	—	—	—	—	—	—	—													
珩						—	—	—	—	—										
圆磨							—	—	—	—										
平磨							—	—	—	—										
金刚石车							—	—	—											
金刚石镗							—	—	—											
拉削							—	—	—	—										
铰孔								—	—	—	—	—								
车								—	—	—	—	—	—							
镗								—	—	—	—	—	—							
铣								—	—	—	—	—	—							
刨、插												—	—							
钻												—	—	—						
滚压、挤压												—	—							
冲压												—	—	—	—	—				
压铸													—	—	—	—				
粉末冶金成形								—	—	—										
粉末冶金烧结									—	—	—									
砂型铸造、气割																		—	—	—
锻造																	—	—		

2.3.3 配合的选择

选择配合种类的主要依据是功能要求,应根据工作条件要求的松紧程度来选择适当的配合。

通常孔、轴配合后有相对运动（转动或移动）的，应选用间隙配合；主要靠装配过盈传递载荷的，应选用过盈配合；要求有定位精度（对中要求）而且经常装拆的，主要应选用过渡配合，也可按不同情况选用小间隙或小过盈的配合。

确定配合的类别后，再根据功能要求选用适当松紧程度的配合，也就是选择适当的极限间隙（或极限过盈）和配合公差。然后根据配合公差要求选择配合件的基本偏差和标准公差。

选择配合时，首先在国家标准规定的优先配合中选用。当优先配合不能满足功能要求时，再从常用配合中选用。若标准配合都不能满足功能要求，可以选用孔、轴的标准公差带组成要求的配合。选用的顺序也是先选优先公差带，次选常用公差带，再选一般公差带。标准公差带不能满足功能要求时，可自行确定孔、轴极限尺寸（极限偏差），即采用非标准的设计。

由于松紧程度的要求和工作性能难以用定量的指标来表示，所以正确选择配合种类是一件很困难的工作。配合种类的选用方法有类比法、计算法和试验法。

计算法主要用于两种情况：一种是用作滑动轴承的间隙配合，当要求保证液体润滑摩擦时，可以根据润滑理论计算允许的间隙，从而选定适当的配合种类；另一种是完全依靠装配过盈传递载荷的过盈配合，可以根据要求传递载荷的大小计算允许的最小过盈量，再根据孔、轴的材料特性计算允许的最大过盈量，从而选定适当的配合种类。国家标准规定了过盈配合的计算和选用方法，在设计时可以参考使用。

对产品功能影响很大的个别特别重要的配合，可以进行专门的模拟试验，以确定工作条件要求的最佳间隙或过盈量，即采用试验法选用配合。这种方法只要试验设计合理、数据可靠，选用的配合比较理想，但是成本较高、周期较长。

配合的选用主要采用类比法。用类比法选用配合时要对照实例，类比工作条件，相应改变间隙或过盈量。表 2-6 列出了工作条件对配合松紧的要求，可供参考。当孔、轴材料强度较低时，不应选用过紧的配合；相对转动的滑动轴承的相对转速越高，润滑油黏度越大，则间隙配合越松。

表 2-6　工作条件对配合松紧的要求

工作条件	配合要求	工作条件	配合要求
经常装拆		有冲击和振动	
工作时孔的温度比轴低	松	表面较粗糙	紧
形状和位置误差较大		对中性要求高	

选用配合时还应考虑其他因素。

（1）温度变形的影响

由于国家标准规定和图样标注的公差与配合以及测量条件等均以基准温度（20℃）为前提，故当工作温度偏离 20℃时要进行温度修正，尤其是在孔、轴工作温度或线胀系数相差较大的场合。例如发动机中活塞和缸体的结合，由于活塞和缸体的材质不同，其线胀系数相差较大，工作温度和室温的差别较大，因此在设计时应该充分考虑由于温度升高对于装配间隙的影响。

除非有特殊说明，一般均应将工作条件的配合要求换算成 20℃时的极限与配合标注在图样上，这对于在高温或低温下工作的机械尤为重要。

（2）装配变形的影响

在机械结构中，经常遇到薄壁零件装配变形的问题。考虑装配变形的具体办法有两个：一是选择较松的间隙配合，以补偿装配变形；二是采用适当的工艺措施。

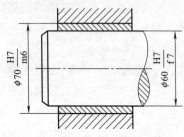

图 2-17　装配变形对配合的影响

例如，在机械结构中经常遇到的套筒装配结构（图 2-17），套筒外表面与机座孔的配合为过渡配合（$\phi70H7/m6$），套筒内表面与轴的配合为间隙配合（$\phi60H7/f7$）。由于套筒外表面与机座孔之间可能产生过盈，当套筒压入机座孔后，套筒内孔收缩，使孔径变小。例如，当套筒外表面与机座孔的过盈为 0.03mm 时，套筒内孔直径可能收缩 0.045mm，若套筒内孔与轴之间原有最小间隙为 + 0.03mm，则由于装配变形，此时将有 0.015mm 的过盈，不仅不能保证配合要求，甚至无法自由装配。因此，对有装配变形的零件，在设计时应对其公差带进行必要的修正，即将内孔公差带上移，使孔的极限尺寸增大。或者采用工艺措施保证，将套筒压入机座孔后再精加工套筒孔，使满足其公差带的要求。

除非有特殊说明，装配图上标注的配合，应是装配以后的要求。若装配图上规定的配合是装配以前的，则应将装配变形的影响考虑在内，以保证装配后达到设计要求。

（3）尺寸分布特性的影响

不同加工方法得到的一批孔、轴的实际尺寸服从不同的分布，即具有不同的分布特性。大批量生产时，多用"调整法"加工，实际尺寸通常为正态分布。单件小批量生产时，多用"试切法"加工，实际尺寸多为偏态分布，且分布中心偏向最大实体尺寸一侧。对同样一种配合，用"调整法"加工或用"试切法"加工，其实际的配合性质是不同的，后者往往比前者紧。因此，同一种配合，由于尺寸分布特性不同，装配得到的一批结合的实际间隙（或实际过盈）的分布也不相同，因而具有不同的结合性质。

以过渡配合 $\phi50H7/js6$ 为例，公差带如图 2-18 所示。当孔、轴尺寸按正态分布时，获得过盈的概率很小，平均间隙为 $S_{av} = +12.5\mu m$。若孔、轴尺寸分布偏向最大实体尺寸（如图中虚线），则出现过盈的概率显著增加。

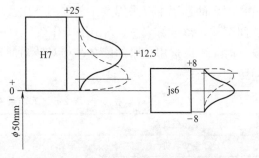

图 2-18　尺寸分布特性对配合的影响

因此，在单件小批量的生产条件下，采用试切法加工，可能使孔、轴实际尺寸形成偏向最大实体尺寸的偏态分布时，应选用较松的配合，或者标注统计尺寸公差，对实际尺寸分布特性做出规定。

（4）使用寿命的影响

孔、轴结合，特别是间隙配合的运动副，由于工作过程中的摩擦磨损，孔、轴间的实际间隙随使用时间增长而变大，最终会因间隙过大导致结合失效。因此，在设计时应考虑摩擦磨损的影响，适当提高孔、轴的配合精度要求，以延长使用寿命。

例如，在大量生产的空压机中，曲轴轴颈与连杆衬套孔的结合，原用配合为 $\phi70E8/h6$，后来改为 $\phi70F7/h6$，由于间隙减小，虽然摩擦力矩增加了 4%，但由于增加了间隙量的磨损储备，使用寿命增加约一年。

对于间隙配合，可以适当减小间隙来提高使用寿命。对于过盈配合，可以适当调整极限过盈，以满足在超负荷时不致松动，在孔、轴拆卸重装后仍可使用，在存在歪斜等装配误差时不致使材料损坏。

2.3.4　一般尺寸公差

国家标准规定了未注出公差的线性（长度）一般公差的公差等级和极限偏差数值。

线性尺寸的一般公差适用于金属切削加工的尺寸，也适用于一般的冲压加工尺寸。非金属材料和其他工艺方法加工的尺寸可参照采用线性尺寸（例如外尺寸、内尺寸、台阶尺寸、直径、半径、距离、倒圆半径和倒角高度）和机加工组装件的线性（长度）尺寸。

但是一般公差不适用于其他已有相关标准规范对未注公差精度做出专门规定的尺寸，矩形框格内的理论正确尺寸没有一般公差。

尺寸的一般公差规定了四个公差等级：精密级（f）、中等级（m）、粗糙级（c）和最粗级（v）。

线性尺寸的一般公差极限偏差数值、倒圆半径和倒角高度尺寸的一般公差的极限偏差数值见附表 2-4 和附表 2-5。

若采用尺寸的一般公差，只需在图样上或技术文件中以国家标准号和公差等级代号标注即可。例如按产品精密程度和车间普通加工经济精度选用标准中规定的 m（中等）级，可表示为

线性尺寸的未注尺寸公差按　GB/T 1804-m

这表明图样上凡是未注公差的尺寸（包括长度尺寸、倒圆半径及倒角尺寸等）均按 m（中等）级加工制造。

2.3.5　尺寸精度设计举例

（1）标准配合设计举例

下面通过两个例子说明类比法和计算法确定公差和配合的方法，以供尺寸精度设计时参考。

［例 2-3］　图 2-19 所示为 C616 型车床尾座装配图。已知尾座在车床上的作用是与主轴的顶尖共同支持工件，承受切削力。尾座工作时，扳动手柄 10，通过偏心机构将尾座夹紧在床身上，再转动手轮 8，通过丝杠、螺母，使套筒 3 带动顶尖 1 向前移动，顶住工件。最后转动夹紧手柄 13，使夹紧套 12 靠摩擦夹住套筒，从而使顶尖的位置固定。试分析确定尾座部件有关部位的配合。

解： 根据各零件的作用与特点，按照尺寸精度设计的内容（即选择基准制、公差等级和配合种类），分析确定尾座部件有关部位的配合如下。

① 尾座体 2 孔与套筒 3 外圆柱面的配合。

根据尾座体孔的作用及结构特点，确定选用基孔制。由于车床工作时承受较大切削力，要保证顶尖的高精度，套筒外圆柱面与尾座体孔是主要的配合部位，故尾座体孔选用公差等级为 IT6，公差带为 H6。考虑加工高精度孔与轴的工艺等价性，确定套筒外圆柱面为 IT5；

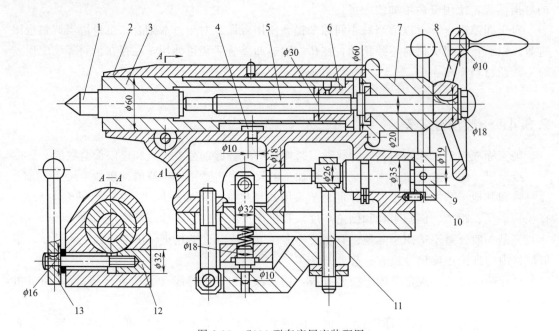

图 2-19 C616 型车床尾座装配图

1—顶尖；2—尾座体；3—套筒；4—定位块；5—丝杠；6—螺母；7—后盖；8—手轮；9—偏心轴；

10—手柄；11—拉紧螺钉；12—夹紧套；13—夹紧手柄

又因套筒在调整时，要在孔中滑动，需有间隙，而在工作时要保证顶尖的高精度，又不能有较大间隙，故选用套筒外圆柱面公差带为 h5。此处配合只能选用无相对转动的、高精度的、最小间隙为零的配合 $\phi 60H6/h5$。

②套筒 3 内孔与螺母 6 外圆柱面的配合。

此处配合选用基孔制，它是普通机床的主要配合部位，应选套筒孔公差等级为 IT7，公差带为 H7；螺母外圆柱面为 IT6。由于螺母零件装入套筒，靠圆柱面来径向定位，然后用螺钉固定。为了装配方便，应该没有过盈，但也不允许间隙过大，以免螺母在套筒中偏心，影响丝杠移动的灵活性，因此相配件螺母外圆柱面公差带选 h6。故该配合为 $\phi 30H7/h6$。

③套筒 3 上长槽与定位块 4 侧面的配合。

由图中结构分析，此处配合起导向作用，但不影响机床加工精度，属一般要求的配合，公差等级可选用 IT9、IT10。定位块的宽度按平键标准，为基轴制配合，取公差带为 h9；考虑长槽与套筒轴线有歪斜，放采用较松配合，长槽公差带为 D10。此处配合应为 $\phi 12D10/h9$。

④丝杠 5 的轴颈与后盖 7 内孔的配合。

选用基孔制配合，根据丝杠在传动中的作用，该配合为重要配合部位，应选内孔公差等级为 IT7，公差带为 H7。考虑加工孔、轴的工艺等价性，选用丝杠轴颈为 IT6，由于丝杠可在后盖孔中转动，故选定丝杠轴颈公差带为 g6。该配合为 $\phi 20H7/g6$。

⑤后盖 7 凸肩与尾座体 2 孔的配合。

此处配合由于配合面较短，整体尾座孔按 H6 加工，孔口易做成喇叭口，因此相配件后盖的凸肩选用公差带 js5 即可满足使用要求，实际配合是有间隙的。装配时，此间隙可使后盖窜动，以补偿偏心误差，使丝杠轴能够灵活转动。此处配合为 $\phi 60H6/js5$。

⑥ 手轮 8 孔与丝杠 5 轴端的配合。

手轮通过半圆键带动丝杠一起转动，选此配合应考虑装拆方便并避免手轮在该轴端上晃动。故此处配合应选 $\phi18H7/js6$。

⑦ 手柄 10 孔与偏心轴 9 的配合。

由于手柄通过销转动偏心轴，装配时，销与偏心轴配作，配作前要调整手柄处于紧固位置，同时偏心轴也处于偏心向上的位置，此处配合既有定位要求又要调整方便。配合不能有过盈。因此，该配合应为 $\phi19H7/h6$。

⑧ 偏心轴 9 两轴颈与尾座体 2 上两支承孔的配合。

该配合要使偏心轴能在支承中转动。考虑偏心轴颈和两支承孔可能分别产生同轴度误差，故采用间隙较大的配合。这两处的配合分别用 $\phi35H8/d7$ 和 $\phi13H8/d7$。

⑨ 偏心轴 9 偏心圆柱面与拉紧螺钉 11 的配合。

此处配合没有其他要求，主要考虑装配方便，故采用间隙较大的配合 $\phi26H8/d7$。

⑩ 夹紧套 12 外圆柱面与尾座体 2 槽孔的配合。

考虑手柄放松后，夹紧套易于退出，便于套筒移动，此处配合应选间隙较大的配合 $\phi38H8/e7$。

[例 2-4]　设有一孔、轴配合，公称尺寸为 $\phi40mm$，要求配合的间隙为 $0.025 \sim 0.066mm$，试用计算法确定孔和轴的公差等级和配合种类。

解：① 选择基准制。本例没有特殊要求，选用基孔制，基准孔 $EI=0$。

② 选择公差等级。根据使用要求，可得

$$T_f = S_{max} - S_{min} = (+66) - (+25) = 41(\mu m)$$

取 $T_D = T_d = T_f/2 = 20.5\mu m$。孔和轴的公差等级介于 IT6 和 IT7 之间。因为 IT6 和 IT7 属于高公差等级，所以孔和轴应选取不同的公差等级，孔为 IT7，$T_D = 25\mu m$，轴为 IT6，$T_d = 16\mu m$。因此孔的公差带代号为 H7。

标准化后孔和轴的配合公差为 $41\mu m$，等于 T_f，故满足使用要求。

③ 选择配合。根据使用要求，本例为间隙配合且已确定采用基孔制，轴的基本偏差应为 es。由于 $S_{min} = EI - es$，而 $EI = 0$，所以 $es = -S_{min} = -25\mu m$，故从附表 2-2 查得：轴的基本偏差代号为 f，因而轴的公差带代号为 f6。并且有 $ES = +25\mu m$，$ei = -41\mu m$。根据孔、轴的偏差画出公差带图，如图 2-20 所示。

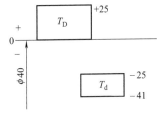

图 2-20　$\phi40H7/f6$ 公差带图

④ 验算设计结果。$\phi40H7/f6$ 的最大间隙为 $+66\mu m$，最小间隙为 $+25\mu m$。它们分别等于所要求的最大间隙（$+66\mu m$）和最小间隙（$+25\mu m$），因此设计结果满足使用要求。

本例确定的配合为 $\phi40H7/f6$。

(2) 配制配合设计

配制配合是以一个结合面的实际尺寸为基数，来配制另一个相配结合面尺寸的一种工艺措施。一般用于公差等级较高、单件小批量生产的光滑结合要素。是否采用配制配合应由设计人员根据零件的生产和使用情况决定。

1) 配制配合设计方法

对于采用配制配合的结合要素，一般的设计方法如下。

① 按功能要求确定标准配合，后续进行的配制配合设计的结果（实际间隙或实际过盈）应该满足所确定标准配合的极限间隙或极限过盈的要求。

② 选择"先加工件"，一般选择较难加工但能得到较高测量精度的结合面（在多数情况下是孔）作为先加工件，并给它一个比较容易达到的公差或按线性尺寸的未注公差要求加工。

③ 测量"先加工件"的实际尺寸，作为"配制件"的公称尺寸。

④ 设计"配制件"（在多数情况下是轴）的公差，可按由功能要求选取的标准配合公差（孔、轴公差之和）来选取。所以，配制件的公差可以接近于所形成配合的间隙公差或过盈公差，比按标准配合进行互换性生产的单个零件的公差大得多。以先加工件的实际尺寸作为公称尺寸确定配制件的极限偏差和极限尺寸，使它与"先加工件"形成的结合满足标准配合的要求。

配制配合是关于尺寸极限方面的技术规定，不涉及其他技术要求。因此，要素的形状和位置公差、表面粗糙度等要求不应因采用配制配合而降低。

测量准确度对于保证配制配合的性质影响极大。要注意温度、形状和位置误差对测量结果的影响。配制配合应采用尺寸相互比较的测量方法，并在同样条件下，使用同一基准装置或校对量具，由同一组计量人员进行测量，以提高测量精度。

显然，采用配制配合的孔、轴不具有互换性。

2）配制配合的表示和计算

在设计图样上，用代号 MF（Matched Fit）表示配制配合，并借用基准孔的代号 H 或基准轴的代号 h 分别表示先加工件为孔或轴；在装配图和零件图的相应部位均应予以标注。装配图上还要标明按功能要求选定的标准配合的代号。

[例 2-5] 公称尺寸为 $\phi3000$mm 的孔和轴，配合的允许最大间隙为 $+0.45$mm、允许最小间隙为 0.14mm。试设计满足使用功能要求的孔、轴尺寸。

解： 按此选用标准配合 $\phi3000$H6/f6 或 $\phi3000$F6/h6，其最大间隙为 $+0.415$mm、最小间隙为 0.145mm，可以满足功能要求。

若采用配制配合，且以孔为先加工件，则在装配图上标注为

$$\phi3000\text{H6/f6 MF} \qquad （先加工件为孔）$$

若给先加工件（孔）一个较容易达到的公差，如 H8，则在孔的零件图上标注为

$$\phi3000\text{H8 MF}$$

若按"线性尺寸的未注公差"加工孔，则其尺寸标注为

$$\phi3000\text{ MF}$$

配制件轴的公差带按标准配合 $\phi3000$H6/f6 的极限间隙（$S_{max} = +415\mu m$ 和 $S_{min} = +145\mu m$）选取为 f7。其上偏差 $es = -145\mu m$（相当于 $S_{min} = +145\mu m$），下偏差 $ei = -355\mu m$（相当于 $S_{max} = +355\mu m$），可以满足要求，则轴的尺寸标注为

$$\phi3000\text{f7 MF}$$

实际生产中，如以适当的测量方法测出先加工件（孔）的实际尺寸为 $\phi3000.195$mm，则配制件（轴）的极限尺寸可计算如下

$$d_{max} = 3000.195 + (-0.145)\text{mm} = 3000.050（\text{mm}）$$
$$d_{min} = 3000.195 + (-0.355)\text{mm} = 2999.840（\text{mm}）$$

标准配合 $\phi3000$H6/f6 的公差带图、孔、轴零件图样标注的公差带以及配制件极限尺寸

的计算图解分别如图 2-21（a）、（b）和（c）所示。

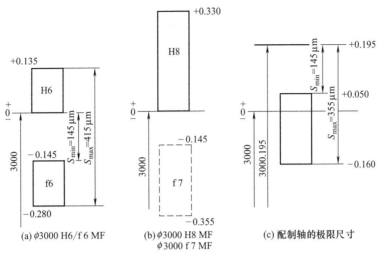

(a) φ3000 H6/f 6 MF　　(b) φ3000 H8 MF　　(c) 配制轴的极限尺寸
　　　　　　　　　　　　　φ3000 f 7 MF

图 2-21　配制配合设计举例

习　题

一、思考题

1. 试述公称尺寸、极限尺寸和实际尺寸的含义，指出它们之间的区别与联系。

2. 试述极限偏差、实际偏差和尺寸公差的含义，它们有何区别与联系？

3. 配合分为哪三类？这三类配合各有何特点？

4. "间隙"与"间隙配合"的含义有何不同？"过盈"与"过盈配合"的含义有何不同？

5. 试述配合公差的含义？配合公差的大小与孔和轴公差的大小有何关系？

6. 结合和配合的含义有何不同？结合的合用条件是什么？

7. 极限制中孔和轴规定标准公差等级的实际意义是什么？共有多少个公差等级？

8. 极限制中孔和轴规定基本偏差的实际意义是什么？孔、轴分别有多少种基本偏差？

9. 为什么要规定配合制？为什么应优先采用基孔配合制？什么情况下应采用基轴配合制？

10. 为什么要规定孔、轴常用和优先公差带？为什么要规定优先、常用和一般配合？

11. 什么是孔轴工艺等价？什么是精度匹配？

12. 试述标准公差等级 IT5～IT12 的主要应用场合。

13. H7/f6、H7/h6、H7/j6、H7/u6 各属于何种配合？主要用于什么场合？

14. 什么情况下应采用配制配合？如何设计配制配合？

二、练习题

1. 查表确定下列配合中孔、轴的极限偏差，画出孔、轴公差带图，并指出其配合制和配合种类。

① φ20K8/h7　　② φ30F8/h7　　③ φ50K7/h6

④ φ45H6/js5　　⑤ φ60H7/p6　　⑥ φ90H8/f7

⑦ φ18H11/h11　⑧ φ65M7/f6　　⑨ φ90M8/n7

2. 试根据习题表 2-1 中已有的数据，计算并填写该表空格中的数据。

习题表 2-1

mm

基本尺寸	孔			轴			最大间隙	最小间隙	平均间隙	配合公差	配合种类
	上偏差	下偏差	公差	上偏差	下偏差	公差					
$\phi 50$		0				0.039	+0.103			0.078	
$\phi 25$			0.021	0				−0.048	−0.031		
$\phi 65$	+0.030				+0.020			−0.039		0.049	

3. 有一基孔制配合，公称尺寸为 25mm，最大间隙为 $+74\mu m$，平均间隙为 $+57\mu m$，轴公差为 $13\mu m$。试计算孔、轴的极限偏差和配合公差，并画出配合的公差带图。

4. 按下列各组给定条件，设计孔、轴的尺寸公差，确定配合代号，并画出配合的公差带图。

① 公称尺寸为 40mm，最大间隙为 $+70\mu m$，最小间隙为 $+20\mu m$。

② 公称尺寸为 100mm，最大过盈为 $-130\mu m$，最小过盈为 $-20\mu m$。

③ 公称尺寸为 10mm，最大间隙为 $+10\mu m$，最大过盈为 $-20\mu m$。

5. 某轴承端盖与外壳孔的配合间隙要求为 $+15\sim+125\mu m$，已知外壳孔尺寸公差带为 $\phi 25J7$，试确定端盖的尺寸公差等级和公差带代号，说明它与外壳孔的配合属于何种配合制。

6. 如习题图 2-1 所示，根据功能要求，黄铜套与玻璃透镜之间在工作温度 $t=-50℃$ 时，应该有 $+0.010\sim+0.074$mm 的间隙。它们在 20℃ 的条件下进行装配。试根据工作条件确定黄铜套与玻璃透镜的配合代号（注：线胀系数 $\alpha_{黄铜}=19.5\times10^{-6}℃^{-1}$，$\alpha_{玻璃}=8\times10^{-6}℃^{-1}$）。

7. 某发动机工作时铝活塞与气缸钢套之间的间隙应为 $+0.040\sim+0.097$mm，活塞与钢套的公称尺寸为 95mm，活塞的工作温度为 150℃，钢套的工作温度为 100℃，它们装配时的温度为 20℃。钢套的线胀系数为 $12\times10^{-6}℃^{-1}$，活塞的线胀系数为 $22\times10^{-6}℃^{-1}$。试计算活塞与钢套间的装配间隙允许变动范围，并根据该装配间隙的要求确定它们的配合代号和极限偏差。

8. 习题图 2-2 所示为起重机吊钩铰链，叉头上的左、右两孔与销轴的公称尺寸皆为 $\phi 20$mm，叉头上的两孔与销轴要求采用过渡配合，拉杆的 $\phi 20$mm 孔与销轴的配合采用间隙配合。试分析它们应该采用哪种配合制？为什么？

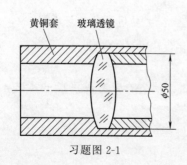

习题图 2-1

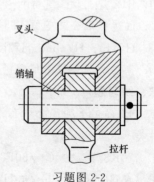

习题图 2-2

第3章
表面精度设计

3.1 表面结构

机械零件的几何表面是指零件与周围介质隔离的物理边界，零件几何实体由几何表面封闭构成。

机械零件的表面状况是化学的、物理的和表面几何特性的综合。化学和物理的特性包括化学成分、粒度、硬度、强度和不均匀度等，表面几何特性包括尺寸的偏离、几何误差、表面粗糙度、表面波纹度和表面缺陷等。

实际零件表面的几何特性必然呈非理想状态。表面结构是由实际表面的重复或偶然的偏差所形成的表面三维形貌，即由表面粗糙度、表面波纹度和表面缺陷综合形成的不规则状况，又称表面特征。

3.1.1 表面结构的特点

根据零件表面几何特征和对其使用性能的影响，可以将表面几何特性分为偶然性表面结构和重复性表面结构。

偶然性表面结构称为表面缺陷。表面缺陷一般不存在明显的周期性和规律性，但它的发生也有其内在的规律。

重复性表面结构包括微观几何形状误差（表面粗糙度）、中间几何形状误差（表面波纹度）和宏观轮廓误差（表面形状误差），它们叠加在同一表面上，如图 3-1 所示。

形状误差、表面波纹度和表面粗糙度通常按照表面轮廓上相邻峰和谷间距的大小来划分：间距小于 1mm，大体呈周期变化的属于表面粗糙度范围；间距为 1～10mm 并大体呈周期性变化的属于表面波纹度范围；间距大于 10mm 且无明显周期变化的属于表面形状误差的范围。也可以按波长（频率）与波幅（峰谷高度）的比值来划分，比值小于 50 的为表面粗糙度；在 50～1000 范围内为表面波纹度；大于 1000 则视为表面形状误差。这种划分方法中的比值是在生产实际中由统计规律得出的，没有严格的理论支持。

实际上，表面形状误差、表面粗糙度以及表面波纹度之间并没有确定的界限，它们通常

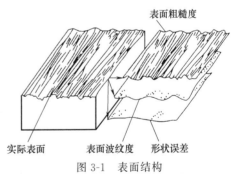

图 3-1　表面结构

与工件表面的加工工艺和工件的使用功能有关。例如，汽车轮轴的粗糙度对于手表芯轴而言，可能成为波纹度或形状误差。

3.1.2 表面结构对使用功能的影响

(1) 对摩擦磨损的影响

一般来说，相互运动的两个零件表面越粗糙，则它们的磨损就越快。这是因为这两个表面只能在轮廓的峰顶接触，接触面只是表面的一部分。当两个表面之间存在相对运动时，峰顶的接触会对运动产生摩擦阻力，使零件表面磨损。但是，表面过于光洁时，由于两表面之间的分子吸附力增大，会使两表面间的接触力增强，润滑减少，反而也增加摩擦，导致磨损，甚至会使金属表面发热而产生胶合，并损坏表面。

(2) 对疲劳强度的影响

承受交变载荷的零件大多是由于表面产生疲劳裂纹而失效的。疲劳裂纹容易在零件表面微观波纹的谷底产生，这是因为谷底处易产生应力集中。零件表面越光滑，因材料疲劳而引起的表面断裂的机会就越少。例如，受冲击载荷的零件，表面经过抛光，其寿命可提高数倍。

(3) 对耐腐蚀性的影响

金属腐蚀主要发生在表面微观波谷和裂纹处，这是因为聚集在这里的腐蚀性介质会产生电化学现象，并逐渐向金属内部侵蚀。表面越粗糙，腐蚀现象会越严重。降低表面粗糙度的数值，可提高零件抗腐蚀的能力，从而延长机械设备和仪器的使用寿命。

(4) 对配合性能的影响

表面结构影响配合性质的稳定性。对于间隙配合，两零件表面上微小波峰彼此磨损，间隙逐渐增大，使配合性质发生改变；对于过渡配合，如果零件表面粗糙，在重复装拆过程中，间隙会扩大，从而会降低定心和导向精度；对于过盈配合，在装配过程中，粗糙表面易使峰顶因材料的塑性变形而相互挤压变平，从而使有效过盈减小，降低紧固联结的强度。

计算机硬盘的表面波纹度已成为制约其读写速度的瓶颈。因为表面波纹度会引起工作过程中磁头相对于硬盘表面之间气隙的变动。当硬盘转速很高时，气隙变动可能使磁头响应不及时而造成头盘碰撞，导致信息丢失、设备损坏的严重后果。

(5) 对振动的影响

波纹度的大小往往是机器工作时产生振动的主要原因。如滚动轴承钢球的波纹度会造成其单体振动值上升，从而使装配后的轴承整体振动和噪声增大。试验表明，滚动轴承的振动和噪声与零件的表面波纹度大小成正比。把轴承滚道和滚动体的表面波纹度控制在一定范围内，对提高滚动轴承的精度和延长其使用寿命有重要作用。

(6) 对光学性能的影响

表面波纹度对光学介质表面的光散射具有不可忽视的影响。近年来的研究发现，当光学介质的表面粗糙度要求已提高到纳米级水平时，反射率并无明显提高，其原因就是波纹度的影响。

此外，表面结构对零件的结合密封性、接触刚度、测量精度和外观等也有很大的影响。因此在零件表面精度设计中，对其表面结构提出合理的技术要求是一项不可缺少的重要内容。

3.2 表面缺陷

表面缺陷是在加工、储存或使用过程中，非故意或偶然生成的实际表面的单元体、成组的单元体或不规则体。这些单元体或不规则体的类型明显区别于构成粗糙度表面的那些单元体或不规则体。

表面缺陷对产品的接触、外观等性能有较大的影响，实际表面存在缺陷并不表示该表面不可用，缺陷是否可接受取决于表面的用途或功能。

3.2.1 表面缺陷的术语与定义

(1) 表面缺陷的种类

表面缺陷可以分为凹缺陷、凸缺陷、混合表面缺陷、区域缺陷和外观缺陷等几大类。表 3-1 列举了各类表面缺陷的常见类型。

表 3-1 各类表面缺陷的常见类型

类型	说明
凹缺陷	主要包括沟槽、擦痕、破裂、毛孔、砂眼、缩孔、裂缝、缝隙、裂隙、缺损、凹面瓢曲、窝陷等
凸缺陷	主要包括树瘤、疱疤、凸面瓢曲、氧化皮、夹杂物、飞边、缝脊、附着物等
混合表面缺陷	主要包括环形坑、折叠、划痕、切屑残余等
区域缺陷和外观缺陷	主要包括划痕、磨蚀、腐蚀、麻点、裂纹、斑点、斑纹、褪色、条纹、劈裂、鳞片等

(2) 表面缺陷评定区域

表面缺陷评定区域是工件实际表面的局部或全部，在该区域内检验和确定表面缺陷。

(3) 基准面

基准面是用于评定表面缺陷参数的一个理想几何表面。

基准面在表面缺陷评定区域内确定，是在一定的表面区域或表面区域的有限部分确定的，这个区域和单个缺陷的尺寸大小有关，其大小必须足够用来评定表面缺陷，同时在评定时能够控制表面形状误差对评定的影响。

基准面通过除表面缺陷之外的实际表面的最高点，与用最小二乘法拟合确定的实际表面的拟合面等距。基准面具有和被评定表面一样的几何形状，其方位和实际表面的方位一致。

3.2.2 表面缺陷的参数

表面缺陷可以用缺陷的长度、宽度、深度、高度、面积、总面积、缺陷数、单位面积上表面缺陷数等参数进行评定，并采用相应参数的最大允许极限值在图样上表达设计要求。其评定参数包括以下几种：

① 表面缺陷长度：平行于基准面测得的表面缺陷的最大尺寸。

② 表面缺陷宽度：平行于基准面且垂直于表面缺陷长度测得的表面缺陷的最大尺寸。

③ 表面缺陷深度：包括单一表面缺陷深度和混合表面缺陷深度，单一表面缺陷深度是指从基准面垂直测得的表面缺陷的最大深度。混合表面缺陷深度是指从基准面垂直测得的该基准面和表面缺陷中最低点之间的距离。

④ 表面缺陷高度：包括单一表面缺陷高度和混合表面缺陷高度，单一表面缺陷高度是指从基准面垂直测得的表面缺陷的最大高度。混合表面缺陷高度是指从基准面垂直测得的该基准面和表面缺陷中最高点之间的距离。

⑤ 表面缺陷面积：单个表面缺陷投影在基准面上的面积。

⑥ 表面缺陷总面积：在商定的判断极限内，各个表面缺陷投影在基准面上的面积之和。判断极限是规定的表现缺陷特征的最小尺寸，小于该判断极限的表面缺陷将被忽略。

⑦ 表面缺陷数：在商定的判断极限范围内，实际表面上的表面缺陷总数。

⑧ 单位面积上表面缺陷数：在给定的评定区域面积内，表面缺陷的个数，即表面缺陷数与给定的评定区域面积之比。

3.3 表面轮廓

3.3.1 表面轮廓的术语与定义

(1) 实际表面

实际表面是工件上实际存在的表面，是物体与周围介质分离的表面，如图 3-1 所示。

(2) 实际表面轮廓

实际表面轮廓是由理想平面与实际表面相交所得的轮廓。按照相交方向的不同，实际表面轮廓又可分为横向实际轮廓和纵向实际轮廓。在评定或测量表面粗糙度、表面波纹度时，除非特别指明，通常是指横向实际轮廓，即与加工纹理方向垂直截面上的轮廓。

实际表面轮廓由原始轮廓、粗糙度轮廓、波纹度轮廓和形状轮廓构成，如图 3-2 所示。

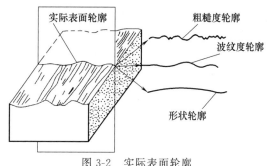

图 3-2　实际表面轮廓

（3）轮廓滤波器、截止波长和传输带

轮廓滤波器是把轮廓分成长波和短波成分的滤波器，主要作用是区分粗糙度轮廓和波纹度轮廓。轮廓滤波器所能抑制的波长称为截止波长，包括短波截止波长和长波截止波长。从短波截止波长到长波截止波长之间的波长范围称为传输带。

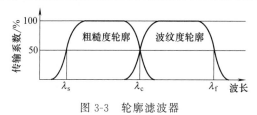

图 3-3　轮廓滤波器

轮廓滤波器按照截止波长不同可以分为 λ_s 滤波器、λ_c 滤波器和 λ_f 滤波器，如图 3-3 所示。λ_s 滤波器用于抑制短波成分，λ_f 滤波器用于抑制长波成分。截止波长 λ_s 和 λ_c 的标准化值见附表 3-1。

截止波长为 λ_s 的滤波器是确定粗糙度和比它更短的波的成分之间相交界限的滤波器，原始轮廓是在通过短波滤波器 λ_s 之后的总轮廓，是评定原始轮廓参数的基础。

截止波长为 λ_c 的滤波器是确定粗糙度和波纹度成分之间相交界限的滤波器，粗糙度轮廓是对原始轮廓采用 λ_c 滤波器抑制长波成分后所得的轮廓，是评定粗糙度轮廓参数的基础，其频带由 λ_s 和 λ_c 滤波器来限定。

截止波长为 λ_f 的滤波器是确定波纹度和比它更长的波的成分之间相交界限的滤波器，波纹度轮廓是对原始轮廓连续使用 λ_f 和 λ_c 滤波器后所获得的轮廓，是评定波纹度轮廓参数的基础，其频带由 λ_f 和 λ_c 滤波器来限定。

（4）取样长度

鉴于实际表面轮廓存在粗糙度、波纹度和形状误差等几何形状误差，因此在测量表面粗糙度轮廓时，应该在一段足够短的长度内进行，以抑制或减弱波纹度、排除宏观形状误差对表面粗糙度测量的影响。这段长度称为取样长度，以 l_r 表示。取样长度是用于判别被评定轮廓不规则特征的一段沿 x 轴方向上的长度，如图 3-4 所示。表面越粗糙，则取样长度就应越大。取样长度 l_r 的标准化值见附表 3-1。

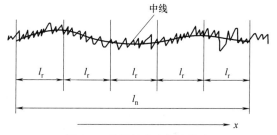

图 3-4　取样长度和评定长度

为了全面、充分地反映被测表面的表面粗糙度和表面波纹度特性，取样长度内应包含 5 个以上的波峰和波谷。评定粗糙度轮廓的取样长度 l_r 在数值上与轮廓滤波器 λ_c 的截止波长相等，即 $\lambda_c = l_r$。

（5）评定长度

由于零件表面微小峰谷的不均匀性，在表面轮廓不同位置的取样长度上测量时，表面粗糙度可能不尽相同。为了全面客观地反映表面粗糙度轮廓的特性，应测量连续的几个取样长度上的表面粗糙度轮廓。这些连续的若干个取样长度称为评定长度，以 l_n 表示。评定长度是用于判别被评定轮廓的沿 x 轴方向上的长度，如图 3-4 所示。

评定长度可包括一个或多个取样长度，标准评定长度为 5 个连续的取样长度，即 $l_n = 5l_r$。评定长度 l_n 的标准化值见附表 3-1。

(6) 中线

轮廓中线是测量和评定表面粗糙度的基准，是具有理想几何轮廓形状并划分轮廓的基准线。通常采用以下两种中线。

① 最小二乘中线。

在取样长度内，实际被测轮廓线上的各点至轮廓最小二乘中线的距离的平方和最小，即

$$\int_0^{l_r} Z^2 \mathrm{d}x = \min, \text{ 或 } \sum_{i=1}^n z_i^2 = \min,$$ 如图 3-5 所示。在取样长度内最小二乘中线具有唯一性。

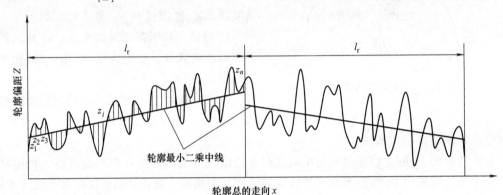

图 3-5　最小二乘中线

② 算术平均中线。

在用图解法或目测法评定和测量表面粗糙度时，也可以采用算术平均中线代替最小二乘中线。在取样长度内，轮廓的算术平均中线将实际轮廓划分为上、下两部分，且使上面轮廓峰的面积之和等于下面轮廓谷的面积之和，即 $\sum_{i=1}^n F_i = \sum_{i=1}^n F_i'$，如图 3-6 所示。轮廓的算术平均中线在取样长度内与轮廓走向一致，且往往不是唯一的。

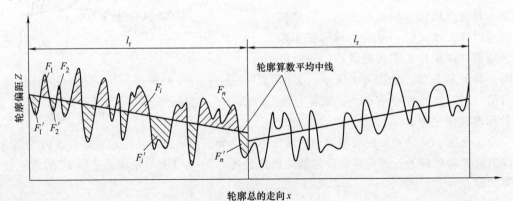

图 3-6　算术平均中线

3.3.2　表面轮廓的评定参数

　　表面轮廓的评定参数分为原始轮廓参数（P 参数）、粗糙度轮廓参数（R 参数）和波纹度轮廓参数（W 参数），它们分别从轮廓幅度、间距和曲线形状特性等方面表征实际表面的精度。本章只介绍粗糙度轮廓的主要评定参数。

（1）与幅度特性有关的评定参数

　　表征表面粗糙度高度特性的参数称为幅度参数，以下是两个常用的幅度参数。

　　① 轮廓的算术平均偏差。

　　如图 3-7 所示，轮廓的算术平均偏差是在取样长度范围内，被测实际轮廓上各点至轮廓中线距离绝对值的算术平均值，以 Ra 表示。即

$$Ra = \frac{1}{l_r} \int_0^{l_r} |Z(x)| \, \mathrm{d}x \tag{3-1}$$

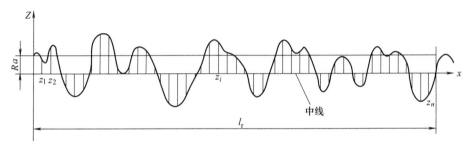

图 3-7　轮廓的算术平均偏差

或近似表示为

$$Ra = \frac{1}{n} \sum_{i=1}^{n} |z_i| \tag{3-2}$$

　　Ra 的大小能够客观反映表面的微观几何特征，实际表面上 Ra 的数值越大，表面越粗糙。Ra 的标准化值见附表 3-2。

　　② 轮廓的最大高度。

　　如图 3-8 所示，在取样长度范围内，轮廓的最大高度是最大轮廓峰高和最大轮廓谷深之和，以 Rz 表示，即

$$Rz = |Zp_{\max}| + |Zv_{\max}| \tag{3-3}$$

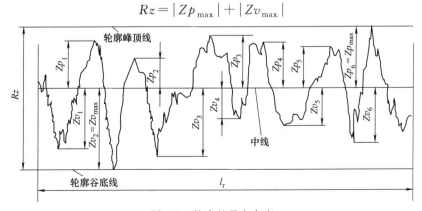

图 3-8　轮廓的最大高度

Rz 常用于承受交变应力作用的表面，防止表面应力集中出现微观裂纹。Rz 的标准化值见附表 3-3。

（2）与间距特性有关的评定参数

表征表面轮廓间距特性的参数称为间距参数，通常采用轮廓单元的平均宽度来评定。如图 3-9 所示，一个轮廓峰与相邻轮廓谷的组合称为轮廓单元，轮廓单元与中线相交线段的长度称为轮廓单元宽度，以 Xs 表示。

轮廓单元的平均宽度是指在取样长度范围内，轮廓单元宽度的算数平均值，以 Rsm 表示，即

$$Rsm = \frac{1}{m}\sum_{i=1}^{m}Xs_i \tag{3-4}$$

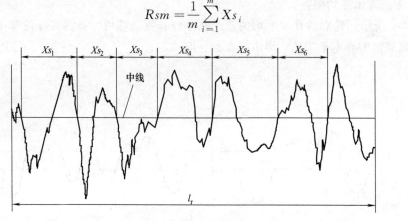

图 3-9　轮廓单元宽度

轮廓单元的平均宽度属于附加评定参数，可与 Ra 或 Rz 同时选用，但不能独立采用。轮廓单元的平均宽度的 Rsm 值见附表 3-4。

（3）与曲线形状特性有关的评定参数

相同幅度和间距参数的表面轮廓，由于形状不同，其轮廓凸起的实体部分显然不同。如图 3-10 所示，图 3-10（b）中表面凸起的实体部分多，凹下的空隙部分少，承受载荷的面积大，相对于图 3-10（a）中的表面而言，耐磨性更好。

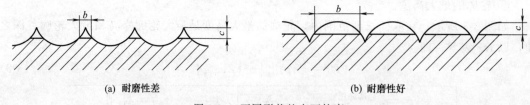

(a) 耐磨性差　　　　　　　　　　　　　　(b) 耐磨性好

图 3-10　不同形状的表面轮廓

表征轮廓曲线形状特性的参数是在评定长度范围内定义，而不是在取样长度范围内，这样可以更稳定地表征曲线形状。常用参数包括轮廓支承长度率等。

如图 3-11 所示，轮廓支承长度率是在给定的水平截面高度 c 上，轮廓的实体材料长度 Ml（c）与评定长度的比值，以 Rmr（c）表示。轮廓的实体材料长度是指在评定长度范围内，平行于中线的线从峰顶线向下平移水平截面高度 c 时，与轮廓相截所得各段截线长度 Ml_i 之和，即 $Ml(c) = \sum_{i=1}^{n}Ml_i$，故有

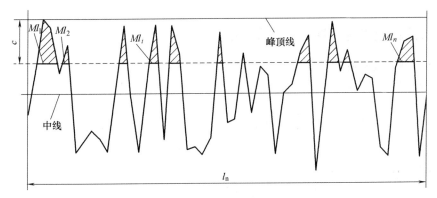

图 3-11 轮廓支承长度率

$$Rmr(c) = \frac{Ml(c)}{l_{\mathrm{n}}} = \frac{\sum\limits_{i=1}^{n} Ml_i}{l_{\mathrm{n}}} \tag{3-5}$$

轮廓支承长度率是对应于不同水平截面高度而给出的，因此规定轮廓支承长度率参数时，必须同时给出对应的水平截面高度。水平截面高度是从峰顶线开始计算的，可用微米或轮廓的最大高度 Rz 的百分数表示。轮廓支承长度率 Rmr（c）的标准化值见附表 3-5。

轮廓支承长度率属于附加评定参数，可与 Ra 或 Rz 同时选用，但不能独立采用。

3.4　表面粗糙度的图样标注

本节介绍表面粗糙度轮廓的图样标注，其标注方法也适合原始轮廓和波纹度轮廓的标注。

3.4.1　表面粗糙度的基本图形符号和完整图形符号

国家标准《产品几何技术规范（GPS）技术产品文件中表面结构的表示法》（GB/T 131—2006）规定了 1 个基本图形符号［图 3-12（a）］和 3 个完整图形符号［图 3-12（b）、（c）、（d）］。

(a) 基本图形符号　　(b) 允许任何工艺符号　　(c) 去除材料符号　　　(d) 不去除材料符号
图 3-12　表面粗糙度的基本图形符号和完整图形符号

基本图形符号仅适用于简化代号标注，没有补充说明时不能单独使用。图 3-12（b）所示符号表示可以采用任何工艺方法获得；图 3-12（c）所示符号表示采用去除材料的方法获得，例如车、铣、刨、磨、气割等；图 3-12（d）所示符号表示采用不去除材料的方法获得，例如铸、锻、焊、冲压等。

3.4.2 表面粗糙度完整图形符号的组成

(1) 各项技术要求在完整图形符号上的标注位置

给出表面粗糙度要求时，应标注其参数代号和相应数值。此外，还可根据需要标注补充

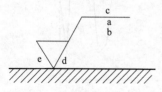

图 3-13 各项技术要求在完整
图形符号上的标注位置

要求，包括传输带、取样长度、加工工艺、表面纹理及方向、加工余量等。图 3-13 所示的粗糙度代号给出了各项技术要求在完整图形符号上的标注位置。该图以去除材料符号为例进行标注，对于允许任何工艺符号和不去除材料符号，也按照图 3-13 所示的指定位置标注。

位置 a：标注单一粗糙度要求（如 Ra 或 Rz 等），包括参数代号、极限值以及传输带、取样长度、评定长度（标注示例见图 3-14～图 3-21），其基本规则如下。

① 上限符号以 U 表示，下限符号以 L 表示。上下限符号可根据情况省略。

② 传输带后面有一斜线 "/"，当传输带采用默认的标准化数值时，可省略标注。

③ 评定长度值是以阿拉伯数字标明评定长度包含的取样长度个数，当采用标准评定长度，即评定长度等于 5 个连续的取样长度时，可省略此项标注。

④ 默认的极限判断规则，也可以省略不标。

⑤ 参数符号与极限值之间留一空格。

位置 b：用于标注两个或多个粗糙度要求（斜线可向上加长），标注样式和要求与位置 a 类似。

位置 c：标注加工方法、表面处理、涂层或其他加工工艺要求等，如车、磨、镗等加工表面。

位置 d：标注表面纹理和纹理的方向。

位置 e：标注加工余量，单位为 mm。

(2) 表面粗糙度轮廓上、下极限值的标注

表面粗糙度轮廓的幅度参数及极限值应一起标注，且属于必须标注的内容。标注幅度参数时，根据选择的上、下极限值不同，常见的有以下几种情况。

① 标注单向极限值。

当只标注幅度参数及极限值，没有上、下限符号时，则默认为幅度参数的上限值，如图 3-14 (a)、(b) 所示，表示 Ra 和 Rz 的上限值分别为 $6.3\mu m$ 和 $3.2\mu m$，其他为默认传输带，评定长度等于 5 个连续的取样长度，采用 16% 的极限判断规则。

当只标注幅度参数的下限值时，需在前面加注代号 L，如图 3-14 (c) 所示，表示 Ra 的下限值为 $0.2\mu m$，默认传输带，评定长度等于 5 个连续的取样长度，采用 16% 的极限判断规则。

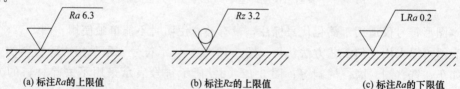

(a) 标注 Ra 的上限值　　(b) 标注 Rz 的上限值　　(c) 标注 Ra 的下限值

图 3-14　标注幅度参数的单向极限值

② 标注双向极限值。

若在完整图形符号上标注幅度参数的上、下极限值，需要分成两行分别标注，其中上限值在上面，前面加注代号 U；下限值在下面，前面加注代号 L，如图 3-15（a）所示，表示 Ra 的上限值和下限值分别为 $6.3\mu m$ 和 $3.2\mu m$，默认传输带，评定长度等于 5 个连续的取样长度，采用 16% 的极限判断规则。

如果同一参数具有双向极限值要求，在不引起歧义的情况下，可以不加 U 和 L，因此，图 3-15（b）与图 3-15（a）表达的技术要求相同。

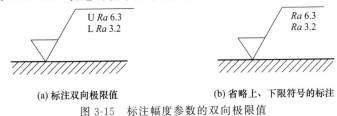

(a) 标注双向极限值　　　　　(b) 省略上、下限符号的标注

图 3-15　标注幅度参数的双向极限值

（3）极限值判断规则的标注

对实际表面的粗糙度参数进行检测后，可以采用以下任一种判断规则判别其合格性，两种判断规则在图样上的标注也不相同。

① 16% 规则。

当标注的幅度参数为上限值时，16% 规则是指在同一评定长度范围内，所有实测值中大于上限值的个数若不超过实测值总数的 16%，则认为合格；当标注的幅度参数为下限值时，16% 规则是指在同一评定长度范围内，所有实测值中小于下限值的个数若不超过实测值总数的 16%，则认为合格。

16% 规则是标注表面粗糙度要求时的默认规则，标注时无需添加任何代号。图 3-14 和图 3-15 所示标注均采用 16% 规则。

② 最大规则。

最大规则是指被测表面的全部区域内，所有实测值若均不大于上限值，则认为合格。最大规则标注时，应在幅度参数极限值前面增加"max"标记，如图 3-16 所示。

（4）表面纹理的标注

当需要控制加工纹理方向时，可以采用 3-17 所示的标注，各种表面纹理方向的符号、解释和示例如表 3-2 所示。

图 3-16　最大规则的标注　　　　　　　图 3-17　表面纹理标注示例

表 3-2　各种表面纹理方向的符号、解释和示例

符号	解释	示例
=	纹理平行于视图所在的投影面	

续表

符号	解释	示例
⊥	纹理垂直于视图所在的投影面	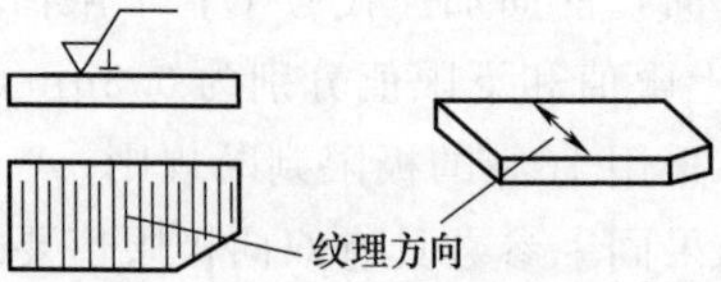 纹理方向
×	纹理呈两斜向交叉且与视图所在的投影面相交	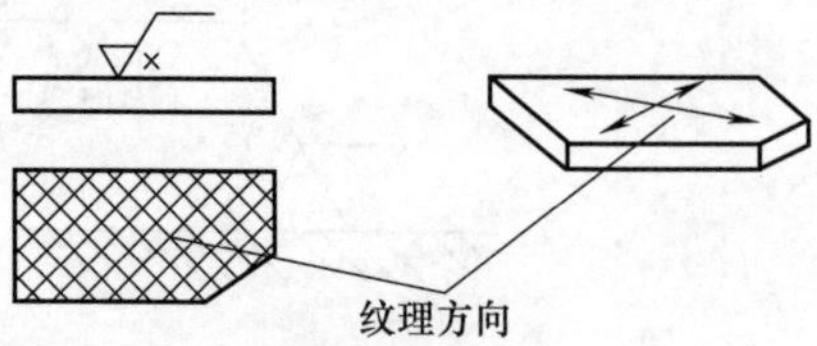 纹理方向
M	纹理呈多方向	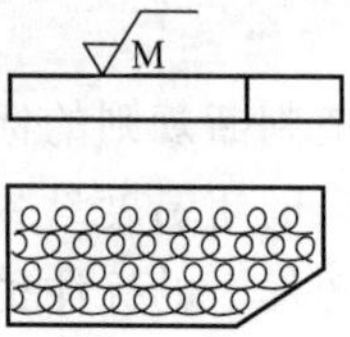
C	纹理呈近似同心圆且圆心与表面中心相关	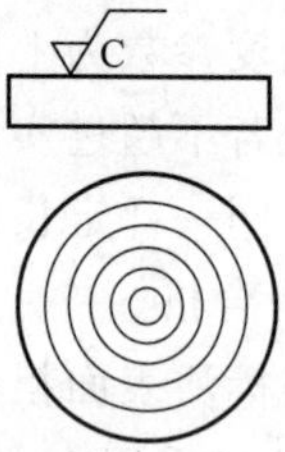
R	纹理呈近似放射状且与表面中心相关	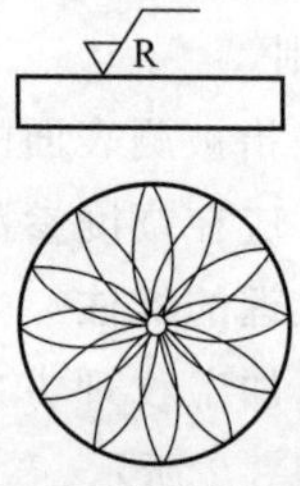
P	纹理呈微粒、凸起,无方向	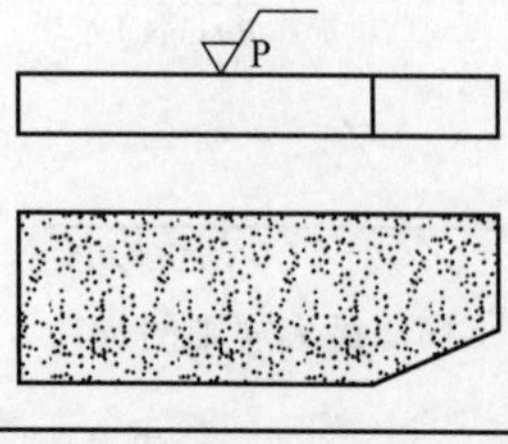

如表 3-2 所示符号无法清楚地表示表面纹理,可以在图样上加注说明。

(5) 传输带和取样长度的标注

采用默认的传输带,即粗糙度轮廓截止波长 λ_s 和 λ_c 均为标准值时,传输带可省略不标。

需要指定传输带时,应该标注在幅度参数代号前,并用斜线 "/" 将二者隔开。标注时,

λ_s 在前，λ_c 在后（取样长度 $l_r=\lambda_c$），之间用连字号 "-" 隔开。如图 3-18（a）所示，表示 $\lambda_s=0.0025\text{mm}$，$\lambda_c=l_r=0.8\text{mm}$，传输带为 $0.0025\sim0.8\text{mm}$，Rz 的上限值为 $12.5\mu\text{m}$，评定长度等于 5 个连续的取样长度，采用 16% 的极限判断规则。

某些情况下，在传输带中只标注两个滤波器中的一个，另一个则默认采用截止波长的标准化值。此时，应保留连字号 "-" 来区分是短波滤波器还是长波滤波器。图 3-18（b）中，$\lambda_c=l_r$，默认为标准化值 2.5mm（参见附表 3-1），$\lambda_s=0.0025\text{mm}$；图 3-18（c）中，$\lambda_s$ 默认为标准化值 0.008mm（参见附表 3-1），$\lambda_c=l_r=0.8\text{mm}$。

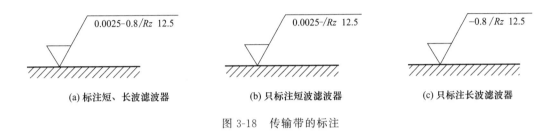

(a) 标注短、长波滤波器　　　(b) 只标注短波滤波器　　　(c) 只标注长波滤波器

图 3-18　传输带的标注

（6）评定长度的标注

采用标准评定长度，即评定长度 l_n 等于 5 倍的取样长度 l_r 时，可以省略标注，如图 3-14～图 3-18 所示。若非标准评定长度，即评定长度范围内的取样长度个数不等于 5 时，则应该在幅度参数符号后面标注取样长度的个数。如图 3-19 所示，表示评定长度等于 3 倍的取样长度，λ_s 默认为标准化值 0.0025mm，$\lambda_c=l_r=2.5\text{mm}$，$Ra$ 的上限值为 $1.6\mu\text{m}$，采用最大规则判断。

（7）加工工艺的标注

加工工艺在很大程度上决定了粗糙度轮廓曲线的特征，如需在完整图形符号中注明加工工艺，应该用文字按图 3-20 所示方式标注，图中的"磨"字表示用磨削的方法加工表面。

（8）加工余量的标注

在加工完成的零件图纸上不用标注加工余量，而对于有多道加工工序的表面，可以标注加工余量，单位是 mm。如图 3-21 所示，表示车削的加工余量为 0.5mm。

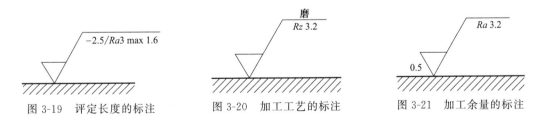

图 3-19　评定长度的标注　　　　图 3-20　加工工艺的标注　　　　图 3-21　加工余量的标注

3.4.3　表面粗糙度要求在零件图上的标注

对零件任何一个表面的粗糙度轮廓技术要求一般只标注一次，并尽可能注在相应的尺寸及其公差的统一视图上。除非另有说明，所标注的粗糙度轮廓技术要求是对完工零件表面的要求。

（1）表面粗糙度代号的标注位置与方向

粗糙度代号的标注和读取方向与尺寸的标注和读取方向一致，只能水平向上或垂直向左，且代号的尖端必须从材料外部指向并接触零件表面。粗糙度代号可标注在轮廓线或其延长线上，必要时，也可用带箭头或黑点的指引线引出标注，如图 3-22 所示。

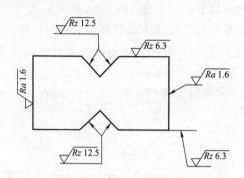

(a) 标注在轮廓线、轮廓线的延长线或带箭头的指引线上

(b) 标注在带箭头的指引线上　　　　(c) 标注在带黑点的指引线上

图 3-22　表面粗糙度代号的标注

在不致引起误解时，粗糙度代号可以标注在给定的尺寸线上，如图 3-23 所示，其中图 3-23（a）表示轴的外圆柱面 Rz 的上限值是 $12.5\mu m$，图 3-23（b）表示键槽两个侧面 Ra 的上限值是 $3.2\mu m$，其余皆为默认设置。

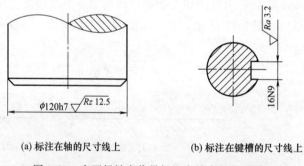

(a) 标注在轴的尺寸线上　　　　　　(b) 标注在键槽的尺寸线上

图 3-23　表面粗糙度代号标注在给定的尺寸线上

表面粗糙度要求还可以标注在几何公差框格的上方，如图 3-24 所示。

(2) 表面粗糙度代号的简化标注

当零件的多个表面具有相同的表面粗糙度要求时，无需在这些表面上进行标注，可以将这些表面的技术要求统一标注在零件图的右下角或标题栏附近，并在其后面圆括号内画出基本图形符号，如图 3-25 所示。此时表示除两个已标注表面粗糙度代号的表面以外的其余表面均采用右下角的技术要求。

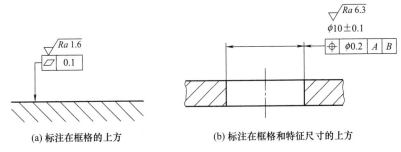

(a) 标注在框格的上方　　　(b) 标注在框格和特征尺寸的上方

图 3-24　表面粗糙度代号标注在几何公差框格的上方

如果零件的多个表面具有相同的表面粗糙度要求或零件图纸空间有限，可以在这些表面标注带字母的完整图形符号，同时在零件或标题栏附近以等式的形式进行标注，如图 3-26 所示。

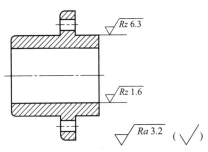

当在零件图的某个视图上，构成封闭轮廓的各表面具有相同的表面粗糙度要求时，可以仅在一个表面上标注一个带圆圈的完整图形符号，如图 3-27 所示。此时表示封闭轮廓的上、下、左、右 4 个表面的表面粗糙度要求均相同。但是需注意，这种标注方式不包括前表面和后表面。

图 3-25　多个表面具有相同表面
粗糙度要求时的简化标注

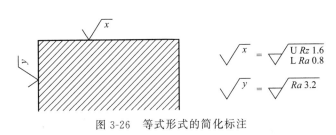

图 3-26　等式形式的简化标注

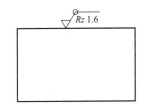

图 3-27　封闭轮廓各表面具有相同
表面粗糙度要求时的简化标注

表面粗糙度要求的标注示例可参见表 3-3。

表 3-3　表面粗糙度要求的标注示例

示例	解释
铣 0.008-4/*Ra* 50 0.008-4/*Ra* 6.3	表面粗糙度： —双向极限值； —上限值 $Ra=50\mu m$； —下限值 $Ra=6.3\mu m$； —均为"16％规则"（默认）； —两个传输带均为 0.008-4mm； —默认的评定长度为 5×4mm=20mm； —表面纹理呈近似同心圆且圆心与表面中心相关； —加工方法为铣。 注：因为不会引起争议，不必加 U 和 L

续表

示例	解释
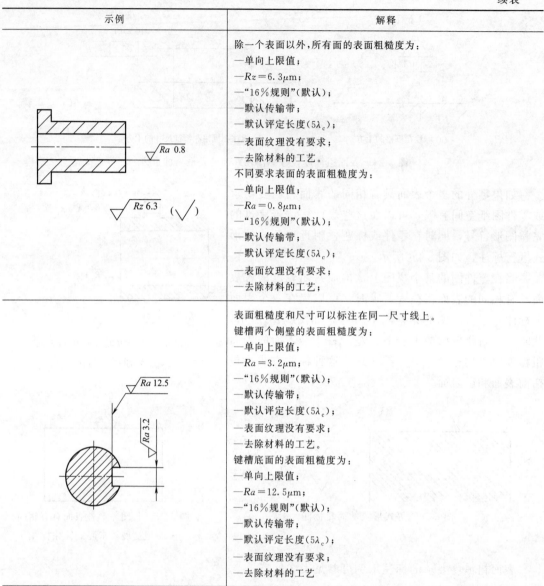	除一个表面以外,所有面的表面粗糙度为: —单向上限值; —$Rz=6.3\mu m$; —"16%规则"(默认); —默认传输带; —默认评定长度($5\lambda_c$); —表面纹理没有要求; —去除材料的工艺。 不同要求表面的表面粗糙度为: —单向上限值; —$Ra=0.8\mu m$; —"16%规则"(默认); —默认传输带; —默认评定长度($5\lambda_c$); —表面纹理没有要求; —去除材料的工艺;
	表面粗糙度和尺寸可以标注在同一尺寸线上。 键槽两个侧壁的表面粗糙度为: —单向上限值; —$Ra=3.2\mu m$; —"16%规则"(默认); —默认传输带; —默认评定长度($5\lambda_c$); —表面纹理没有要求; —去除材料的工艺。 键槽底面的表面粗糙度为: —单向上限值; —$Ra=12.5\mu m$; —"16%规则"(默认); —默认传输带; —默认评定长度($5\lambda_c$); —表面纹理没有要求; —去除材料的工艺

3.5 表面粗糙度精度设计

设计零件表面粗糙度的要求主要是选择适当的评定参数及其允许值。零件表面粗糙度参数值的合理选用直接关系到零件的功能、产品的质量以及使用寿命和生产成本,因此选择的原则是首先满足零件表面的功能要求,同时兼顾工艺的经济性,选择合适的参数以及合理的参数允许值。

由于表面粗糙度和零件的功能关系相当复杂,难以全面而精确地按零件表面功能要求设计其参数允许值,因此常采用类比法来确定,即先根据经验和统计资料初步选定表面粗糙度参数值,然后再对比工作条件做适当调整。

3.5.1　评定参数的选择

在标准规定的幅度参数、间距参数和形状参数中，幅度参数是所有表面都必须选择的评定参数。对于大多数表面来说，一般仅给出幅度参数即可反映被测表面的粗糙度特征。国家标准规定表面粗糙度参数从轮廓的算术平均偏差 Ra 或轮廓的最大高度 Rz 中选择。若采用非标准化值的传输带、取样长度、评定长度的数值还需对其进行标注。

Ra 参数反映表面粗糙度轮廓信息量大，且较容易利用触针式轮廓仪测量，所以对于光滑或半光滑表面，普遍采用 Ra 作为评定参数。但对于极光滑或极粗糙表面，不适宜采用 Ra 作为评定参数。

Rz 参数虽然不如 Ra 反映的几何特性准确，但其概念简单，测量简便。对于极光滑或极粗糙表面，或被测表面面积很小时，可以采用 Rz。Ra 和 Rz 联用，可以评定某些不允许出现较大加工痕迹或承受交变应力作用的表面。

必要时可以标注表面纹理、加工方法、加工余量等补充要求。轮廓单元的平均宽度 Rsm 和轮廓支承长度率 $Rmr(c)$ 属于附加评定参数，仅适用于少数有特殊要求的重要场合。例如对耐磨性要求严格的表面可规定 $Rmr(c)$ 参数；对密封性要求严格的表面可规定 Rsm 参数。

3.5.2　评定参数允许值的选择

表面粗糙度参数的数值已经实现标准化，其允许值参见附表 3-2，设计时应该从国家标准规定的系列值中选取，必要时可以采用标准规定的补充系列值。设计时应遵循以下原则。

① 一般情况下，同一零件工作表面的表面粗糙度允许值应小于非工作表面。

② 承受交变载荷、运动速度高、单位面积压力大或摩擦表面，表面粗糙度允许值应该较小。

③ 配合性质要求越稳定，其表面粗糙度允许值应越小。配合性质相同时，小尺寸结合面的表面粗糙度允许值要小于大尺寸结合面。一般情况下，轴孔配合中轴的表面粗糙度允许值应小于孔。

④ 在确定表面粗糙度允许值时，应注意和尺寸公差、形状公差相协调，表 3-4 列出了常规工艺下表面粗糙度允许值和尺寸公差、形状公差的对应关系。

表 3-4　常规工艺下表面粗糙度允许值和尺寸公差、形状公差的对应关系　　　　　　%

形状公差 t 占尺寸公差 T 的百分比 t/T	表面粗糙度允许值占尺寸公差的百分比	
	Ra/T	Rz/T
约 60	≤5	≤20
约 40	≤2.5	≤10
约 25	≤1.2	≤5

一般而言，尺寸公差和形状公差小的表面，其表面粗糙度允许值也小。对于特殊用途的非工作面，如机床操作手柄、食品用具等，尺寸精度要求不高，但为了美观，其表面粗糙度允许值应予以特殊考虑。

⑤ 对于防腐性、密封性要求高的表面，其表面粗糙度允许值应该较小。

⑥ 若有关标准已对表面粗糙度允许值做出规定时，例如与滚动轴承配合的轴颈和外壳孔、键槽等，设计时应按相关标准确定表面粗糙度允许值。

表 3-5 和表 3-6 列出了一些资料供设计时参考。

表 3-5　表面粗糙度评定参数允许值应用举例　　　　　　　　　　　　μm

表面微观特征		Ra	Rz	加工方法	应用举例
粗糙表面	可见刀痕	>20~40	>80~160	粗车、粗刨、粗铣、钻、毛锉、锯断	半成品粗加工的表面，非配合的加工表面，如轴端、倒角、钻孔、齿轮和带轮的侧面、键槽底面、垫圈接触面等
	微见刀痕	>10~20	>40~80		
半光表面	可见加工痕迹	>5~10	>20~40	车、刨、铣、钻、镗、粗铰	轴上不安装轴承、齿轮的非配合表面，紧固件的自由装配表面，轴和孔的退刀槽等
	微见加工痕迹	>2.5~5	>10~20	车、刨、铣、镗、磨、拉、粗刮、滚压	半精加工表面，箱体、支架、盖面、套筒等其他零件结合但无配合要求的表面，需要发蓝的表面等
	不可见加工痕迹	>1.25~2.5	>6.3~10	车、刨、铣、镗、磨、拉、刮、滚压、铣齿	接近于精加工表面，箱体上安装轴承的内孔表面，齿轮的工作面等
光表面	可辨加工痕迹的方向	>0.63~1.25	>3.2~6.3	车、镗、磨、拉、刮、精铰、滚压、磨齿	圆柱销、圆锥销，与滚动轴承配合的表面，普通车床导轨面，内外花键定位表面，齿面等
	微辨加工痕迹的方向	>0.32~0.63	>1.6~3.2	精镗、磨、刮、精铰、滚压	要求配合性质稳定的表面，工作时承受交变应力的重要表面，较高精度的车床导轨面，高精度的齿轮齿面等
	不可辨加工痕迹的方向	>0.16~0.32	>0.8~1.6	精磨、研磨、珩磨、超精加工	精密机床主轴锥孔、顶尖圆锥面，发动机曲轴、凸轮轴的工作表面，高精度的齿轮齿面等
极光表面	暗光泽面	>0.08~0.16	>0.4~0.8	精磨、研磨、普通抛光	精密机床主轴轴颈表面，一般量规工作表面，气缸缸内表面，活塞销表面等
	亮光泽面	>0.04~0.08	>0.2~0.4	超精磨、镜面磨削、精抛光	精密机床主轴轴颈表面，滚动轴承的钢球表面，高压油泵中柱塞和柱塞孔的配合表面等
	镜状光泽面	>0.02~0.04	>0.1~0.2		
	雾状镜面	>0.01~0.02	>0.05~0.1	镜面磨削、超精研	高精度量仪、量块的工作表面，光学仪器中的金属镜面等
	镜面	≤0.01	≤0.05		

表 3-6　常用零件表面的轮廓算术平均偏差 Ra 推荐选用值　　　　　　　μm

应用场合		公称尺寸/mm			
		≤50		>50~500	
	公差等级	轴	孔	轴	孔
配合表面	IT5	0.2	0.4	0.4	0.8
	IT6	0.4	0.4~0.8	0.8	0.8~1.6
	IT7	0.4~0.8	0.8	0.8~1.6	1.6
	IT8	0.8	0.8~1.6	1.6	1.6~3.2

续表

应用场合		公称尺寸/mm					
		公称尺寸/mm					
	公差等级	≤50		>50~120		>120~500	
		轴	孔	轴	孔	轴	孔
过盈配合 压入装配	IT5	0.1~0.2	0.2~0.4	0.4	0.8	0.4	0.8
	IT6~IT7	0.4	0.8	0.8	1.6	1.6	1.6
	IT8	0.8	1.6	0.8~1.6	1.6~3.2	1.6~3.2	1.6~3.2
热装	—	1.6	1.6~3.2	1.6	1.6~3.2	1.6	1.6~3.2
定心精度高的 配合表面	径向圆跳动 公差/μm	2.5	4	6	10	16	20
	轴	0.05	0.1	0.1	0.2	0.4	0.8
	孔	0.1	0.2	0.2	0.4	0.8	1.6
圆锥结合工作表面		密封结合		对中结合		其他	
		0.1~0.4		0.4~1.6		1.6~6.3	

习 题

一、思考题

1. 重复性表面结构包含哪几种几何形状误差？它们对使用功能有何影响？

2. 表面缺陷有哪些类型？有哪些评定参数？

3. 什么是轮廓滤波器？其作用是什么？

4. 评价表面轮廓时，如何区分表面粗糙度和表面波纹度？

5. 试述传输带、取样长度和评定长度含义，为何要规定取样长度和评定长度？

6. 评价表面轮廓时为什么要确定中线？试述最小二乘中线的含义。

7. 常用的表面粗糙度评定参数有哪些？并解释其含义。

8. 在表面粗糙度代号上给定幅度参数允许值时如何标注？什么是最大规则？什么是16%规则？不同规则的合格条件是什么？

9. 规定表面粗糙度精度时应该注意哪些因素？表面粗糙度精度要求越高，是否越能够提高产品使用功能？

二、练习题

1. 试解释习题图 3-1 所示 6 个表面粗糙度代号中的各项技术要求。

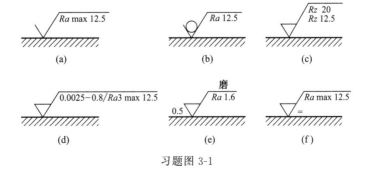

习题图 3-1

2. 试将下列表面粗糙度技术要求标注在习题图 3-2 所示的零件图样上（均采用去除材料的加工方法）。

① $\phi 20$ 孔的表面粗糙度参数 Ra 的上限值为 $3.2\mu m$，采用 16% 规则。

② $\phi 40$ 孔的表面粗糙度参数 Ra 的上限值为 $0.8\mu m$，采用最大规则。

③ 零件左端面的表面粗糙度参数 Rz 的上限值为 $12.5\mu m$，下限值为 $6.3\mu m$，采用 16% 规则，评定长度等于 3 倍的取样长度。

④ $\phi 50$ 和 $\phi 80$ 圆柱面的表面粗糙度参数 Rz 的上限值为 $25\mu m$，采用 16% 规则。

⑤ 其余表面的表面粗糙度参数 Ra 的上限值为 $12.5\mu m$，采用 16% 规则。

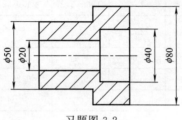

习题图 3-2

3. 一般情况下，圆柱度公差分别为 $0.01mm$ 和 $0.02mm$ 的两个 $\phi 45H7$ 孔相比较，哪个孔应选用较小的表面粗糙度幅度参数允许值？

4. 一般情况下，$\phi 60H7$ 孔与 $\phi 20H7$ 相比较，哪个孔应选用较小的表面粗糙度幅度参数允许值？

5. 已知两轴 $\phi 40f6$ 与 $\phi 60h7$ 的形状公差按照尺寸公差的 40% 选取，试分别确定两轴的表面粗糙度幅度参数允许值。

第4章
几何精度设计

任何机械零件都是按照图样的设计要求经过加工而获得的。由于机床、夹具、刀具等加工设备存在制造和调整误差，以及切削力、机械振动、工件原材料性能等因素的影响，完工零件除存在尺寸误差、表面微观形状误差外，还会存在宏观的形状、方向和位置误差（简称几何误差）。几何误差对机器、仪器仪表等机械产品的工作精度、连接强度、运动平稳性、耐磨性和可装配性等方面都有直接或间接的影响。为了保证机械产品的质量和机械零件的互换性，必须对零件的几何精度提出相应的设计要求。

4.1 概述

4.1.1 几何要素及其分类

机械零件是由若干几何要素构成的实体，所谓几何要素（简称要素）是指构成零件几何特征的点、线、面。点要素有顶点、中心点、交点等，线要素有直线、圆弧（圆）及任意形状的曲线等，面要素有平面、圆柱面、圆锥面、球面及任意形状的曲面等，如图 4-1 所示。按照不同的定义和用途，几何要素可以有不同的分类。

（1）组成要素与导出要素

1）组成要素

组成要素是零件上的面或面上的线，也称为轮廓要素，如图 4-1 的球面、圆柱面、圆锥面以及圆柱面和圆锥面的素线等。根据零件在设计、加工和检验的不同阶段，组成要素又分为四种类型。

① 公称组成要素：是设计时由技术图样或由其他方法所确定的理论正确的组成要素，见图 4-2（a）。

② 实际组成要素：加工后零件上的面或面上的线，见图 4-2（b）。

③ 提取组成要素：按规定的方法测量实际组成要素上有限数目的点而得到的要素，它是实际组成要素的近似替代要素，见图 4-2（c）。

④ 拟合组成要素：按规定的方法（如最小二乘法等）由测得轮廓要素形成的具有理想形状的要素，见图 4-2（d）。

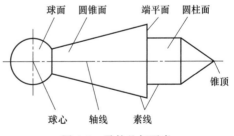

图 4-1 零件几何要素

2) 导出要素

导出要素是由一个或几个组成（轮廓）要素导出的中心点、中心线或中心面，也称为中心要素。如图 4-1 所示的圆柱轴线是由圆柱面导出的中心要素，球心是由球面导出的中心要素。导出要素是假想的几何要素，由相应的轮廓要素导出并依存于该轮廓要素。根据零件在设计、加工和检验的不同阶段，导出要素分为三种类型。

① 公称导出要素：由一个或几个公称组成要素导出的中心点、中心线或中心面，见图 4-2 (a)。

② 提取导出要素：由一个或几个提取组成要素导出的中心点、中心线或中心面，见图 4-2 (c)。

③ 拟合导出要素：由一个或几个拟合组成要素导出的中心点、中心线或中心面，见图 4-2 (d)。

图 4-2 展示了公称要素、实际要素、提取要素和拟合要素之间的关系。

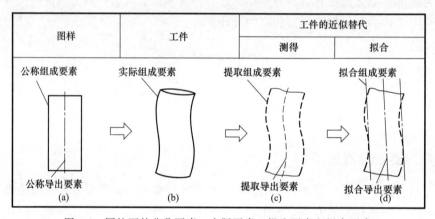

图 4-2　圆柱面的公称要素、实际要素、提取要素和拟合要素

(2) 尺寸要素与非尺寸要素

① 尺寸要素。

由一定大小的线性尺寸或角度尺寸确定的几何形状称为尺寸要素。如由直径尺寸确定的圆柱面和球面、由距离尺寸确定的两平行面、由直径尺寸和角度尺寸确定的圆锥面等。外尺寸要素称为轴，内尺寸要素称为孔。

尺寸要素通常都具有对称性，可利用其提取要素得到导出要素（中心要素）。

② 非尺寸要素。

非尺寸要素是没有尺寸的几何形状，如单一平面、直线等。显然，非尺寸要素没有相应的导出要素。

(3) 被测要素与基准要素

① 被测要素。

被测要素是图样上给出了几何精度要求的要素，也就是需要经过测量确定其几何误差的要素。如图 4-3 中的上、下表面标注有平面度和平行度要求，所以都是被测要素。

② 基准要素。

基准要素是用来确定理想被测要素的方向或（和）位置的要素，理想的基准要素简称为基准。基准要素通常由设计者在设计图样上用规定的方法标明。

如图 4-3 中所示零件的下表面，它是确定理想上表面的方向（平行）的要素，所以它是上表面平行度公差要求的基准要素。

（4）单一要素与关联要素

① 单一要素。

当要素的几何精度要求与其他要素（基准）无关时，称为单一要素。给出形状公差要求的要素为单一要素。

② 关联要素。

当要素的几何精度要求与其他要素（基准）有关时，称为关联要素。给出方向、位置和跳动公差要求的要素为关联要素。

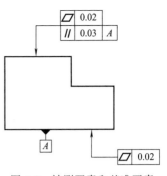

图 4-3　被测要素和基准要素

图 4-3 所示零件的上表面和下表面，当考虑它们各自的平面度精度要求时，它们都是单一要素；上表面具有相对下表面（基准）的平行度精度要求，所以上表面又是关联要素。

4.1.2　几何公差

在机械零件图样上规定几何精度要求时，用几何公差的特征项目及相应的公差值来表达。几何公差的特征项目共有 19 项，分别属于形状公差、方向公差、位置公差和跳动公差，这些项目的名称和符号见表 4-1。

表 4-1　几何公差类型、特征项目及其符号

公差类型	特征项目	符号	有无基准	公差类型	特征项目	符号	有无基准
形状公差	直线度	—	无	位置公差	同轴度	◎	有
	平面度	▱	无		同心度	◎	有
	圆度	○	无		对称度	⚌	有
	圆柱度	⌿	无		位置度	⊕	有或无
	线轮廓度	⌒	无		线轮廓度	⌒	有
	面轮廓度	◠	无		面轮廓度	◠	有
方向公差	平行度	//	有				
	垂直度	⊥	有				
	倾斜度	∠	有	跳动公差	圆跳动	↗	有
	线轮廓度	⌒	有		全跳动	↗↗	有
	面轮廓度	◠	有				

形状公差是实际被测要素自身的形状对其理想要素的允许变动量。几何要素的形状包括

直线、平面、圆弧（圆）和圆柱面，以及任意曲率的曲线和曲面。所以形状公差包括直线度、平面度、圆度、圆柱度、线轮廓度和面轮廓度 6 项。

方向公差是实际被测要素相对具有确定方向的理想要素的允许变动量，而理想要素的方向则由基准和理论正确角度确定。几何要素之间的方向关系包括平行（0°）、垂直（90°）和倾斜（非 0°、非 90°），因此方向公差包括平行度、垂直度、倾斜度、线轮廓度和面轮廓度 5 项，后两个项目用来控制任意曲线或曲面的方向精度。

位置公差是实际被测要素相对具有确定位置的理想要素的允许变动量，而理想要素的位置则由基准和理论正确尺寸确定。几何要素之间的位置关系包括同轴、同心、对称（共线、共面）和任意的距离关系。因此位置公差包括同轴度、同心度、对称度、位置度、线轮廓度和面轮廓度 6 项，后两个项目用来控制任意曲线或曲面的位置精度。

跳动公差用来控制被测要素相对某参考线或参考点的位置或方向精度，根据测量方法不同，分为圆跳动和全跳动 2 项。

在 19 项公差中，形状公差是对几何要素自身的形状精度提出的要求，因此不涉及基准。在位置公差中，可根据需要仅对被测要素之间的位置精度提出要求，这时也不涉及基准，其他项目均涉及基准。

4.1.3 几何公差带

几何公差是实际被测要素对理想被测要素的允许变动，几何公差带就是限制被测要素变动的几何区域，这个区域可以是平面区域或空间区域，它体现了对被测要素的精度要求，也是加工和检验的依据。

除非特别规定，实际被测要素在几何公差带内可以具有任何形状。

几何公差带具有形状、大小、方向和位置的特征。几何公差带特征完全相同的两项几何公差，即使项目名称不同，但其设计要求也是完全相同的。

常见的几何公差带有 9 种形状，如表 4-2 所示，用来控制相应的几何要素。

表 4-2　几何公差带的常见形状

形　状	说　明	形　状	说　明
	公差带是两平行直线之间的区域。被测要素为平面内的直线		公差带是两平行平面之间的区域。被测要素为空间直线或平面
	公差带是两等距曲线之间的区域。被测要素为平面内的任意曲线		公差带是两等距曲面之间的区域。被测要素为任意曲面
φt	公差带是圆内的区域。被测要素为平面内的点	φt	公差带是圆柱内的区域。被测要素为空间直线（一般为中心线）
t	公差带是两同心圆之间的区域。被测要素为圆	t	公差带是两同轴圆柱面之间的区域。被测要素为圆柱面
Sφt	公差带是球内的区域。被测要素为空间点		

公差带的形状取决于被测要素的几何特征和设计要求。有些被测要素的公差带形状是唯一的，如平面度、圆度、圆柱度等；有些被测要素根据设计要求的不同而具有不同形状的公差带，如对空间直线的直线度要求，若限制一个方向的直线度误差，公差带为两平行平面之间的区域；若限制任意方向的直线度误差，公差带为圆柱内的区域。

几何公差带的大小就是公差带的宽度或直径数值，即图样上标注的公差值。公称尺寸相同的零件，给出的公差值越小，允许变动的区域就越小，其几何精度要求就越高。

几何公差带的方向和位置由几何公差项目所决定，对于不涉及基准的形状公差，公差带的方向和位置可以随实际被测要素的变动而变动，称为浮动公差带；对方向公差，公差带必须与基准保持正确的方向，但位置可以浮动；对位置公差，公差带必须与基准保持正确的位置，即公差带位置是固定的。

4.1.4　几何误差的评定

前已述及，几何要素的实际形状、方向和位置对其理想形状、方向和位置的差异就是几何误差，实际被测要素只有处在相应的几何公差带内，其误差值不大于相应的几何公差时，则认为该项精度合格。

几何误差值的大小通常采用最小包容区域法评定，最小包容区域是与几何公差带形状、方向和位置相同且包容实际被测要素并具有最小宽度或直径的区域。该宽度或直径的大小即为误差值。

如图 4-4 所示的实际平面直线，包容实际被测要素的区域的形状与公差带的形状相同，也是两条平行直线之间的区域，方向和位置没有要求，且该包容区域的宽度为最小。此区域即为该实际被测线的最小包容区域，该区域的宽度 f_- 即为该被测线的直线度误差。

图 4-5 所示上平面对底面的平行度误差是包容实际被测平面且距离为最小的两平行平面的宽度 $f_{//}$，该包容区域的平面应与底面（基准平面）保持正确的方向（平行）关系。

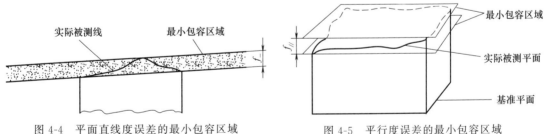

图 4-4　平面直线度误差的最小包容区域　　　　图 4-5　平行度误差的最小包容区域

由此可知，最小包容区域与几何公差带的形状、方向或位置是相同的。区别在于最小包容区的大小是几何误差，而公差带的大小是几何公差。可见几何公差带不仅体现了对被测要素的设计精度要求，也是评定几何误差的依据。因此正确理解和规定几何公差带是非常重要的。

4.2　几何公差的图样标注

在机械零件的设计图样上，当几何要素的几何精度要求不高，一般制造精度可以满足要求时，应采用未注几何公差（几何公差的一般公差），即无需在图样上注出。对于功能要求较高的几何要素，其几何公差应在图样上采用框格标注，特殊情况下，也可以在技术要求中使用文字说明。

采用几何公差框格表示法进行图样标注时，主要标注三部分内容：框格、被测要素和基准要素。

4.2.1 几何公差框格的标注

几何公差采用细实线绘制的矩形框格进行标注，框格由两格或多格组成的（见图 4-6）。

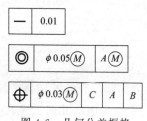

图 4-6 几何公差框格

图样上几何公差框格一般水平放置，必要时也允许垂直放置。框格中从左到右（框格垂直放置时为从下到上）依次填写以下内容。

第一格——几何公差特征项目的符号（见表 4-1）。

第二格——几何公差值及附加符号（见表 4-3），公差值一律以毫米为单位标注（单位代号不需标注）。

第三、四、五格——基准要素的字母代号及附加符号（见表 4-3）。

表 4-3 几何公差标注及附加符号

说 明	符 号	说 明	符 号
被测要素的标注		最大实体要求	Ⓜ
		最小实体要求	Ⓛ
基准要素的标注	Ⓐ Ⓐ	可逆要求	Ⓡ
基准目标的标注	$\frac{\phi 2}{A1}$	延伸公差带	Ⓟ
理论正确尺寸	30 45°	自由状态条件(非刚性零件)	Ⓕ
包容要求	Ⓔ	全周(轮廓)	⟳

4.2.2 被测要素的标注

被测要素采用框格表示法标注时，应从框格任一端垂直引出带指示箭头的指引线（细实线）指向被测要素，为便于读图，指引线应尽量少折弯（最多两次）。箭头指示的方向为公差带的宽度方向或直径方向，当箭头指向公差带宽度方向（公差带为两平行直线、两平行平面、两同心圆等区域）时，框格中第二格只写公差数值，如图 4-7 所示；当箭头指向公差带直径方向时，若公差带为圆柱内或圆内的区域，公差值前应加"ϕ"，如图 4-8（a）、（c）所示，若公差带为球内的区域，公差值前应加"$S\phi$"。箭头的位置应根据被测要素的类型按以下规则确定。

（1）被测要素为组成（轮廓）要素

当被测要素为组成（轮廓）要素时，箭头应指在被测表面的轮廓线上或其延长线上，但必须与尺寸线明显错开，如图 4-7（a）、（b）所示。当在实际可见表面上标注几何公差要求时，可在该表面上引出一带黑点的指引线，将箭头指在水平指引线上，如图 4-7（c）所示。

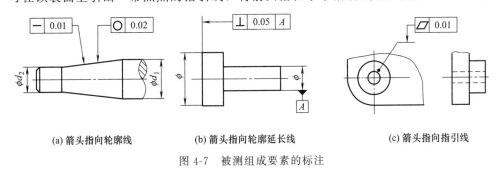

(a) 箭头指向轮廓线　　　(b) 箭头指向轮廓延长线　　　(c) 箭头指向指引线

图 4-7　被测组成要素的标注

（2）被测要素为导出（中心）要素

当被测要素为中心线、中心面、圆心、球心等导出要素时，指引线的箭头应对准该中心要素对应的轮廓要素的尺寸线，如图 4-8 所示。指引线的箭头可以代替一个尺寸线的箭头，如图 4-8（b）所示。若被测要素为圆锥面轴线时，指引线的箭头应与圆锥的相应直径（一般为大端）尺寸线对齐，如图 4-8（c）所示。必要时，箭头也可与圆锥上任一部位的空白尺寸线对齐。

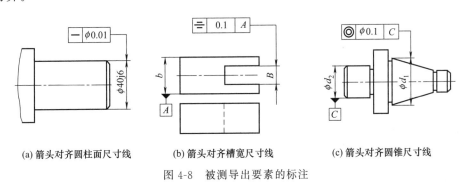

(a) 箭头对齐圆柱面尺寸线　　　(b) 箭头对齐槽宽尺寸线　　　(c) 箭头对齐圆锥尺寸线

图 4-8　被测导出要素的标注

（3）被测要素为多个相同几何特征的要素

当若干具有相同几何特征的被测要素的几何公差要求相同时，为简化标注，可以只使用一个公差框格，由该框格引出一条指引线，再分别与各被测要素相连，如图 4-9（a）所示。

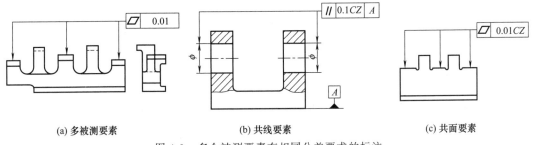

(a) 多被测要素　　　(b) 共线要素　　　(c) 共面要素

图 4-9　多个被测要素有相同公差要求的标注

当若干具有相同几何特征的被测要素位于同一轴线或同一平面上并用一个公差带限制时，称其为公共要素（公共轴线、公共平面等），标注时只能使用一个公差框格，由该框格引出一条指引线，再分别与被测要素相连，并在框格的公差值后加注符号"CZ"，如图 4-9（b）、(c) 所示。

对于结构和尺寸相同的成组被测要素，如同一轴上两个尺寸相同的轴颈，同一圆周上均布的螺栓孔等，若几何公差带要求相同，可只对其中一个被测要素进行标注，然后在框格上方被测要素的尺寸或名称之前注明要素的个数，并用"×"将其分开。

（4）被测要素有多项公差要求

同一被测要素有多项几何公差要求时，可以将公差框格重叠绘出，只用一条指引线引向被测要素，如图 4-10 所示。

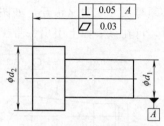

图 4-10　同一被测要素有
多项公差要求的标注

4.2.3　基准要素的标注

被测要素标注方向、位置和跳动公差时需注明基准。基准符号是由涂黑或空白三角形和与之相连的方框组成，方框内填写表示基准的大写字母，并在几何公差框格的第三、四、五格中填写相应字母。无论基准符号的方向如何，其字母均应水平填写，如图 4-11 所示。为了避免混淆和误解，字母 I、O、Q 和 X 不得用作基准字母代号。

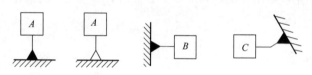

图 4-11　基准符号的标注

基准符号的位置与基准的结构特征和种类有关，基准要素按结构特征可分为组成（轮廓）要素和导出（中心）要素，按基准类型可分为单一基准、公共基准和基准体系。

（1）基准要素为组成要素

当基准要素为组成要素，即轮廓线或轮廓面时，应将基准符号三角形放置在要素的轮廓线或其延长线，但必须与尺寸线明显错开，如图 4-12（a）、(b) 所示。当受到视图限制，必须在实际可见表面上标注基准时，可在该面上画一黑点，并由该点引出参考线，把基准符号放在参考线上，如图 4-12 (c) 所示。

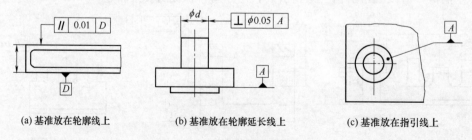

(a)基准放在轮廓线上　　　　(b)基准放在轮廓延长线上　　　　(c)基准放在指引线上

图 4-12　基准要素为组成要素的标注

(2) 基准要素为导出要素

当基准要素为导出要素（图 4-13），即由尺寸要素确定的轴线、中心平面或中心点时，基准符号的三角形放置在尺寸线的延长线上，即对齐轮廓尺寸线标注，如图 4-13（a）所示。当标注位置受限时，可用基准三角形代替尺寸线的一个箭头，如图 4-13（b）所示。

当基准要素为圆锥轴线时，基准三角形应对齐圆锥角度或直径尺寸线，如图 4-13（c）、（d）所示。

当基准要素为球心时，基准三角形应位于通过基准点的方向，并与球的尺寸线对齐，如图 4-13（e）所示。

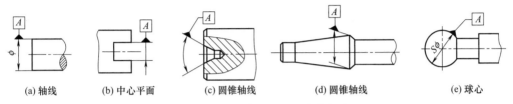

| (a) 轴线 | (b) 中心平面 | (c) 圆锥轴线 | (d) 圆锥轴线 | (e) 球心 |

图 4-13　基准要素为导出要素的标注

(3) 公共基准的标注

由两个（或多个）同类要素构成而作为一个基准使用的称为公共基准，如公共基准轴线、公共基准中心平面等。标注时应采用不同字母对这两个要素分别标注基准符号，在框格中两字母间加一横线，如图 4-14 所示。

(4) 基准体系的标注

由两个或三个独立的基准相组合，共同确定被测要素位置关系时，称其为基准体系。常用的基准体系为三基面体系，即由零件上三个互相垂直的平面作为基准。

采用基准体系时，应将表示基准的字母按基准的优先顺序（与字母表的顺序无关）从左到右分别写在相应框格中，如图 4-15 所示。图中第一基准、第二基准和第三基准是三基面体系中两两相互垂直的基准要素，三个基准的先后顺序对保证零件的质量非常重要。通常选取最重要的要素作为第一基准。

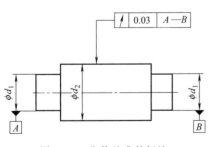

图 4-14　公共基准的标注

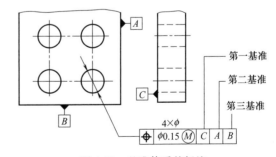

图 4-15　基准体系的标注

4.2.4　限制性的标注

在对几何公差进行标注时，可根据需要对被测要素或基准要素提出某些附加限制，见表 4-4。

表 4-4 几何公差的限制性标注

项目	示例	说明
限制被测要素在公差带内的形状	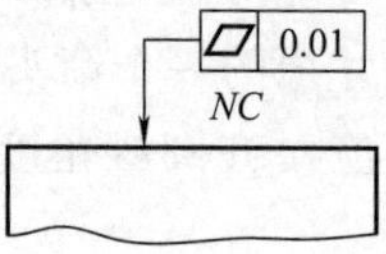	在几何公差框格下方加注"NC",表示被测表面平面度公差为 0.01mm,不允许表面中部凸起
限定要素的某一局部作为基准要素	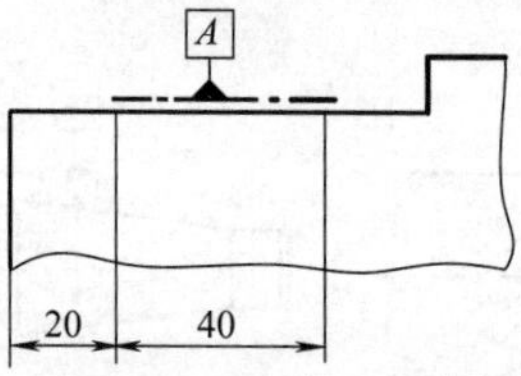	以要素的局部区域作为基准要素时,用粗点画线表示该区域,并用相应尺寸(40mm 和 20mm)表示该区域的大小和位置
限定要素的某一局部作为被测要素	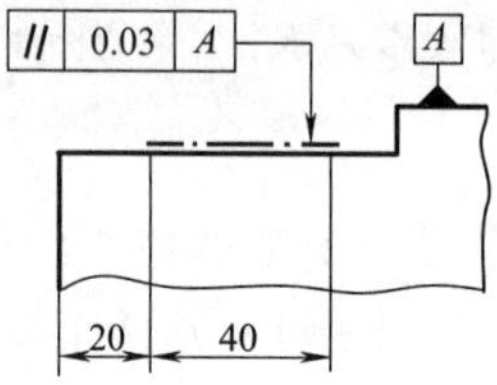	以要素局部区域作为被测要素时,用粗点画线表示该区域,并用相应尺寸(40mm 和 20mm)分别表示该区域的大小和位置
规定几何要素在任意限定范围内的几何公差	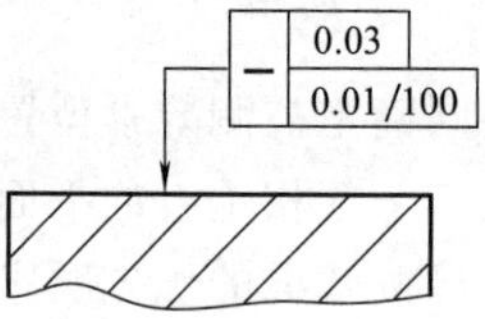	表示被测直线在全长上的直线度公差为 0.03mm,在任意 100mm 长度上的直线度公差为 0.01mm

4.3 几何公差及其公差带

本节通过标注示例介绍各项几何公差的含义,同时给出相应公差带图。公差带图中的实际(提取)被测要素以粗实线表示,公差带边界以双点画线表示。

4.3.1 形状公差

形状公差是单一实际被测要素对其理想要素的允许变动量,形状公差带是限制单一实际被测要素变动的区域。由于形状公差不涉及基准,所以形状公差带可以随被测要素方向、位置的变化而浮动。

(1)直线度

直线度公差是实际被测线对理想直线的允许变动量。由于直线可分为平面直线和空间直线,所以直线度公差带可以有几种不同的形状。

给定平面内直线的直线度公差带是距离为公差值 t 的两平行直线之间的区域。

图 4-16（a）所示的标注表示圆柱面素线的直线度公差为 0.02mm。实际素线必须位于轴剖面内距离为 0.02mm 的两平行直线之间，如图 4-16（b）所示。

空间直线在给定方向上的直线度公差带是距离为公差值 t 的两平行平面之间的区域，在任意方向上的直线度公差带是直径为公差值 t 的圆柱面内的区域。

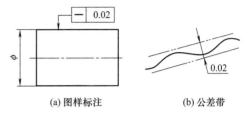

(a) 图样标注　　(b) 公差带

图 4-16　给定平面内的直线度公差

图 4-17（a）所示的标注表示刀口尺的棱线在箭头所示方向上的直线度公差为 0.002mm，实际棱线必须位于距离为 0.002mm 且垂直于给定方向的两平行平面之间，如图 4-17（b）所示。这两个平行平面不要求严格与给定方向垂直，可随实际被测要素而浮动。

图 4-18（a）所示的标注表示 ϕd 轴线的直线度公差为 ϕ0.04mm。实际轴线必须位于直径为 ϕ0.04mm 的圆柱面之内，如图 4-18（b）所示。

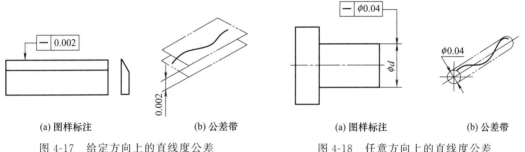

(a) 图样标注　　(b) 公差带	(a) 图样标注　　(b) 公差带
图 4-17　给定方向上的直线度公差	图 4-18　任意方向上的直线度公差

（2）平面度

平面度公差是实际被测面对理想平面的允许变动量。平面度公差带是距离为公差值 t 的两平行平面之间的区域。

图 4-19（a）所示的标注表示上表面的平面度公差为 0.08mm。实际表面必须位于距离为公差值 0.08mm 的两平行平面之间，如图 4-19（b）所示。

（3）圆度

圆度公差是实际被测轮廓圆对理想圆的允许变动量。圆度公差带是半径差为公差值 t 的两同心圆之间的区域。

图 4-20（a）所示的标注表示圆锥面的圆度公差为 0.01mm。在圆锥面的任一横截面上的实际轮廓圆必须位于半径差为公差值 0.01mm 的两同心圆之间，如 4-20（b）所示。

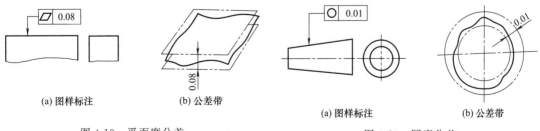

(a) 图样标注　　(b) 公差带	(a) 图样标注　　(b) 公差带
图 4-19　平面度公差	图 4-20　圆度公差

(4) 圆柱度

圆柱度公差是实际被测圆柱面对理想圆柱面的允许变动量。圆柱度公差带是半径差为公差值 t 的两同轴圆柱面之间的区域。

图 4-21 (a) 所示的标注表示被测圆柱面的圆柱度公差为 0.02mm。实际表面必须位于半径差为公差值 0.02mm 的两同轴圆柱面之间，如图 4-21 (b) 所示。

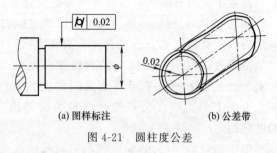

| (a) 图样标注 | (b) 公差带 |

图 4-21　圆柱度公差

4.3.2　轮廓度公差

轮廓度公差涉及的被测要素是任意形状的曲线或曲面，曲线或曲面的理想形状（公称要素）在设计时由理论正确尺寸（带框格的、不注公差的尺寸）确定。

轮廓度公差分为无基准的和相对基准体系的两种。当轮廓要素的理想形状不与其他几何要素相关时，轮廓度公差不需标明基准，属于形状公差，因而其公差带的方向和位置可以浮动；当轮廓要素的理想形状需要与其他几何要素（基准）保持确定的方向或位置关系时，轮廓度公差应标明基准，属于方向或位置公差，公差带的方向或位置将是固定的。

(1) 线轮廓度

线轮廓度公差用于限制平面曲线（或曲面的截面轮廓）的形状、方向或位置误差，其公差带是法向距离为公差值 t 且对理想轮廓线对称配置的两等距曲线之间的区域。

图 4-22 (a) 是无基准的线轮廓度公差标注示例。表示在平行于图示投影面的任一截面内，实际轮廓曲线必须位于法向距离为 0.04mm 且对理想轮廓线对称配置的两等距曲线之间，如图 4-22 (b) 所示。理想轮廓线形状由理论正确尺寸 $\boxed{R30}$、$\boxed{R15}$ 和 $\boxed{22}$ 确定，其方向和位置可以浮动。

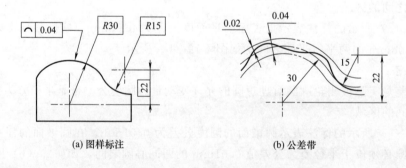

| (a) 图样标注 | (b) 公差带 |

图 4-22　无基准的线轮廓度公差

图 4-23 (a) 是相对基准体系的线轮廓度公差的标注示例，表示在平行于图示投影面的任一截面内，实际轮廓曲线必须位于法向距离为 0.04mm 且对理想轮廓线对称配置的两等距曲线之间，如图 4-23 (b) 所示。理想轮廓线的形状由理论正确尺寸 $\boxed{R30}$、$\boxed{R15}$ 和 $\boxed{22}$ 确定，它对基准 A、B 的位置由理论正确尺寸 $\boxed{12}$ 和 $\boxed{25}$ 确定，因此其公差带位置是固定的。

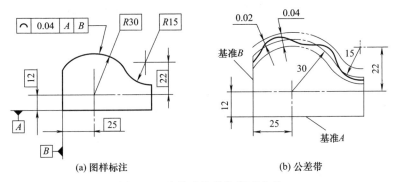

图 4-23　有基准的线轮廓度公差

(2) 面轮廓度

面轮廓度公差用于限制任意曲面的形状、方向或位置误差，其公差带是法向距离为公差值 t 且对理想轮廓面对称配置的两等距曲面之间的区域。

图 4-24 (a) 是无基准的面轮廓度公差的标注示例。实际轮廓曲面必须位于法向距离为 0.02mm 且对理想轮廓面对称配置的两等距曲面之间，如图 4-24 (b) 所示。理想轮廓面的形状由理论正确尺寸 $\boxed{SR35}$ 确定，其位置可在尺寸极限 40 ± 0.2 范围内浮动。

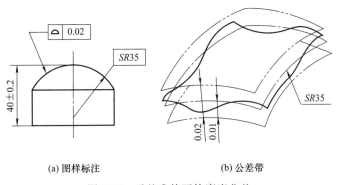

图 4-24　无基准的面轮廓度公差

图 4-25 (a) 是相对基准体系的面轮廓度公差的标注示例。实际轮廓曲面必须位于法向距离为 0.02mm 且对理想轮廓面对称配置的两等距曲面之间，如图 4-25 (b) 所示。理想轮

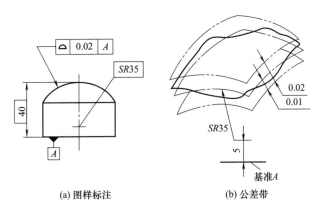

图 4-25　有基准的面轮廓度公差

廓面的形状由理论正确尺寸 $\boxed{SR35}$ 确定，其位置由基准 A 和理论正确尺寸 $\boxed{40}$ 确定，因此其公差带位置是固定的。

4.3.3 方向公差

方向公差是关联实际被测要素（线或面），对其具有确定方向的理想要素的允许变动量。理想要素的方向由基准及理论正确角度尺寸确定。当理论正确角度为 $\boxed{0°}$ 时，称为平行度；角度为 $\boxed{90°}$ 时称为垂直度；为其他任意角度时称为倾斜度。

方向公差带是限制关联实际被测要素变动的区域，它相对于基准有确定的方向，但其位置可以浮动。在实际生产中，应用较多的方向公差是平行度、垂直度和倾斜度，它们涉及的被测要素和基准要素均可以为直线或平面，因此可分为面对面、面对线、线对面和线对线四种情况。

方向公差具有综合控制被测要素的方向和形状的职能，因而对同一几何要素标注的形状公差必须小于方向公差。

(1) 平行度

当被测要素为平面时，其平行度公差带是距离为公差值 t 且平行于基准要素（平面或直线）的两平行平面之间的区域。

图 4-26（a）所示的标注表示零件上平面对底面的平行度公差为 0.05mm。实际上平面必须位于距离为公差值 0.05mm 且平行于基准平面 A 的两平行平面之间，如图 4-26（b）所示。

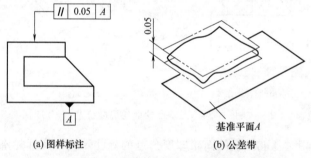

(a) 图样标注　　　　(b) 公差带

图 4-26　面对面的平行度公差

图 4-27（a）所示的标注表示零件上平面对 ϕD 孔轴线的平行度公差为 0.03mm。实际上表面必须位于距离为公差值 0.03mm 且平行于基准轴线 A 的两平行平面之间，如图 4-27

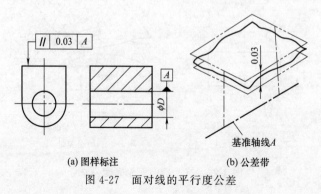

(a) 图样标注　　　　(b) 公差带

图 4-27　面对线的平行度公差

(b) 所示。

当被测要素为直线时，若为平面直线，其公差带是距离为公差值 t 且平行于基准要素（平面或直线）的两平行直线之间的区域；若为空间直线，其公差带将取决于对被测要素的方向要求。

图 4-28（a）所示的标注表示 ϕD 孔轴线对底面的平行度公差为 0.03mm。实际轴线必须位于距离为公差值 0.03mm 且平行于基准平面 A 的两平行平面之间，如图 4-28（b）所示。

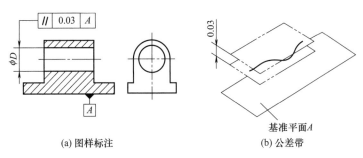

(a) 图样标注 (b) 公差带

图 4-28 线对面的平行度公差

图 4-29（a）所示的标注表示 ϕD_1 孔轴线对 ϕD_2 孔轴线在给定方向（铅垂方向）上的平行度公差为 0.04mm。ϕD_1 孔的实际轴线必须位于距离为 0.04mm 且在给定方向上平行于基准轴线 A 的两平行平面之间，如图 4-29（b）所示。如有必要，也可给定相互垂直的两个方向的平行度公差。

图 4-30（a）所示的标注表示 ϕD_1 孔轴线对 ϕD_2 孔轴线任意方向上的平行度公差为 0.06mm。ϕD_1 孔的实际轴线必须位于直径为公差值 $\phi 0.06$mm 且平行于基准轴线 A 的圆柱面之内，如图 4-30（b）所示。

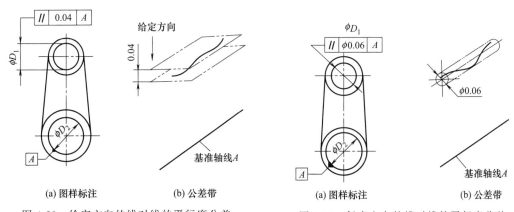

(a) 图样标注 (b) 公差带 (a) 图样标注 (b) 公差带

图 4-29 给定方向的线对线的平行度公差   图 4-30 任意方向的线对线的平行度公差

(2) 垂直度

当被测要素为平面时，其公差带是距离为公差值 t 且垂直于基准要素（平面或直线）的两平行平面之间的空间区域。

图 4-31（a）所示的标注表示零件右侧面对底面的垂直度公差为 0.08mm。实际右侧面必须位于距离为公差值 0.08mm 且垂直于基准平面 A 的两平行平面之间，如图 4-31（b）所示。

图 4-32（a）所示的标注表示零件右端面对 ϕD 轴线 A 的垂直度公差为 0.05mm。实际右端面必须位于距离为公差值 0.05mm 且垂直于基准轴线 A 的两平行平面之间，如图 4-32（b）所示。

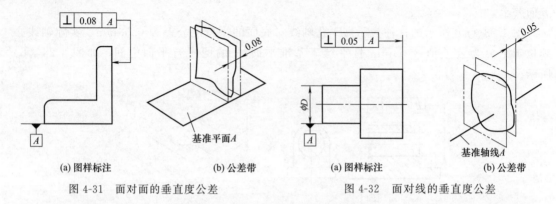

| (a) 图样标注 | (b) 公差带 | (a) 图样标注 | (b) 公差带 |

图 4-31　面对面的垂直度公差　　　　　　图 4-32　面对线的垂直度公差

当被测要素为直线时，若为平面直线，其公差带是距离为公差值 t 且垂直于基准要素（平面或直线）的两平行直线之间的区域；若为空间直线，其公差带将取决于对被测要素的方向要求。

图 4-33（a）所示的标注表示 ϕD_1 孔轴线对两个 ϕD_2 孔的公共轴线的垂直度公差为 0.08mm。ϕD_1 孔的实际轴线必须位于距离为公差值 0.08mm 且垂直于基准公共轴线 $A—B$ 的两平行平面之间，如图 4-33（b）所示。

图 4-34（a）所示的标注表示 ϕd 轴线对底面在给定方向上的垂直度公差为 0.04mm。ϕd 的实际轴线必须位于距离为 0.04mm 且在给定方向上垂直于基准平面 A 的两平行平面之间，如图 4-34（b）所示。如有必要，也可分别给定相互垂直的两个方向的垂直度公差。

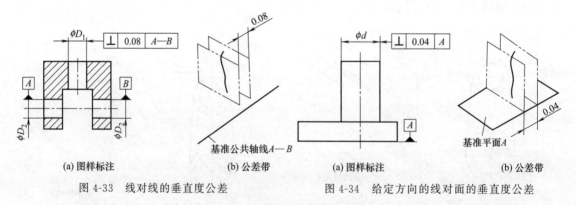

| (a) 图样标注 | (b) 公差带 | (a) 图样标注 | (b) 公差带 |

图 4-33　线对线的垂直度公差　　　　　　图 4-34　给定方向的线对面的垂直度公差

图 4-35（a）所示的标注表示 ϕd_1 轴线对底面在任意方向上的垂直度公差为 0.05mm。ϕd_1 的实际轴线必须位于直径为公差值 ϕ0.05mm 且垂直于基准平面 A 的圆柱面内，如图 4-35（b）所示。

（3）倾斜度

当被测要素为平面时，其倾斜度公差带是距离为公差值 t 且与基准轴线或基准平面成理论正确角度的两平行平面之间的区域。

图 4-36（a）所示的标注表示零件斜平面对底面的倾斜度公差为 0.08mm。实际斜平面必须位于距离为公差值 0.08mm 且与基准平面 A 成理论正确角度 45° 的两平行平面之间，

如图 4-36（b）所示。

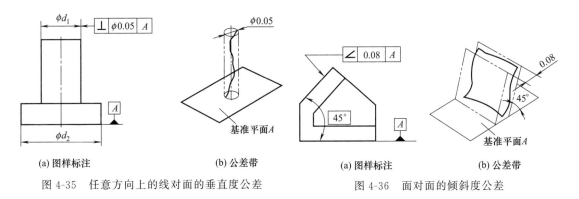

(a) 图样标注　　(b) 公差带	(a) 图样标注　　(b) 公差带

图 4-35　任意方向上的线对面的垂直度公差 　　图 4-36　面对面的倾斜度公差

图 4-37（a）所示的标注表示零件斜平面对轴线的倾斜度公差为 0.05mm。实际斜平面必须位于距离为公差值 0.05mm 且与基准轴线 A 成理论正确角度 $\boxed{60°}$ 的两平行平面之间，如图 4-37（b）所示。

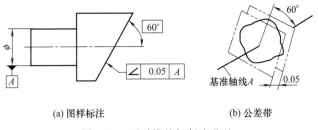

(a) 图样标注　　　　　　　　(b) 公差带

图 4-37　面对线的倾斜度公差

当被测要素为空间直线时，其公差带将取决于对被测要素的方向要求。

图 4-38（a）所示的标注表示 ϕD_1 孔轴线对 ϕD_2 轴线的倾斜度公差为 0.1mm。ϕD_1 孔的实际轴线必须位于距离为公差值 0.1mm 且与基准轴线 A 成理论正确角度 $\boxed{60°}$ 的两平行平面之间，如图 4-38（b）所示。

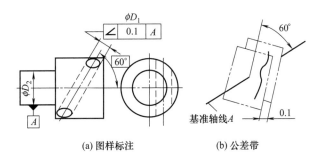

(a) 图样标注　　　　　　　　(b) 公差带

图 4-38　线对线的倾斜度公差

图 4-39（a）所示的标注表示 ϕD 孔轴线对平面 A 和平面 B 均有任意方向的精度要求。ϕD 孔的实际轴线必须位于直径为公差值 $\phi 0.05$mm 且与第一基准平面 A 成理论正确角度 $\boxed{60°}$、平行于第二基准平面 B 的圆柱面之内，如图 4-39（b）所示。

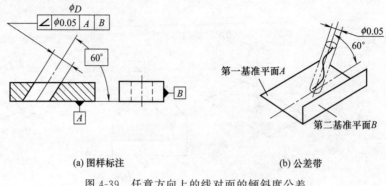

(a) 图样标注   (b) 公差带

图 4-39　任意方向上的线对面的倾斜度公差

4.3.4　位置公差

位置公差是关联实际被测要素对具有确定位置的理想要素的允许变动量。理想要素的位置由基准及理论正确尺寸确定。常用位置公差包括同轴度、同心度、对称度和位置度。

位置公差带是限制关联实际被测要素变动的区域，它一般具有确定的方向和位置。

位置公差具有综合控制被测要素的位置、方向和形状的职能，因而同一几何要素标注的方向和形状公差均应小于位置公差。

(1) 同轴度

同轴度是要求被测轴线与基准轴线相重合的一项精度，其公差带是直径为公差值 ϕt 且其轴线与基准轴线重合的圆柱面内的区域。

图 4-40（a）所示的标注表示 ϕd_1 轴线相对 ϕd_2 轴线的同轴度公差为 $\phi 0.1$mm。实际被测轴线必须位于直径为公差值 $\phi 0.1$mm 且与基准轴线 A 同轴的圆柱面之内，如图 4-40（b）所示。

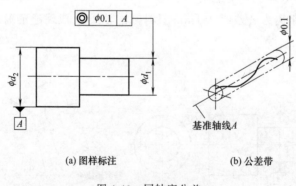

(a) 图样标注   (b) 公差带

图 4-40　同轴度公差

(2) 同心度

平面内点的同心度公差带是直径为公差值 ϕt 且与基准点同心的圆内的区域。

图 4-41（a）所示的标注表示外圆圆心对内孔圆心的同心度公差为 $\phi 0.01$mm。实际外圆的圆心必须位于直径为公差值 $\phi 0.01$mm 且与基准点 A 同心的圆内，如图 4-41（b）所示。

（3）对称度

对称度是被测导出要素（轴线、中心线或中心平面）与基准导出要素（轴线、中心线或中心平面）共线或共面的精度要求，其公差带是距离为公差值 t 且相对基准导出要素对称配置的两平行直线或两平行平面之间的区域。

图 4-42（a）所示的标注表示开口槽的中心平面对 L 的中心平面的对称度公差为 0.1mm。槽的实际中心面必须位于距离为 0.1mm 且相对于基准中心平面 A 对称配置的两平行平面之间，如图 4-42（b）所示。

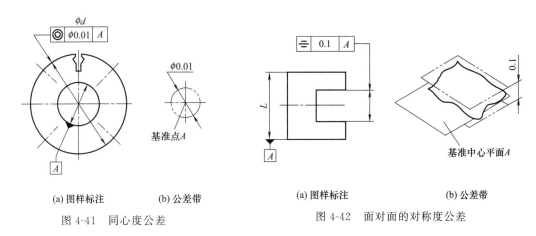

<table>
<tr><td align="center">（a）图样标注</td><td align="center">（b）公差带</td><td align="center">（a）图样标注</td><td align="center">（b）公差带</td></tr>
<tr><td align="center" colspan="2">图 4-41 同心度公差</td><td align="center" colspan="2">图 4-42 面对面的对称度公差</td></tr>
</table>

图 4-43（a）所示的标注表示 ϕD 孔的轴线对两个开口槽的公共中心平面的对称度公差为 0.05mm。ϕD 孔的实际轴线必须位于距离为 0.05mm 且相对于公共基准中心平面 $A-B$ 对称配置的两平行平面之间，如图 4-43（b）所示。

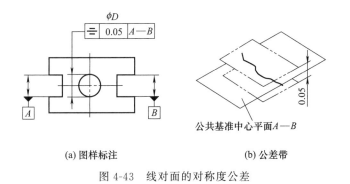

（a）图样标注   （b）公差带

图 4-43 线对面的对称度公差

（4）位置度

位置度是要求实际被测要素与其理想要素位置相重合的精度要求，理想要素的位置由基准和理论正确尺寸确定。位置度公差带的形状取决于被测要素的类型（点、线、面）和方向要求。公差带的位置通常是固定的。

空间点（平面点）在任意方向上的位置度公差带是直径为公差值 t、以点的理想位置为中心的球面（或圆）内的区域。

图 4-44（a）的标注表示被测球缺面的中心相对基准 A、B 的位置度公差为 $S\phi 0.08$mm。实际中心必须位于直径为公差值 $S\phi 0.08$mm 的球面内，该球面的中心在基准轴线 A 上且与基准平面 B 的距离为理论正确尺寸 $\boxed{30}$，如图 4-44（b）所示。

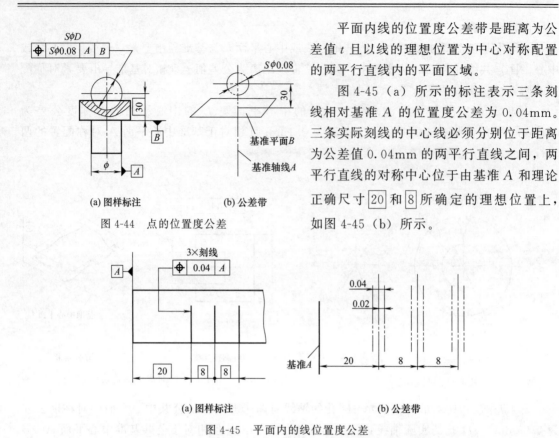

(a) 图样标注   (b) 公差带

图 4-44 点的位置度公差

平面内线的位置度公差带是距离为公差值 t 且以线的理想位置为中心对称配置的两平行直线内的平面区域。

图 4-45（a）所示的标注表示三条刻线相对基准 A 的位置度公差为 0.04mm。三条实际刻线的中心线必须分别位于距离为公差值 0.04mm 的两平行直线之间，两平行直线的对称中心位于由基准 A 和理论正确尺寸 $\boxed{20}$ 和 $\boxed{8}$ 所确定的理想位置上，如图 4-45（b）所示。

(a) 图样标注   (b) 公差带

图 4-45 平面内的线位置度公差

空间直线在任意方向上的位置度公差带是直径为公差值 ϕt 且轴线在其理想位置上的圆柱面内的空间区域。

图 4-46（a）的标注表示 4 个 ϕD 孔的轴线（成组要素）相对基准 A、B、C 的位置度公差为 $\phi 0.1$mm。每个孔的实际轴线必须位于直径为公差值 $\phi 0.1$mm 的圆柱面内，圆柱面的轴线位于由基准 A、B、C 和理论正确尺寸 $\boxed{50}$、$\boxed{30}$ 所确定的理想位置上，如图 4-46（b）所示。

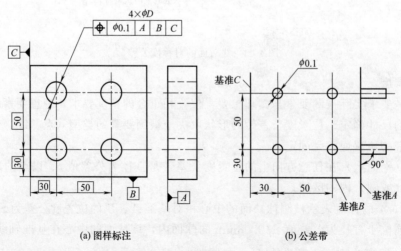

(a) 图样标注   (b) 公差带

图 4-46 成组要素位置度公差

对图 4-46 的位置度公差标注，可将彼此相距 50mm 的四个孔作为一个整体看待，称为几何图框，而两个尺寸 30 则为该几何图框的定位尺寸。如果对成组要素（几何图框）的位置精度要求不高，而对孔之间的位置度有较高的要求，则应采用复合位置度的标注方法，如图 4-47（a）所示。

复合位置度公差采用上、下两个框格标注方法，图中上框格表示孔组对基准 A、B、C 的位置度公差为 $\phi 0.1$mm，下框格表示四孔之间的位置度公差为 $\phi 0.05$mm。四个孔的实际轴线应分别位于两个公差带的重叠区内，各位置度公差带均应垂直于基准 A，如图 4-47（b）所示。

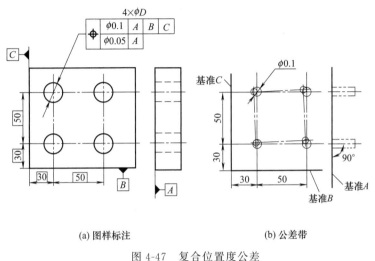

(a) 图样标注   (b) 公差带

图 4-47 复合位置度公差

面的位置度公差带是距离为公差值 t 且以面的理想位置为中心对称配置的两平行平面之间的空间区域。

图 4-48（a）所示的标注表示斜表面相对基准 A、B 的位置度公差为 0.05mm。实际表面必须位于距离为公差值 0.05mm 的两平行平面之间，两平行平面的中心面位于由基准轴线 A、基准平面 B 以及理论正确尺寸 60° 和 50 所确定的理想位置上，如图 4-48（b）所示。

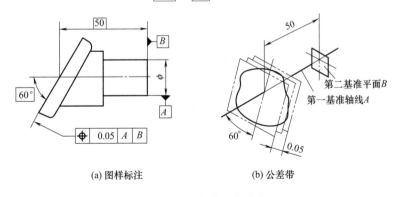

(a) 图样标注   (b) 公差带

图 4-48 面的位置度公差

以上诸例均为标注基准的位置度公差，它们的公差带位置是固定的。对于成组要素，位置度公差也可以根据功能要求不标注基准。

图 4-49（a）所示标注表示成组要素（两孔轴线）之间的位置度公差为 $\phi 0.2\text{mm}$，其公差带是以两孔轴线的理想相对位置（理论正确尺寸 $\boxed{30}$ 决定的几何图框）为轴线、直径等于位置度公差值 $\phi 0.2\text{mm}$ 的两圆柱面内的空间区域，如图 4-49（b）所示。对此类标注，孔之间的公差带相对位置固定，而成组要素公差带位置则是浮动的。

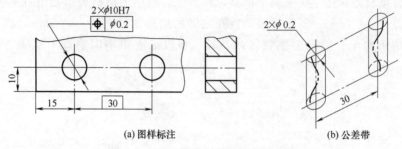

(a) 图样标注　　　　　　　　　　(b) 公差带

图 4-49　成组要素无基准位置度公差

4.3.5　跳动公差

跳动公差包括圆跳动和全跳动，是基于特定检测方法而规定的公差项目，其被测要素为圆柱面、端平面和圆锥面等组成要素，基准要素为轴线。

跳动公差能够综合控制被测要素的形状、方向和位置精度。因而同一几何要素标注的形状和方向公差均应小于跳动公差。

(1) 圆跳动

圆跳动是指实际被测要素绕基准轴线回转时（不允许有轴向位移），由位置固定的指示器沿给定方向测得的最大与最小读数之差，其允许值即为圆跳动公差。根据测量方向（指示器测杆移动方向）的不同，圆跳动又分为以下三种。

① 径向圆跳动：测量方向与基准轴线垂直且相交，其公差带是在垂直于基准轴线的任一横截面（测量平面）内，半径差为公差值 t 且圆心在基准轴线上的两同心圆之间的区域。

图 4-50（a）所示的标注表示 ϕd 圆柱面相对于基准轴线的径向圆跳动公差为 0.03mm。当零件绕基准轴线做无轴向移动的回转时，在任一测量平面内的径向圆跳动（即最大与最小半径差）均不得大于 0.03mm，公差带如图 4-50（b）所示。

② 轴向圆跳动：测量方向与基准轴线平行，也称为端面圆跳动，其公差带是在与基准同轴的任一半径的测量圆柱面上，宽度为公差值 t 的两圆所限定的圆柱面区域。

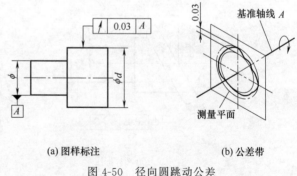

(a) 图样标注　　　　　　　　(b) 公差带

图 4-50　径向圆跳动公差

图 4-51（a）所示的标注表示零件右端面对基准线的轴向圆跳动公差为 0.05mm。当零件绕基准轴线做无轴向移动的回转时，右端面在任一半径上的轴向圆跳动量均不得大于 0.05mm，即任一半径上的实际圆必须限制在轴向间距为 0.05mm 的两个等圆之间，公差带

如图 4-51（b）所示。

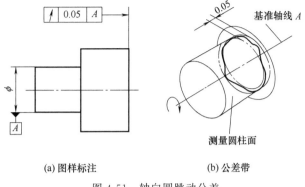

(a) 图样标注　　　　　　　　　(b) 公差带

图 4-51　轴向圆跳动公差

③ 斜向圆跳动：测量方向与基准轴线倾斜某一角度且相交，其公差带是在与基准轴同轴的任一测量圆锥面上、沿母线方向距离为公差值 t 的两不等圆所限定的圆锥面区域。在一般情况下，测量圆锥面的母线方向（即测量方向）应是被测表面的法线方向。

图 4-52（a）所示的标注表示被测圆锥面相对基准轴线的斜向圆跳动公差为 0.04mm。当零件绕基准轴线做无轴向移动的回转时，在任一测量圆锥面上的跳动量均不得大于 0.04mm，其公差带如图 4-52（b）所示。

若需给定其他测量方向，则应在图样上注明，见图 4-52（c）。

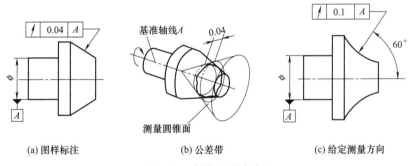

(a) 图样标注　　　　　　　(b) 公差带　　　　　　　(c) 给定测量方向

图 4-52　斜向圆跳动公差

(2) 全跳动

全跳动是指实际被测要素绕基准轴线连续回转（不许有轴向位移），同时指示器相对工件做径向或轴向移动，在整个被测表面上测得的最大与最小读数之差，其允许值即为全跳动公差。根据测量方向的不同，全跳动又分为以下两种。

① 径向全跳动：被测要素为圆柱面，指示器的测量方向与基准轴线垂直且沿轴向移动，其公差带是半径差为公差值 t 且与基准轴线同轴的两圆柱面之间的区域。

图 4-53（a）所示的标注表示 ϕd 圆柱面对公共基准轴线 $A—B$ 的径向全跳动公差为 0.05mm。实际圆柱面必须位于半径差为公差值 0.05mm 且以基准公共轴线 $A—B$ 为轴线的两同轴圆柱面之间，如图 4-53（b）所示。即整个圆柱面相对基准轴线的最大与最小半径之差不得超过 0.05mm。

② 轴向全跳动：被测要素为圆形或环形端平面，指示器的测量方向与基准轴线平行且沿径向移动，公差带是距离为公差值 t 且垂直于基准轴线的两平行平面之间的区域。

图 4-54（a）所示的标注表示零件右端面相对基准轴线的端面全跳动公差为 0.06mm。实际右端面必须位于距离为公差值 0.06mm 且垂直于基准轴线 A 的两平行平面之间，如图 4-54（b）所示。

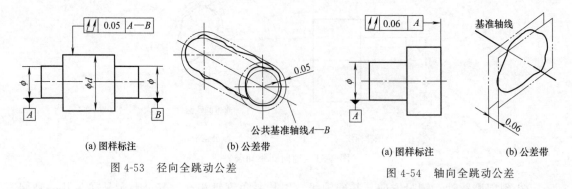

（a）图样标注   （b）公差带

图 4-53   径向全跳动公差

（a）图样标注   （b）公差带

图 4-54   轴向全跳动公差

4.4 公差原则

加工后的实际机械零件将同时存在尺寸误差和几何误差，有的几何误差通过测量尺寸可以发现，例如当零件存在偶数棱圆时的圆度误差，当圆柱轴线无弯曲时其素线直线度误差等，表明这类几何误差本身受到尺寸公差的约束。另一类几何误差无法通过测量尺寸发现，如轴线的直线度误差、奇数棱的圆度误差等，这类几何误差不受尺寸公差的约束。

当几何误差不受尺寸公差的约束时，根据零件的功能要求，可仍然使它们不受尺寸公差约束，这样尺寸公差与几何公差将互相独立。或者根据功能要求，使几何误差人为地受尺寸公差约束，这样几何误差与尺寸公差便形成相关关系。

处理尺寸公差与几何公差关系的规定称为公差原则，分为独立原则和相关要求，相关要求又分为包容要求、最大实体要求、最小实体要求以及可逆最大实体要求和可逆最小实体要求。

4.4.1 有关公差原则的基本术语

（1）提取组成要素的局部尺寸（孔 D_a、轴 d_a）

一切提取组成要素上两对应点之间的距离称为提取组成要素的局部尺寸，简称局部尺寸，包括圆柱面的局部直径、两平行平面对应点之间的距离等。

（2）作用尺寸

作用尺寸是轴、孔的实际尺寸和几何误差综合的结果，分为体外作用尺寸和体内作用尺寸。

① 体外作用尺寸（孔 D_{fe}、轴 d_{fe}）。

在被测要素的给定长度上，与实际内表面（孔）体外相接的最大理想外表面（理想轴）的直径或宽度为该内表面的体外作用尺寸；与实际外表面（轴）体外相接的最小理想内表面（理想孔）的直径或宽度为该外表面的体外作用尺寸。

对于给定形状公差的单一尺寸要素，体外作用尺寸称为单一体外作用尺寸，如图 4-55

（a）所示。对于给出方向（或位置）公差的关联要素，确定其体外作用尺寸的理想表面的导出要素必须与基准保持图样给定的方向（或位置）关系，称为关联体外作用尺寸。图 4-55（b）为给出垂直度公差的关联体外作用尺寸。

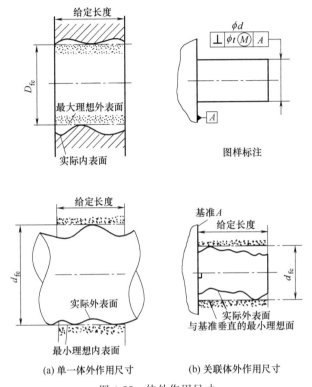

图 4-55　体外作用尺寸

　　按同一精度要求加工的一批轴孔，其体外作用尺寸一般不会相同，但不难看出，体外作用尺寸和局部尺寸存在如下关系。

$$\text{对于孔 } D_{fe} \leqslant D_a \qquad \text{对于轴 } d_{fe} \geqslant d_a$$

　　② 体内作用尺寸（孔 D_{fi}、轴 d_{fi}）。

　　在被测要素给定长度上，与实际内表面（孔）体内相接的最小理想面（理想轴）或与实际外表面（轴）体内相接的最大理想面（理想孔）的直径或宽度，称为体内作用尺寸。

　　对于给定形状公差的单一尺寸要素，体内作用尺寸称为单一体内作用尺寸，如图 4-56（a）所示。对于给出方向（或位置）公差的关联要素，确定其体内作用尺寸的理想面的中心要素必须与基准保持图样给定的方向（或位置）关系，称为关联体内作用尺寸。图 4-56（b）为给出垂直度公差的关联体内作用尺寸。

　　体内作用尺寸也是实际尺寸和几何误差的综合结果，因而一批相同规格的零件，其体内作用尺寸一般也不会相同。体内作用尺寸与局部尺寸存在如下关系。

$$\text{对于孔} \quad D_{fi} \geqslant D_a \qquad \text{对于轴} \quad d_{fi} \leqslant d_a$$

（3）最大实体状态（MMC）**和最大实体尺寸**（孔 D_M、轴 d_M）

　　最大实体状态是假定提取组成要素的局部尺寸处处位于极限尺寸，使其具有实体最大（材料最多）时的极限状态。该极限尺寸称为最大实体尺寸，即轴的最大极限尺寸和孔的最小极限尺寸。

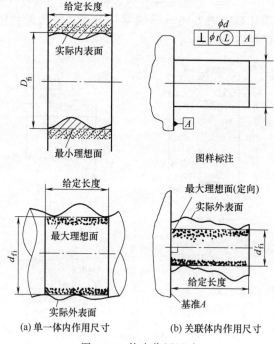

图 4-56　体内作用尺寸

（4）最小实体状态（LMC）和最小实体尺寸（孔 D_L、轴 d_L）

最小实体状态是假定提取组成要素的局部尺寸处处位于极限尺寸，使其具有实体最小（材料最少）时的极限状态。该极限尺寸称为最小实体尺寸，即轴的最小极限尺寸和孔的最大极限尺寸。

（5）最大实体实效状态（MMVC）和最大实体实效尺寸（孔 D_{MV}、轴 d_{MV}）

最大实体实效状态是实际尺寸要素（孔、轴）在给定长度上处于最大实体状态（MMC），且其导出（中心）要素的几何误差等于给出的几何公差值时的综合极限状态。最大实体实效状态下的体外作用尺寸称为最大实体实效尺寸，它是最大实体尺寸和几何公差 t 共同作用产生的尺寸。孔、轴的最大实体实效尺寸分别按下式计算。

$$孔：D_{MV}=D_M-t=D_{min}-t \qquad 轴：d_{MV}=d_M+t=d_{max}+t$$

（6）最小实体实效状态（LMVC）和最小实体实效尺寸（孔 D_{LV}、轴 d_{LV}）

最小实体实效状态是实际尺寸要素（孔、轴）在给定长度上处于最小实体状态（LMC），且其导出（中心）要素的几何误差等于给出的几何公差值时的综合极限状态。最小实体实效状态下的体内作用尺寸称为最小实体实效尺寸，它也是最小实体尺寸和几何公差 t 共同作用产生的尺寸。孔、轴的最小实体实效尺寸分别按下式计算

$$孔：D_{LV}=D_L+t=D_{max}+t \qquad 轴：d_{LV}=d_L-t=d_{min}-t$$

（7）边界

边界是设计所给定的具有理想形状的极限包容面（轴或孔），用于约束被测要素的实际尺寸和几何误差的综合影响（作用尺寸）。边界尺寸是该极限包容面的直径或宽度，根据边界尺寸的不同，分为以下四种。

① 最大实体边界（MMB）：边界尺寸为最大实体尺寸（D_M、d_M）。

② 最小实体边界（LMB）：边界尺寸为最小实体尺寸（D_L、d_L）。

③ 最大实体实效边界（MMVB）：边界尺寸为最大实体实效尺寸（D_{MV}、d_{MV}）。

④ 最小实体实效边界（LMVB）：边界尺寸为最小实体实效尺寸（D_{LV}、d_{LV}）。

根据设计要求不同，可以给出不同的边界，当几何公差是方向（或位置）公差时，相应的边界受其方向（或位置）约束，即边界应与基准保持正确的方向（或位置）关系。

4.4.2　独立原则

(1)　独立原则的含义

图样上给定的尺寸公差和几何公差要求均是独立的，应分别满足要求的公差原则称为独立原则。采用独立原则进行精度设计时，不需要在图样上附加特别标注。

对大多数零件来说，其尺寸误差和几何误差对使用功能的影响是单独显著的，因此独立原则是尺寸公差和几何公差相互关系遵循的基本原则。

(2)　采用独立原则时尺寸公差和几何公差的功能关系

① 线性尺寸公差与几何公差。

遵守独立原则的线性尺寸公差只控制提取要素的局部尺寸，而不直接控制要素的几何误差，几何公差只要求实际被测要素位于给定的几何公差带内，且允许其几何误差达到最大值，而与几何要素的实际尺寸无关。

如图 4-57（a）所示圆柱面，要求实际直径 d_1，d_2，$\cdots$，d_m 为 $\phi 39.975\sim40\text{mm}$，尺寸公差不控制中心线的直线度误差，其直线度误差 f_1 应不超过 $\phi 0.03\text{mm}$，如图 4-57（b）所示；尺寸公差也不控制圆柱面的奇数棱圆误差，其圆度误差 f_2 由圆度公差 0.007mm 控制，如图 4-57（c）所示。但是需要注意的是直径公差对偶数棱圆误差具有控制作用，因此标注圆度公差值不能超过直径公差。

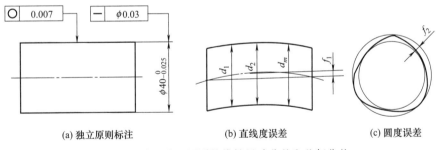

| (a) 独立原则标注 | (b) 直线度误差 | (c) 圆度误差 |

图 4-57　采用独立原则的线性尺寸公差和几何公差

② 角度尺寸公差与几何公差。

遵守独立原则时，角度尺寸公差只控制要素之间的实际角度，而不控制要素的形状误差。而形状公差只控制被测要素的形状误差，与实际角度无关。

图 4-48（a）所示的角度尺寸公差标注，要求所示零件的实际角度不超出 $45°\pm1°$，为了排除形状误差对测量结果的影响，应以与被测要素相接触的两接触线（接触线与实际要素的最大变动量应最小）的夹角作为实际角度。无论实际角度是多大，其直线度误差 f_1 均不得超过 0.02mm。

图 4-58（b）所示的倾斜度公差标注，要求实际被测表面对基准 A 的倾斜度误差值 f_2 不超出其公差值 0.05mm，即实际被测表面不超出倾斜度公差带。但是，用线性值表示的倾

斜度公差带实际也控制了被测角度的角度误差，与角度尺寸公差的要求有相同之处，但应注意倾斜度公差对形状误差具有控制作用。因此，在设计时应根据使用要求、检测条件、设计规范等因素，选用其中一种要求，避免出现重复和矛盾的精度要求。

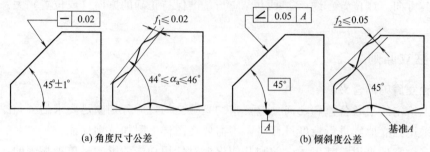

(a) 角度尺寸公差 (b) 倾斜度公差

图 4-58 角度尺寸公差和倾斜度公差的比较

(3) 独立原则的应用

独立原则在实际设计时应用最广泛，多数零件采用独立原则均可满足其功能要求。

① 当尺寸精度要求较低而几何精度要求高，或对几何精度要求低但对尺寸精度要求高时均应采用独立原则。如印刷机的滚筒，其形状精度（圆柱度）是影响印刷质量的主要因素，而尺寸的变动则影响较小，故应该规定严格的圆柱度公差和较大的尺寸公差。又如零件上的通油孔，只要求控制油孔直径，以保证规定的流量，而油孔轴线的弯曲并无多大影响，故应该按独立原则规定较小的尺寸公差和较大的直线度公差。

② 当零件的尺寸公差和几何公差是分别满足特定的精度要求时，应按独立原则分别规定相应的公差。如齿轮箱上与轴承配合的孔，其尺寸公差用于保证孔与轴承的配合精度，而孔与孔之间的平行度公差用于保证齿轮的接触精度，使齿面载荷分布均匀，故应按独立原则给定公差，分别满足要求。

③ 对于需要通过对尺寸的精确测量进行分组装配时，应按独立原则给定尺寸公差和几何公差。如内燃机气缸的直径公差和圆柱度公差均按独立原则给出。

④ 对于未注公差（一般公差）的几何要素，均采用独立原则。

4.4.3 包容要求

(1) 包容要求的含义

包容要求采用最大实体边界（MMB）控制轴、孔（圆柱面、两对应平行平面等尺寸要素）的实际尺寸和形状误差的综合结果，要求实际轮廓（提取要素）不得超出该边界，即体外作用尺寸不得超出最大实体尺寸，且局部尺寸不得超出最小实体尺寸，因此

对于孔 $\qquad D_{fe} \geqslant D_M = D_{min}$ 且 $D_a \leqslant D_L = D_{max}$

对于轴 $\qquad d_{fe} \leqslant d_M = d_{max}$ 且 $d_a \geqslant d_L = d_{min}$

采用包容要求时，应在其尺寸极限偏差或公差带代号之后加注符号"Ⓔ"。如 $\phi 50 f 6$ Ⓔ、$\phi 30^{\ 0}_{-0.013}$ Ⓔ 等。

图 4-59（a）所示轴采用包容要求，轴实际轮廓应不超出其最大实体边界 MMB，且局部尺寸应不超出其最小实体尺寸，即满足下列要求

$$d_{fe} \leqslant d_M = d_{max} = 30 \text{mm} \text{ 且 } d_a \geqslant d_L = d_{min} = 29.987 \text{mm}$$

由于轴受到 MMB 的限制，当该轴处于最大实体状态，即实际尺寸处处皆为最大实体尺寸 $\phi 30$mm 时，不允许存在形状误差，见图 4-59（b）；若轴的实际尺寸偏离（小于）最大实体尺寸，允许存在形状误差，但必须保证其体外作用尺寸不超出（不大于）轴的最大实体尺寸；当轴的实际尺寸处处为最小实体尺寸 $\phi 29.987$mm，即处于最小实体状态时，其轴线直线度公差可达最大值，且等于其尺寸公差 0.013mm，见图 4-59（c）。

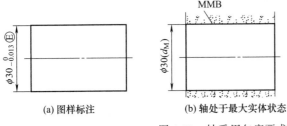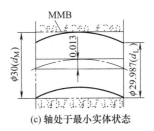

（a）图样标注　　　（b）轴处于最大实体状态　　　（c）轴处于最小实体状态

图 4-59　轴采用包容要求图解

图 4-60（a）所示孔采用包容要求，孔实际轮廓应不超出其最大实体边界 MMB，且局部尺寸应不超出其最小实体尺寸，即满足下列要求

$$D_{\mathrm{fe}} \geqslant D_{\mathrm{M}} = D_{\min} = 30\,\mathrm{mm} \qquad \text{且} \qquad D_{\mathrm{a}} \leqslant D_{\mathrm{L}} = D_{\max} = 30.021\,\mathrm{mm}$$

当该孔处于最大实体状态，即实际尺寸处处皆为最大实体尺寸 $\phi 30$mm 时，不允许存在形状误差，见图 4-60（b）；若孔的实际尺寸偏离（大于）最大实体尺寸，允许存在形状误差，但必须保证其体外作用尺寸不超出（不小于）最大实体尺寸；当孔处于最小实体状态，即实际尺寸处处为最小实体尺寸 $\phi 30.021$mm 时，其轴线直线度公差可达最大值，且等于其尺寸公差 0.021mm，见图 4-60（c）。

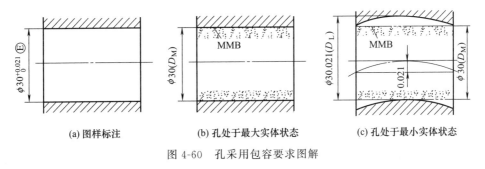

（a）图样标注　　　（b）孔处于最大实体状态　　　（c）孔处于最小实体状态

图 4-60　孔采用包容要求图解

采用包容要求的尺寸要素，若对形状精度有更高的要求，即不允许形状误差等于尺寸公差，应将形状公差另外注出，显然所给的形状公差必须小于尺寸公差，见图 4-61。

（2）包容要求的应用

包容要求主要用于对轴孔的配合性质有严格要求的轴和孔，用最大实体边界保证所需的最小间隙或最大过盈。例如在 $\phi 30\mathrm{H7}$（$^{+0.021}_{0}$）Ⓔ 孔与 $\phi 30\mathrm{h6}$（$^{0}_{-0.013}$）Ⓔ 轴形成的间隙配合中，其最小间隙为 0，利用最大实体边界分别控制了轴孔的轮廓后，就不会因为轴和孔的形状误差而产生过盈。

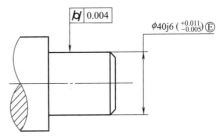

图 4-61　采用包容要求且对
形状精度有更高要求

4.4.4 最大实体要求和可逆最大实体要求

最大实体要求和可逆最大实体要求是采用最大实体实效边界（MMVB）控制轴、孔（圆柱面、两对应平行平面等尺寸要素）的实际尺寸和其导出要素几何误差的综合结果，要求实际轮廓不得超出该边界的一种公差原则。该原则既可以应用于被测要素，也可以应用于基准要素。

(1) 最大实体要求应用于被测要素

最大实体要求应用于被测要素时，被测要素应为导出（中心）要素，标注时在该要素几何公差框格中的公差值后加注符号"Ⓜ"，如图 4-62（a）所示。其含义是被测要素对应的尺寸要素的实际轮廓不得超出最大实体实效边界，即体外作用尺寸不得超出最大实体实效尺寸，且其局部实际尺寸不得超出最大和最小极限尺寸，故有

对于孔 $\qquad D_{fe} \geqslant D_{MV}$ 且 $\qquad D_{max} \geqslant D_a \geqslant D_{min}$

对于轴 $\qquad d_{fe} \leqslant d_{MV}$ 且 $\qquad d_{max} \geqslant d_a \geqslant d_{min}$

最大实体要求用于被测要素时，其导出要素的几何公差是在被测尺寸要素处于最大实体状态下的公差，若被测尺寸要素偏离最大实体状态，则允许导出要素的几何公差增大。下面通过实例说明。

图 4-62（a）表示 $\phi 20_{-0.021}^{\ 0}$ 轴线的直线度公差 $\phi 0.01mm$ 与尺寸公差的关系采用最大实体要求，轴实际轮廓应不超出其最大实体实效边界 MMVB，且局部尺寸应不超出其上下极限尺寸，即满足下列要求

$$d_{fe} \leqslant d_{MV} = 20.01mm \qquad \text{且} \qquad d_{min} = 19.079mm \leqslant d_a \leqslant 20mm = d_{max}$$

因此，当该轴处于最大实体状态（即实际尺寸皆为 $\phi 20mm$）时，轴线直线度公差为 $\phi 0.01mm$，如图 4-62（b）所示。若轴的实际尺寸由最大实体尺寸向最小实体尺寸方向偏离，即小于最大实体尺寸 $\phi 20mm$，则其轴线直线度误差可以超出图样给出的公差值 $\phi 0.01mm$，但必须保证其体外作用尺寸不超出（不大于）轴的最大实体实效尺寸 $d_{MV} = d_M + t = \phi 20.01$（mm）。当轴处于最小实体状态时，其轴线直线度公差可达最大值，且等于其尺寸公差与给出的直线度公差之和 $[0.021 + 0.01 = \phi 0.031$（mm）$]$，如图 4-62（c）所示。

以轴的实际尺寸（或偏差）为横坐标，轴线直线度允许值 t 为纵坐标作图，可以得到直线度公差随实际尺寸的变化规律，称为动态公差带图，如图 4-62（d）所示。

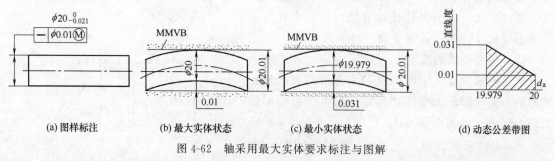

(a) 图样标注 　　(b) 最大实体状态 　　(c) 最小实体状态 　　(d) 动态公差带图

图 4-62　轴采用最大实体要求标注与图解

图 4-63（a）表示 $\phi 50_{\ 0}^{+0.13}$ 孔的轴线的垂直度公差 $\phi 0.08mm$ 与尺寸公差的关系采用最大实体要求，孔实际轮廓应不超出（不小于）其最大实体实效边界 MMVB，且局部尺寸应

不超出其上下极限尺寸，即满足下列要求

$$D_{fe} \geqslant D_{MV} = 49.92mm \qquad 且 \qquad D_{max} = 50.13mm \geqslant D_a \geqslant 50mm = D_{min}$$

这样，当该孔处于最大实体状态时，即实际尺寸皆为 $\phi 50mm$ 时，轴线垂直度公差为 $\phi 0.08mm$，如图 4-63（b）所示。若孔的实际尺寸偏离最大实体尺寸，即大于最大实体尺寸 $\phi 50mm$，则垂直度误差可以超出图样给出的公差值 $\phi 0.08mm$，但必须保证其体外作用尺寸不超出（不小于）轴的最大实体实效尺寸 $D_{MV} = 49.92mm$。当孔处于最小实体状态时，其轴线直线度公差可达最大值，等于其尺寸公差与给出的垂直度公差之和 [0.13+0.08= 0.21（mm）]，如图 4-63（c）所示。其动态公差带图如图 4-63（d）所示。

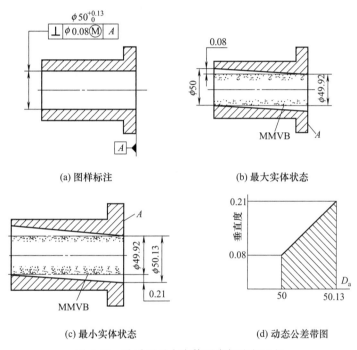

(a) 图样标注　　　　　　　　　(b) 最大实体状态

(c) 最小实体状态　　　　　　　(d) 动态公差带图

图 4-63　孔采用最大实体要求标注与图解

图 4-64（a）表示 $\phi 50^{+0.13}_{0}$ 孔的轴线对基准平面 A 的任意方向垂直度公差采用最大实体要求的零几何公差，其最大实体实效边界尺寸即为最大实体尺寸，它是最大实体要求的特例。当孔处于最大实体状态（即实际尺寸皆为 $\phi 50mm$）时，轴线垂直度公差为零；若孔的

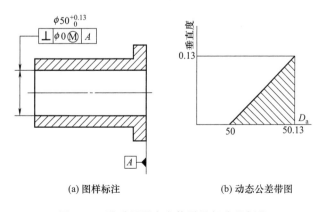

(a) 图样标注　　　　　　　　　(b) 动态公差带图

图 4-64　孔采用最大实体零几何公差标注

实际尺寸偏离（大于）最大实体尺寸 $\phi50$mm，则允许存在垂直度误差，当孔处于最小实体状态时，其轴线直线度公差等于其尺寸公差 $\phi0.13$mm，其动态公差带图如图 4-64（b）所示。

（2）最大实体要求应用于基准要素

最大实体要求应用于基准要素时，基准要素应为导出（中心）要素，标注时在被测要素几何公差框格内相应的基准字母代号后面加注符号"Ⓜ"，如图 4-65 所示。其基本含义如下。

① 基准要素的实际轮廓应遵守相应的边界。若基准采用最大实体要求，其组成（轮廓）要素遵守最大实体实效边界，如图 4-65（a）所示的标注，基准要素的边界尺寸为最大实体实效尺寸 $\phi120.01$mm；若基准没有采用最大实体要求，其组成（轮廓）要素遵守最大实体边界，如图 4-65（b）所示的标注，基准要素的边界尺寸为最大实体尺寸 $\phi120$mm。

② 若基准要素的实际轮廓偏离相应的边界，即其体外作用尺寸偏离相应的边界尺寸，则允许基准导出要素在一定的范围内浮动，其浮动范围等于基准轮廓要素体外作用尺寸与相应边界尺寸之差，如在最小实体状态下，图 4-65（a）、（b）基准要素的浮动量分别为 $\phi0.05$mm 和 $\phi0.04$mm（均为最大值）。

由于允许实际基准中心要素在一定范围内浮动，将导致被测要素的边界相对于基准要素也允许在一定范围内浮动。这将使被测要素相对于基准要素的方向、位置公差增大，相当于基准要素的尺寸公差补偿被测要素的方向、位置公差，其公差值可根据零件的结构尺寸算出。

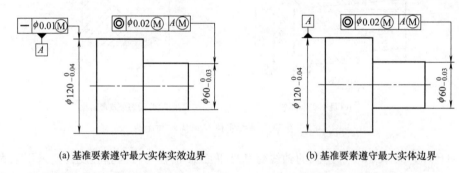

(a) 基准要素遵守最大实体实效边界　　　　　　　　(b) 基准要素遵守最大实体边界

图 4-65　最大实体要求应用于基准要素

（3）可逆最大实体要求

可逆最大实体要求是最大实体要求的附加要求，标注时在几何公差值后加注符号"ⓂⓇ"，如图 4-66 所示。其功能是允许尺寸公差和几何公差在特定条件下互相补偿。采用可逆最大实体要求时，被测要素的实际轮廓仍应遵守其最大实体实效边界，即体外作用尺寸不得超出最大实体实效尺寸，当实际尺寸偏离最大实体尺寸时，允许几何公差值得到补偿而大于图样给出的几何公差值；但当其导出要素的几何误差值小于给出的几何公差时，也允许其实际尺寸超出最大实体尺寸，使尺寸公差值得到补偿而增大，其合格条件是

对于孔　　　　　　　　$D_{fe} \geqslant D_{MV}$　　　且　　　$D_{max} \geqslant D_a \geqslant D_{MV}$

对于轴　　　　　　　　$d_{fe} \leqslant d_{MV}$　　　且　　　$d_{MV} \geqslant d_a \geqslant d_{min}$

图 4-66（a）表示 $\phi20^{+0.2}_{-0.1}$ 轴的轴线直线度公差 $\phi0.1$ 与尺寸公差采用可逆最大实体要求，轴的尺寸与轴线直线度的合格条件为

$$d_{fe} \leqslant d_{MV} = \phi 20.3\text{mm} \qquad \text{且} \qquad d_{MV} = \phi 20.3\text{mm} \geqslant d_a \geqslant d_{min} = \phi 19.9\text{mm}$$

当该轴处于最大实体状态时，其轴线直线公差为 $\phi 0.1\text{mm}$。若轴的直线度误差小于给出的公差值，则允许轴的实际尺寸超出（大于）其最大实体尺寸（$d_M = d_{max} = \phi 20.2\text{mm}$），但必须保证其体外作用尺寸 d_{fe} 不超出（不大于）其最大实体实效尺寸 $d_{MV} = \phi 20.3\text{mm}$。

当轴的轴线直线度误差为零（即具有理想形状）时，其实际尺寸可达最大值，即等于轴的最大实体实效尺寸 $\phi 20.3\text{mm}$，如图 4-66（b）所示。

该轴的尺寸与轴线直线度公差关系的动态公差图如图 4-66（c）所示。

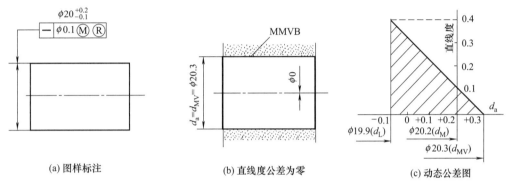

(a) 图样标注   (b) 直线度公差为零   (c) 动态公差图

图 4-66 可逆最大实体要求示例

(4) 最大实体要求及其可逆要求的应用

最大实体要求及其可逆要求主要用于保证可装配性。由于采用最大实体实效边界控制轴孔的体外作用尺寸，保证了在最不利状态下的自由装配，且尺寸公差和几何公差之间可以互相补偿，最大限度地提高了零件的合格率，从而降低生产成本。这两项要求适用于轴线、中心平面等导出要素相对基准要素的方向和位置公差，如箱体、端盖、法兰等零件上螺钉和螺栓孔的位置度公差、花键孔键槽中心平面的对称度公差等。

4.4.5 最小实体要求和可逆最小实体要求

最小实体要求和可逆最小实体要求采用最小实体实效边界（LMVB）控制轴、孔（圆柱面、两对应平行平面等尺寸要素）的实际尺寸和其导出（中心）要素几何误差的综合结果。要求实际轮廓不得超出该边界的一种公差原则，适用于被测导出要素和基准导出要素。

(1) 最小实体要求应用于被测要素

最小实体要求应用于被测要素时，在被测导出要素几何公差框格中的公差值后标注符号"Ⓛ"，表示其相应尺寸要素的实际轮廓应遵守其最小实体实效边界，即体内作用尺寸不得超出最小实体实效尺寸，而且其局部实际尺寸不得超出最大极限尺寸和最小极限尺寸，其合格条件是

对于孔 $\qquad\qquad D_{fi} \leqslant D_{LV} \qquad\qquad \text{且} \qquad\qquad D_{min} \leqslant D_a \leqslant D_{max}$

对于轴 $\qquad\qquad d_{fi} \geqslant d_{LV} \qquad\qquad \text{且} \qquad\qquad d_{min} \leqslant d_a \leqslant d_{max}$

图 4-67（a）表示 $\phi 8^{+0.25}_{0}$ 孔的轴线对基准平面 A 的任意方向位置度公差 $\phi 0.4\text{mm}$ 采用最小实体要求。所示孔的尺寸与轴线对基准平面 A 任意方向位置度的合格条件是

$$D_{fi} \leqslant D_{LV} = 8.65\text{mm} \qquad\qquad \text{且} \qquad\qquad D_{max} = 8.25 \geqslant D_a \geqslant D_{min} = 8\text{mm}$$

　　当该孔处于最小实体状态时，其轴线对基准平面 A 的任意方向位置度公差为 $\phi0.4\text{mm}$，如图 4-67（b）所示。

　　若孔的实际尺寸由最小实体尺寸向最大实体尺寸方向偏离，即小于最小实体尺寸 $\phi8.25\text{mm}$，则其轴线对基准平面 A 的位置度误差可以超出图样给出的公差值 $\phi0.4\text{mm}$，当孔处于最大实体状态（即实际尺寸处处皆为最大实体尺寸 $\phi8\text{mm}$）时，其轴线对基准平面 A 的位置度公差可达最大值，等于其尺寸公差与位置度公差之和 $\phi0.65\text{mm}$，如图 4-67（c）所示，其动态公差图如图 4-67（d）所示。

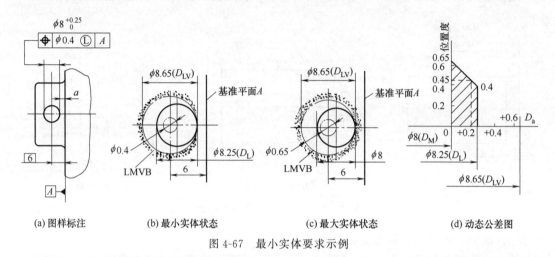

(a) 图样标注　　　　(b) 最小实体状态　　　　(c) 最大实体状态　　　　(d) 动态公差图

图 4-67　最小实体要求示例

（2）最小实体要求应用于基准要素

　　最小实体要求应用于基准要素时，应在被测要素几何公差框格内相应的基准字母代号后标注符号"Ⓛ"，表示被测要素的方向、位置公差与基准要素的尺寸公差相关。这时基准要素应遵守最小实体实效边界（基准要素的形状公差后注有Ⓛ）或最小实体边界。若其实际轮廓偏离其相应的边界，则允许基准中心要素在一定的范围内浮动，其浮动范围等于基准要素体内作用尺寸与相应边界尺寸之差，使得基准要素的尺寸公差补偿被测要素的方向、位置公差。

　　最小实体要求应用于基准要素的示例此处从略。

（3）可逆最小实体要求

　　可逆最小实体要求是最小实体要求的附加要求，标注时在几何公差值后标注符号"ⓁⓇ"，如图 4-68（a）所示，其功能是允许尺寸公差和几何公差在特定条件下互相补偿。采用可逆最小实体要求时，被测要素的实际轮廓仍应遵守最小实体实效边界，即体内作用尺寸不得超出最小实体实效尺寸，当实际尺寸偏离最小实体尺寸时，允许几何公差值得到补偿而大于图样给出的几何公差值；当其导出要素的几何误差值小于给出的几何公差时，也允许其实际尺寸超出最小实体尺寸，使尺寸公差值得到补偿而增大，其合格条件是

　　对于孔　　　　　　　$D_{\text{fi}} \leqslant D_{\text{LV}}$　　　且　　　　$D_{\min} \leqslant D_a \leqslant D_{\text{LV}}$

　　对于轴　　　　　　　$d_{\text{fi}} \geqslant d_{\text{LV}}$　　　且　　　　$d_{\text{LV}} \leqslant d_a \leqslant d_{\max}$

　　图 4-68（a）表示 $\phi8^{+0.25}_{0}$ 孔的轴线对基准平面 A 的任意方向位置度公差采用可逆最小实体要求，所示孔的尺寸与轴线对基准平面 A 的任意方向位置度的合格条件是

$$D_{\text{fi}} \leqslant D_{\text{LV}} = 8.65\text{mm} \quad 且 \quad D_{\max} = 8\text{mm} \leqslant D_a \leqslant D_{\text{LV}} = 8.65\text{mm}$$

当该孔处于最小实体状态时，其轴线对基准平面 A 的位置度公差为 $\phi 0.4\text{mm}$；该孔处于最大实体状态时，其轴线对基准平面 A 的位置度公差为 $0.4+0.25=0.65$（mm）。

若孔的轴线对基准平面 A 的位置度误差值小于给出的公差值，则允许孔的实际尺寸超出（大于）其最小实体尺寸（$D_{\text{L}}=D_{\max}=\phi 8.25\text{mm}$），但必须保证其定位体内作用尺寸 D_{fi} 不超出（不大于）其最小实体实效尺寸 $D_{\text{LV}}=D_{\text{L}}+t=8.25+\phi 0.4=\phi 8.65$（mm）。当孔的轴线对基准平面 A 的位置度误差为零（即具有理想形状和位置）时，其实际尺寸可达最大值，即等于最小实体实效尺寸 $\phi 8.65\text{mm}$，如图 4-68（b）所示。

该孔的尺寸与轴线的位置度公差关系的动态公差图如图 4-68（c）所示。

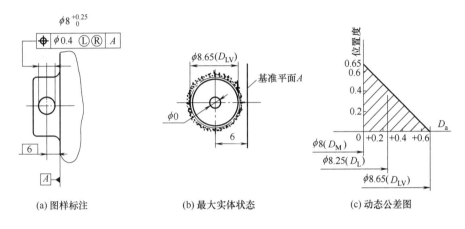

(a) 图样标注　　　　　(b) 最大实体状态　　　　　(c) 动态公差图

图 4-68　可逆最小实体要求示例

(4) 最小实体要求及其可逆要求的应用

最小实体要求主要保证最小临界要素的场合，如壁厚不小于某个极限值等。如图 4-67（a）所示的零件，设计要求孔右侧至基准平面 A 的距离 a 不小于某临界值 $a_{\min}$，按图样标注，当孔处于最小实体状态（直径均为 8.25mm）且位置度误差为 $\phi 0.4\text{mm}$（实际轴线偏离理想位置 0.2mm）时，该临界值为

$$a_{\min}=6-4.125-0.2=1.675\text{（mm）}$$

当孔处于最大实体状态（直径均为 8mm）时，允许位置度公差达到 0.65mm，即实际轴线偏离理想位置 0.325mm，该临界值仍为

$$a_{\min}=6-4-0.325=1.675\text{（mm）}$$

如果采用图 4-68 的可逆最小实体要求，当位置度误差为零时，允许孔的实际尺寸等于最小实体实效尺寸 $\phi 8.65\text{mm}$，则该临界值依然为

$$a_{\min}=6-4.325-0=1.675\text{（mm）}$$

由此可见采用最小实体要求和可逆最小实体要求可以在满足零件功能要求的前提下，充分利用尺寸公差和几何公差，从而获得最佳技术经济效益。

4.5　几何精度设计

几何精度设计是产品精度设计的重要内容，当零件上要素的几何精度有较高要求时，设计时应在图样上注出它们的几何公差。而对采用一般加工工艺就能够达到的几何精度，应采用几何公差的一般公差，为简化图样，这些几何公差不需在图样上标注。

几何精度设计主要包括合理选用几何公差特征项目、公差原则、基准和公差值，并最终体现为规定具有一定特征的几何公差带，即规定零件要素允许变动区域的形状、大小、方向和位置等四项特征。设计的基本原则是经济地满足功能要求。

4.5.1　几何公差特征项目的选用

几何公差特征项目的选用主要依据零件的形体结构、功能要求、测量条件及经济性等因素，经分析后综合确定。

零件本身的形体结构决定了它可能采用的几何公差项目。例如对几何要素以圆柱面和端面为主的轴类零件，可采用的有圆度、圆柱度、直线度、同轴度、垂直度、径向和端面跳动等几何公差项目；对几何要素以平面和孔为主的箱体类零件，可采用的有平面度、平行度、垂直度、同轴度、位置度、径向和端面跳动等几何公差项目。

显然，没必要将可以标注的项目全部注出，这就需要根据功能要求进一步分析后确定。例如与滚动轴承配合的轴颈和箱体上的轴承孔，应规定较高的形状精度，如圆柱度公差等，以防止装配后套圈变形（因为轴承套圈属于薄壁件）影响主轴的旋转精度；对安装齿轮的轴颈，其轴线应与基准轴线同轴，以保证齿轮的正常啮合；箱体上用于连接的螺孔，应有位置精度要求，以便于零件的装配；机床导轨应规定直线度和两条导轨间的平行度，以保证零件的加工精度。

根据要素的功能要求，分别确定其几何精度以后，还应充分考虑测量的方便与可能。例如，尽可能用素线直线度公差和圆度公差代替圆柱度公差，用径向圆跳动公差代替同轴度公差，用径向全跳动公差代替圆柱度公差，用轴向（端面）圆跳动或全跳动公差代替端面对轴线的垂直度公差等。考虑到加工及检测的经济性，在满足功能要求的前提下，所选项目越少越好。

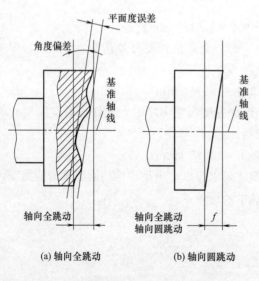

图 4-69　端面几何误差之间的关系

在实际生产中，还应详细分析所用工艺方法导致的误差状况，以确认可否用单一公差项目代替综合公差项目。例如，圆柱度误差是素线直线度误差、圆度误差和相对素线平行度误差的综合，所以当加工工艺保证相对素线的平行度误差较小时，可以用圆度和素线直线度代替圆柱度标注。又如轴向全跳动（即端面对轴线的垂直度误差）是端面的平面度误差与端面对轴线的角度偏差（引起轴向圆跳动）的综合，如 4-69（a）所示。所以，当端面的平面度误差较小时，可以用轴向圆跳动代替轴向全跳动公差，由图 4-69（b）可见，当平面度误差为 0 时，轴向圆跳动就等于轴向全跳动。

4.5.2　公差原则的选择

选择公差原则时，首先应考虑零件的功能要求、经济性和尺寸公差与几何公差相互补偿的可能性。对配合性质有严格要求的尺寸要素，应采用包容要求。若尺寸公差与几何公差存在相互补偿关系，可采用最大实体要求或最小实体要求，以充分利用尺寸公差和几何公差，保证可装配性时采用最大实体要求，保证临界尺寸时采用最小实体要求；当尺寸公差与几何公差之间不存在补偿关系或对尺寸精度和几何精度应分别满足要求时，应采用独立原则。

选择公差原则时还应考虑生产类型、尺寸大小和检测的方便性。大批量生产的中小尺寸零件，便于用光滑极限量规和功能量规检验，其通规所体现的即为理想边界，适合采用包容要求和最大实体要求。对于大型零件难以采用笨重的量规检验，适合采用独立原则。而最小实体要求采用的最小实体实效边界不能用量规体现，因而应用较少。

4.5.3　基准的选择

选择方向和位置公差项目时应同时确定基准要素，应考虑以下几个方面。

① 遵守基准统一原则，即设计基准、定位基准、检测基准和装配基准应尽量统一。这样可减少基准不重合而产生的误差，并可简化夹具、量具的设计和制造，尤其是对于大型零件，便于实现在机测量。如对机床主轴，应以主轴安装时与支承件（轴承）配合的轴颈的公共轴线作为基准。

② 应选择尺寸精度和形状精度高、尺寸较大、刚度较大的要素作为基准。当采用多基准体系时，应选择最重要或最大的平面作为第一基准。

③ 选用的基准应正确标明，注出代号，必要时可标注基准目标。

4.5.4　几何公差值的确定

(1) 注出公差值的确定

几何公差值的选择原则是在保证要素功能要求的条件下，尽可能选用大的公差数值，以满足经济性的要求。

注出几何公差值的选择方法有计算法和类比法。对于用螺栓或螺钉连接的零件，其孔组的位置度公差可通过螺栓或螺钉与通孔之间的最小间隙计算，并按位置度公差值的数系（附表 4-5）确定，具体方法见 4.5.5 部分。某些方向或位置公差可通过尺寸链计算确定。在实际生产中，主要采用的是类比法。

按类比法确定几何公差值时，首先应参考有关资料和依靠实践经验选择几何公差等级，然后根据被测要素的尺寸（主参数）参考附表 4-1～附表 4-4 确定其几何公差值（经验丰富的设计者也可根据几何要素的功能要求在图样上直接给出公差值）。在《形状和位置公差未注公差值》（GB/T 1184—1996）的附录中，除线、面轮廓度和位置度外，其他几何公差均规定了相应的公差等级，其中直线度、平面度、平行度、垂直度、倾斜度、同轴度、对称度、圆跳动和全跳动分别规定了 12 个公差等级，其精度由高到低依次是 1、2、…、12 级，圆度和圆柱度分别规定了 13 个公差等级，其精度由高到低依次是 0、1、2、…、12 级。

选择几何公差等级时,需要参照同类机器上所用的公差等级,再根据工作条件的差异进行修正后确定。表 4-5～表 4-8 列出了 10 个几何公差特征项目的部分公差等级的应用场合,供设计时参考。考虑到加工的难易程度和其他因素的影响,对于下列情况在满足零件功能要求的前提下,应适当降低 1～2 级选用。

① 孔相对于轴。

② 细长比较大的轴或孔。

③ 相距较远的两轴或两孔。

④ 宽度较大(一般大于长度的 1/2)的零件矩形表面。

⑤ 线对线和线对面相对于面对面的平行度。

⑥ 线对线和线对面相对于面对面的垂直度。

表 4-5　直线度、平面度公差等级的应用实例

公差等级	应用举例
1～2	用于精密量具、测量仪器和精度要求极高的精密机械零件,如高精度量规、样板平尺、工具显微镜等精密测量仪器的导轨面、喷油嘴针阀体端面、油泵柱塞套端面等高精度零件
3～4	用于 0 级及 1 级宽平尺的工作面,1 级样板平尺的工作面,测量仪器圆弧导轨,测量仪器测杆,量具、测量仪器和高精度机床的导轨,如 0 级平板,测量仪器的 V 形导轨,高精度平面磨床的 V 形和滚动导轨,轴承磨床床身导轨,滚压阀芯等
5～6	用于 1 级平板,2 级宽平尺,平面磨床的纵导轨、垂直导轨、立柱导轨及工作台,液压龙门刨床和六角车床床身的导轨,柴油机进、排气门导杆,普通机床导轨面,如普通车床、龙门刨床、滚齿机、自动车床等的床身导轨,立柱导轨,滚齿机、卧式镗床、铣床的工作台及机床主轴箱导轨,柴油机体结合面等
7～8	用于 2 级平板,分度值 0.02mm 游标卡尺尺身,机床床头箱体,摇臂钻床底座工作台,镗床工作台,液压泵盖,机床传动箱体,挂轮箱体,车床溜板箱体,主轴箱体,柴油机气缸体,连杆分离面,缸盖结合面,汽车发动机缸盖,曲轴箱体,减速器壳体等
9～10	用于 3 级平板,车床挂轮架,缸盖结合面,阀体表面等
11～12	用于易变形的薄片、薄壳零件表面,支架等要求不高的结合面

表 4-6　圆度、圆柱度公差等级的应用实例

公差等级	应用举例
1～2	高精度量仪主轴,高精度机床主轴,滚动轴承的滚动体,精密量仪主轴、外套、阀套,高压油泵柱塞及柱塞套,高速柴油机气门,高精度微型滚动轴承内、外圈等
3～4	工具显微镜顶尖、套管外圈,较精密机床主轴、轴孔,喷油嘴针阀体,高压阀门活塞、活塞销、阀体孔,高压油泵柱塞,与较高精度滚动轴承配合的轴等
5～6	一般量仪主轴,测杆外圆,陀螺仪轴颈,一般机床主轴及箱孔,较精密机床主轴箱孔,高速发动机、汽油机活塞、曲轴、凸轮轴、活塞销孔,铣床动力头,轴承箱座孔,仪表端盖外圈,纺机锭子,通用减速器轴颈等
7～8	大功率低速发动机曲轴、活塞、活塞销、连杆、气缸、机体、凸轮轴,千斤顶或压力油缸活塞,液压传动系统分配机构,机车传动轴,水泵轴颈,压气机连杆,炼胶机,印刷机传动系统等
9～10	空气压缩机缸体,液压传动系统,通用机械杠杆与拉杆用套筒销子,拖拉机活塞环、套筒孔,印染机布辊,铰车、吊车、起重机滑动轴承轴颈等

表 4-7　平行度、垂直度、倾斜度公差等级的应用实例

公差等级	应用举例	
	平行度	垂直度和倾斜度
1	高精度机床、测量仪器以及量具等主要基准面和工作面	

续表

公差等级	应用举例	
	平行度	垂直度和倾斜度
2～3	精密机床、测量仪器、量具、模具的基准面和工作面,精密机床重要箱体主轴孔对基准面的要求	精密机床导轨,普通机床主要导轨,机床主轴轴向定位面,精密机床主轴肩端面,滚动轴承座圈端面,齿轮测量仪的芯轴,光学分度头的芯轴,涡轮轴端面,精密刀具、量具的基准面和工作面
4～5	普通机床、测量仪器、量具、模具的基准面和工作面,高精度轴承座圈、端盖、挡圈的端面,机床主轴孔对基准面的要求,重要轴承孔对基准面的要求,床头箱重要孔间要求,一般减速器壳体孔,齿轮泵的轴孔端面等	普通机床导轨,精密机床重要零件,机床重要支承面,发动机轴和离合器的凸缘,气缸的支承端面,装 4、5 级轴承的箱体的凸肩,液压传动轴瓦的端面,量具量仪的重要端面
6～8	一般机床零件的工作面或基准面,压力机和锻锤的工作面,中等精度钻模的工作面,一般刀、量、模具,机床一般轴承孔对基准面的要求,床头箱一般孔间要求,变速器箱孔,主轴花键对定心直径,重型机械轴承盖的端面,卷扬机、手动传动装置中的传动轴,气缸轴线等	低精度机床主要基准面和工作面,回转工作台端面,一般导轨,主轴箱孔,刀架、砂轮架及工作台回转中心,机床轴肩,气缸配合面对其轴线,活塞销孔对活塞中心线,安装 0、6 级轴承的外壳孔端面对轴线等
9～10	低精度零件,重型机械滚动轴承端盖,柴油发动机和煤气发动机的曲轴孔、轴颈等	花键轴轴肩端面、皮带运输机法兰盘等端面对轴线,手动卷扬机及传动装置中轴承端面,减速器壳体平面等
11～12	零件的非工作面,卷扬机、运输机上用以装减速器的平面等	农业机械齿轮端面等

表 4-8　同轴度、对称度、跳动公差等级的应用实例

公差等级	应用举例
1～4	用于同轴度或旋转精度要求很高,一般需按尺寸公差高于 IT5 级制造的零件。如 1、2 级用于精密测量仪器的主轴和顶尖,柴油机喷油嘴针阀等;3、4 级用于机床主轴轴颈,砂轮机轴颈,汽轮机主轴,测量仪器的小齿轮轴,高精度滚动轴承内、外圈等
5～7	用于精度要求比较高,一般需按尺寸公差 IT6 或 IT7 级制造的零件。如 5 级精度常用在机床轴颈,测量仪器的测量杆,汽轮机主轴,柱塞泵转子,高精度滚动轴承外圈,一般精度滚动轴承内圈;7 级精度用于内燃机曲轴,凸轮轴轴颈,水泵轴,齿轮轴,汽车后桥输出轴,电机转子,0 级精度滚动轴承内圈等
8～10	用于一般精度要求,按尺寸公差 IT8～IT10 级制造的零件。如 8 级精度用于拖拉机发动机分配轴轴颈;9 级精度用于齿轮轴的配合面,水泵叶轮,离心泵,精梳机;10 级精度用于摩托车活塞,印染机吊布辊,内燃机活塞环底径对活塞中心等
11～12	用于无特殊要求,一般按尺寸公差 IT12 级制造的零件

　　对于某些标准件或典型零件,如钻模板、钻套、花键、齿轮坯、箱体上的轴承孔,安装轴承的轴颈等,其几何公差已有相应的标准规定,设计时直接采用这些标准即可。

　　对同一被测要素规定多项几何公差项目时,其公差数值应遵循以下原则。

　　① 在同一表面上线要素的形状公差值应小于面要素的形状公差值。

　　规定了面要素的形状公差值以后,其公差带同时控制了它的线要素的形状误差。若线要素的形状精度要求不高,可不必注出;当线要素的形状精度有更高的要求时,才需要给出公差值更小的形状公差。

　　例如,平面在给定截面内的直线度公差值应小于其平面度公差值,如图 4-70 (a) 所示;圆柱面的素线直线度公差值和圆度公差值均应小于其圆柱度公差值,如图 4-70 (b) 所示;

任意曲面的线轮廓度公差值应小于其面轮廓度公差值，如图 4-70（c）所示。

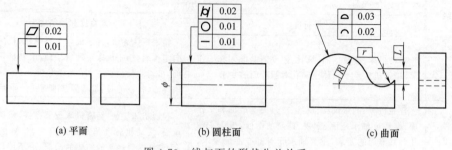

(a) 平面   (b) 圆柱面   (c) 曲面

图 4-70　线与面的形状公差关系

② 同一被测要素的形状公差值应小于其方向公差值，对同一基准或同一基准体系，形状和方向公差均应小于位置公差。

方向公差具有综合控制被测要素方向和形状的职能，当被测要素规定了方向公差后，其公差带同时控制了被测要素的形状误差。若被测要素的形状精度要求不高，可不必注出；当被测要素的形状精度有更高的要求时，才需要给出公差值更小的形状公差，如图 4-71（a）所示，轴线的直线度公差值应小于其对基准的垂直度公差值。

同一要素对某基准或基准体系的位置公差同时控制了该要素对其基准或基准体系的方向误差。在规定了某一要素对某基准或基准体系的位置公差值以后，只有当其对该基准或基准体系的方向精度有更高的要求时，才需要给出公差值更小的方向公差。如图 4-71（b）所示，轴线对基准平面的垂直度公差值应小于其对同一基准体系的位置度公差值。显然同一要素的形状公差值应小于其位置公差值。如图 4-71（c）所示，轴线的直线度公差值应小于其同轴度公差值。

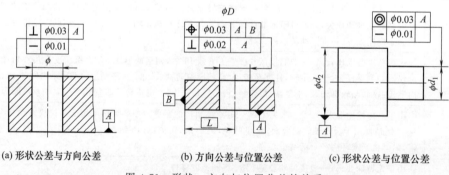

(a) 形状公差与方向公差   (b) 方向公差与位置公差   (c) 形状公差与位置公差

图 4-71　形状、方向与位置公差的关系

③ 跳动公差具有综合控制的性质。

跳动公差能够综合控制形状、方向和位置精度，也称为综合公差。回转表面的圆度公差值应小于其径向圆跳动公差值，如图 4-72（a）所示；同一圆柱面上的圆柱度、素线直线度、素线之间的平行度公差均应小于径向全跳动公差，如图 4-72（b）所示；同一要素的圆跳动公差值小于其全跳动公差值，如图 4-72（c）所示。

（2）未注几何公差

为简化图样标注，对采用一般加工方法能保证的几何精度，其公差值无需在图样上逐一单独标注。国家标准对未注几何公差做了如下规定。

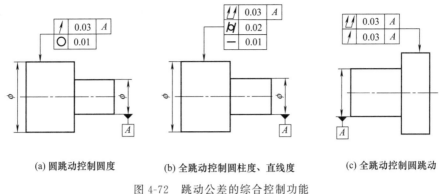

| (a) 圆跳动控制圆度 | (b) 全跳动控制圆柱度、直线度 | (c) 全跳动控制圆跳动 |

图 4-72　跳动公差的综合控制功能

① 直线度、平面度、垂直度、对称度和圆跳动的未注公差分别规定了 H、K、L 三个公差等级，其中 H 级最高，L 级最低。

② 圆度的未注公差值等于直径的公差值，但不能超过圆跳动的未注公差值。

③ 圆柱度误差由圆度、素线直线度和相对素线间的平行度误差三部分组成，每一项误差均由各自的注出公差或未注公差控制，因此圆柱度的未注公差未作规定。

④ 平行度的未注公差值等于平行要素间距离的尺寸公差，或者等于该要素的平面度或直线度未注公差值（取两者中的较大者）。

⑤ 同轴度未注公差值等于径向圆跳动的未注公差值。

几何公差的未注公差值见附表 4-6。我国国家标准附录规定的几何公差的注出公差值与等效采用相应国际标准的几何公差的未注公差值具有完全不同的体系，两者的理论基础是完全不同的，因此无可比性。

其他项目均应由各要素的注出或未注几何公差、线性尺寸公差或角度公差控制。

未注几何公差值应由生产单位自行选定，并在技术文件中予以明确。采用标准规定的未注几何公差等级时，可以在图样的标题栏附近注出标准号和公差等级的代号，例如：未注几何公差按 GB/T 1184-K。

4.5.5　应用举例

(1) 位置度公差计算与延伸公差带应用

例如用螺栓或螺钉连接时孔的位置度公差就可以根据螺栓或螺钉与光孔间的最小间隙 S_{min} 通过计算进行确定。

用螺栓连接两个或多个零件时，被连接的零件上均为光孔，它们与螺栓之间形成间隙，且间隙通常相同，如图 4-73（a）所示。每个孔的轴线相对于螺栓轴线的最大偏移量均为 $\Delta = S_{min}/2$，如图 4-73（b）所示。则各孔位置度公差值均为

$$t = 2\Delta = S_{min}$$

用螺钉（或螺柱）连接时，各个被连接零件中有一个零件上的孔为螺纹孔，而其余零件上的孔则为光孔，如图 4-74（a）所示。此时光孔的轴线相对于螺钉轴线的最大偏移量均为 $\Delta_1 = S_{min}/2$，如图 4-74（b）所示，而螺纹孔的中心线相对于螺钉轴线的最大偏移量 Δ_2 取决于中径的配合间隙，一般取 $\Delta_2 = 0$，因此两孔的位置度公差之和为 $t_1 + t_2 = 2\Delta_1 + \Delta_2 =$

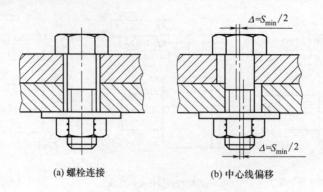

(a) 螺栓连接　　　　　　　　(b) 中心线偏移

图 4-73　螺栓连接时的轴线偏移量

$S_{\min}$。取两孔位置度公差相等，则

$$t = t_1 = t_2 = S_{\min}/2$$

以上仅考虑了轴线的偏移，对螺钉（或螺柱）连接，若螺纹孔轴线在公差带内倾斜，则螺钉轴线上部将会超出公差带从而使装配时产生干涉，如图 4-74（c）所示。尤其是被连接件厚度越大，产生干涉的机会就越大，为避免这种现象发生，通常采用延伸公差带。

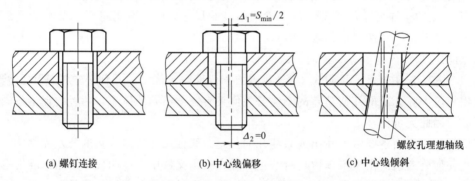

(a) 螺钉连接　　　　　　(b) 中心线偏移　　　　　　(c) 中心线倾斜

图 4-74　螺钉连接时的轴线偏移及倾斜

延伸公差带是把位置度公差带移至实际被测要素的延长部分的一种表示方法。标注时在相应位置公差数值后面加注符号"Ⓟ"，同时在延伸公差带长度的尺寸前应加注符号"Ⓟ"，并将延伸公差带的长度及位置在图样上用细双点画线表示。

图 4-75（a）所示用双头螺柱连接 2 个零件，装配时，先将双头螺柱旋入底座螺纹孔，

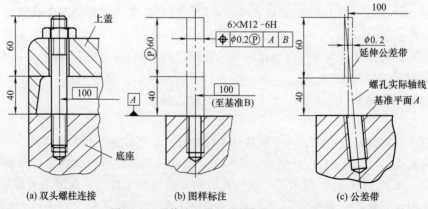

(a) 双头螺柱连接　　　　　　(b) 图样标注　　　　　　(c) 公差带

图 4-75　延伸公差带的图样标注及公差带

再放上上盖后用螺母固定。双头螺柱与上盖光孔发生装配关系的长度为 60mm，螺纹孔中径轴线的位置和方向决定了双头螺柱与光孔的装配关系。为避免干涉，螺孔中径轴线位置度公差应该采用延伸公差带，其标注如图 4-75（b）所示。延伸公差带是直径为公差值 $\phi 0.2$mm、长度为 60mm、公差带中心线位于理论正确位置的圆柱面内的区域，如图 4-75（c）所示。

(2) 减速器输出轴设计

图 4-76 为圆柱齿轮减速器的输出轴。

两个 $\phi 55$k6 轴颈分别与 0 级滚动轴承内圈配合，工作时的回转轴线即为两轴颈的公共轴线，故应以该公共轴线作基准。由于轴承套圈为薄壁件，故应对轴颈规定较高的形状精度。根据滚动轴承配合的要求，规定轴颈的圆柱度公差值为 0.005mm。

$\phi 56$r6 轴头与齿轮的基准孔配合，$\phi 45$m6 轴头与联轴器或其他传动件的孔配合，为保证相配件的轴线与该轴的回转轴线同轴，使其正常工作，对它们分别规定了相对公共基准轴线 $A—B$ 的径向圆跳动公差，按 7 级圆跳动公差确定公差值分别为 0.025mm 和 0.02mm。

$\phi 62$mm 轴肩的左端面为齿轮的轴向定位面，右端面为轴承内圈的轴向定位面，为保证零件定位可靠，轴肩端面应与基准轴线垂直，因此根据滚动轴承配合的要求，规定了它们对公共基准轴线 $A—B$ 的端面圆跳动公差为 0.015mm。

12N9 和 16N9 键槽规定对称度公差是为了保证键槽中心面与轴颈中心线共面，使齿轮等零件顺利装配。键槽的对称度公差一般取 7～9 级，本例选用 8 级，公差值均为 0.02mm。

轴上其余要素的几何精度皆按未注几何公差处理。

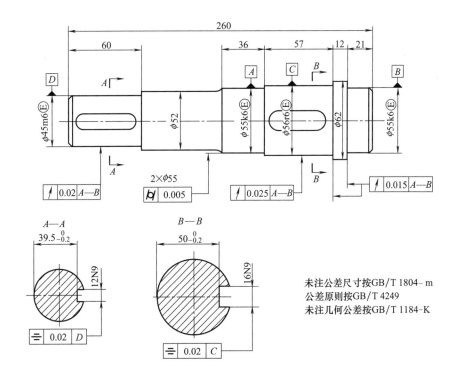

图 4-76 圆柱齿轮减速器的输出轴

习　题

一、思考题

1. 何谓几何要素？如何区分不同类型的几何要素？

2. 何谓形状公差、方向公差、位置公差和跳动公差？试说明有基准的轮廓度公差和无基准的轮廓度公差的异同。

3. 国家标准规定的几何公差特征项目有哪些？分别用什么符号表示？

4. 常见的几何公差带有哪些形状？它们分别用来控制哪些几何特征的几何要素？

5. 几何公差带的大小指的是什么？

6. 哪些几何公差带的方向和位置可以浮动？哪些几何公差带的位置可以浮动？哪些几何公差带不能浮动？

7. 评定几何误差的最小包容区域与公差带有何异同？

8. 试比较下列几何公差带的异同：

① 平面度与平面的平行度；

② 圆度与径向圆跳动；

③ 轴线在任意方向的直线度与同轴度；

④ 端面的平面度、端面对轴线的垂直度与端面的轴向全跳动。

9. 试分别说明平面度公差、圆柱度公差、平面的平行度公差、径向全跳动公差对哪些几何误差具有控制功能？

10. 确定几何公差值时，同一被测要素的位置公差值、方向公差值和形状公差值间应保持何种关系？

11. 什么是理论正确尺寸？有何用途？

12. 何谓延伸公差带？主要用于哪些场合？

13. 国家标准对各项几何公差的未注公差值作了哪些规定？采用规定的未注几何公差值时，在图样上如何表示？

14. 什么是体外作用尺寸和体内作用尺寸？各有什么实际意义？

15. 什么是最大实体状态、最大实体尺寸、最小实体状态、最小实体尺寸、最大实体实效状态、最大实体实效尺寸、最小实体实效状态、最小实体实效尺寸？

16. 什么是理想边界？有哪几种边界？边界的作用是什么？

17. 如何理解包容要求？试述包容要求在图样上的表示方法和主要应用场合。

18. 试述最大实体要求应用于被测要素的含义、在图样上的表示方法和主要应用场合。可逆最大实体要求与最大实体要求有何异同？

19. 试述最小实体要求应用于被测要素的含义、在图样上的表示方法和主要应用场合。可逆最小实体要求与最小实体要求有何异同？

二、练习题

1. 改正习题图 4-1 中各项几何公差标注上的错误（不得改变几何公差项目）。

2. 试将下列技术要求标注在习题图 4-2 上。

① 圆锥面 a 的圆度公差为 0.01mm。

② 圆锥面 a 对 $\phi30$ 孔轴线的斜向圆跳动公差为 0.02mm。

③ $\phi30$ 孔轴线在任意方向上的直线度公差为 0.005mm。

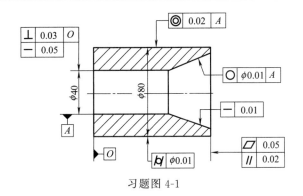

习题图 4-1

④ φ30 孔表面的圆柱度公差为 0.01mm。

⑤ 右端面 b 对 φ30 孔轴线的端面圆跳动公差为 0.02mm。

⑥ 左端面 c 对右端面 b 的平行度公差为 0.03mm。

⑦ 轮毂槽 8±0.018 的中心平面对 φ30 孔轴线的对称度公差为 0.015mm。

3. 将下列几何公差要求标注在习题图 4-3 上。

① 底面的平面度公差为 0.012mm。

② φ50 孔轴线对 φ30 孔轴线的同轴度公差为 0.03mm。

③ φ30 孔和 φ50 孔的公共轴线对底面的平行度公差为 0.05mm。

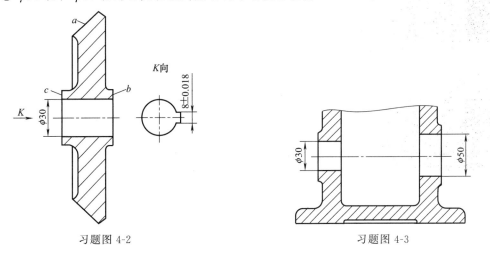

习题图 4-2　　　　　　　　　　　　　習题图 4-3

4. 试说明习题图 4-4 中各被测要素和基准要素分别是什么几何特征的要素，并说明所

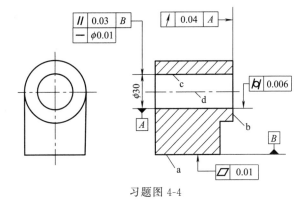

习题图 4-4

标注各几何公差的公差带的形状、大小、方向和位置。

5. 比较习题图 4-5 中垂直度与位置度几何公差带的异同。

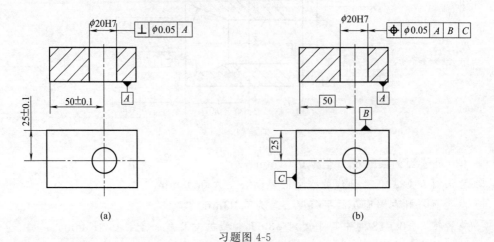

习题图 4-5

6. 比较习题图 4-6 所示两种孔轴线位置度的标注方法，说明两者的区别。若实测零件上孔轴线至基准 A 的距离为 $30.04\mathrm{mm}$，至基准 B 的距离为 $19.96\mathrm{mm}$，试分别按图示的两种标注方法判断其合格性。

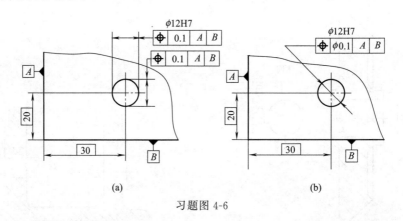

习题图 4-6

7. 试比较习题图 4-7 所示三种标注方法的异同，分别写出其验收合格条件。

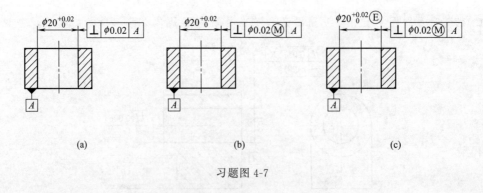

习题图 4-7

8. 试比较习题图 4-8 中的两种标注方法的精度设计要求是否相同。

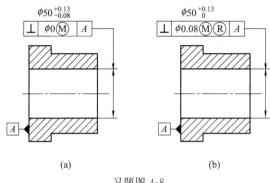

习题图 4-8

9. 如习题图 4-9 所示，要求：

① 指出被测要素遵守的公差原则。

② 求出单一要素的最大实体实效尺寸，关联要素的最大实体实效尺寸。

③ 指出被测要素的形状、位置公差的给出值和最大允许值。

④ 若被测要素实际尺寸处处为 $\phi 19.97\text{mm}$，轴线对基准 A 的垂直度误差为 $\phi 0.09\text{mm}$，试判断其垂直度的合格性，并说明理由。

10. 指出习题图 4-10 标注采用的公差原则，采用的理想边界名称和边界尺寸，并给出最大实体状态下和最小实体状态下位置度误差的允许值。

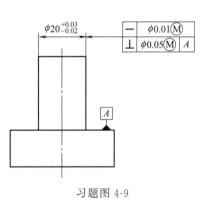

习题图 4-9

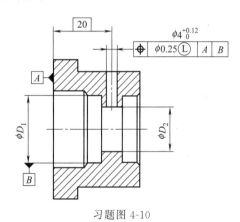

习题图 4-10

第5章
圆锥和角度精度设计

5.1 概述

5.1.1 圆锥结合的特点

圆锥结合是由一对相互包容的内、外圆锥面形成的结合。圆锥面是由直径、长度和锥度（或锥角）等多个几何特征构成的多尺寸要素。

由于圆锥结合具有自动定心、自锁、密封、可调结合性质等优点，已成为各类机械中仅次于圆柱结合的常用典型结合。

圆锥结合主要用于实现支承、联结、定位和密封等功能。用于支承的圆锥滑动轴承可以在装配和使用过程中调整间隙；用于联结的工具圆锥可以在小过盈的条件下传递大转矩，且拆装方便；用于定位的圆锥可实现自动对中；用于密封的圆锥可以防止漏水或漏气。

5.1.2 圆锥的主要几何参数

圆锥的主要几何参数有大端圆锥直径 D、小端圆锥直径 d、给定截面圆锥直径 d_x 和位置 x、圆锥长度 L 和圆锥角 α（或锥度 C），如图 5-1 所示。

各参数间的关系如下

$$C=\frac{D-d}{L}=2\tan\frac{\alpha}{2} \qquad (5-1)$$

在零件图样上，公称圆锥可以用以下两种形式的三个参数来确定。

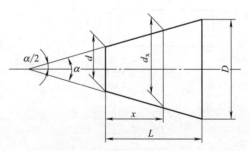

图 5-1　圆锥的主要几何参数

① 一个公称圆锥直径（大端圆锥直径 D、小端圆锥直径 d 或给定截面圆锥直径 d_x）、公称圆锥长度 L、公称圆锥角 α 或基本锥度 C。标注给定截面圆锥直径 d_x 时，必须同时标注给定截面的位置 x，如图 5-2（a）～（c）所示。

② 两个公称圆锥直径（通常是大端圆锥直径 D、小端圆锥直径 d）和公称圆锥长度 L，如图 5-2（d）所示。

当锥度是标准锥度系列时，可用标准系列号和相应的标记表示，例如 Morse No. 3。

由此可见，圆锥面的几何特征也可归纳为大小（直径）、形状（素线直线度和面轮廓度）、方向（圆锥角或锥度）和位置（给定截面的位置 x）等四项。

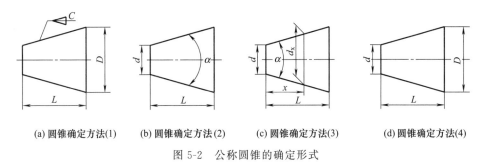

(a) 圆锥确定方法(1)　　(b) 圆锥确定方法(2)　　(c) 圆锥确定方法(3)　　(d) 圆锥确定方法(4)

图 5-2　公称圆锥的确定形式

5.2　圆锥公差与配合

5.2.1　圆锥公差

（1）圆锥直径公差

圆锥直径公差 T_D 以公称圆锥直径（一般取最大圆锥直径 D）为公称尺寸，按照国标《产品几何技术规范（GPS）极限与配合 第 1 部分：公差、偏差和配合的基础》（GB/T 1800.1—2009）规定的标准公差选取。

（2）圆锥角公差

圆锥角公差 AT 共分为 12 个公差等级，分别用 AT1、AT2、…、AT12 表示，其中 AT1 精度最高，等级依次降低，AT12 精度最低。圆锥角公差数值按照《圆锥公差》（GB/T 11334—2005）规定的圆锥角公差选取。国家标准规定的圆锥角度公差数值列于附表 5-1 中。

（3）圆锥的形状公差

圆锥的形状公差包括素线直线度公差和横截面圆度公差。在图样标注上可以标注出圆锥的这两项形状公差或其中某一项公差，或者标注圆锥的面轮廓度公差。

（4）圆锥公差的给定与标注

在图样上标注配合内、外圆锥的尺寸和公差时，内、外圆锥必须具有相同的公称圆锥角（或公称锥度），同时在内、外圆锥上标注直径公差的圆锥直径必须具有相同的公称尺寸。圆锥公差的标注方法有以下三种。

① 面轮廓度法。

通常采用面轮廓度法标注圆锥公差，如图 5-3 所示。面轮廓度公差带是宽度等于面轮廓度公差值 t 的两同轴圆锥面之间的区域，实际圆锥面应不超出面轮廓度公差带。当面轮廓度公差不标注基准时，公差带的位置是浮动的；当面轮廓度公差标明基准时，公差带的位置应对基准保持图样规定的几何关系。

面轮廓度公差具有综合控制的功能，能明确表达设计要求，因此，应该优先采用面轮廓度的圆锥公差给定方法。

② 基本锥度法。

基本锥度法标注圆锥公差是给出圆锥的理论正确圆锥角 α（或锥度 C）和圆锥直径公差 T_D（极限偏差）。由圆锥直径的最大和最小极限尺寸确定两个极限圆锥。此时，圆锥角误差和圆锥的形状误差均应在极限圆锥所限定的区域内，如图 5-4 所示。

对于位移型圆锥配合，圆锥直径公差带的基本偏差推荐采用 H、h、JS、js，即选用基准件的公差带或对称分布的公差带。

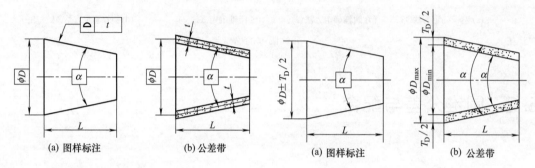

(a) 图样标注	(b) 公差带

图 5-3 面轮廓度法标注圆锥公差

(a) 图样标注	(b) 公差带

图 5-4 基本锥度法标注圆锥公差

③ 公差锥度法。

公差锥度法标注圆锥公差是同时给出圆锥直径（最大圆锥直径、最小圆锥直径或给定截面圆锥直径）的极限偏差和圆锥角公差，并标注圆锥长度。它们各自独立，分别满足各自的要求，标注如图 5-5 所示，按独立原则解释。

公差锥度法是在假定圆锥素线为理想直线的情况下给出的，适用于非配合圆锥，也适用于对某给定截面有较高要求的圆锥。

在标注圆锥公差的同时，为了提高圆锥配合的接触

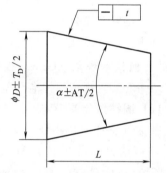

图 5-5 公差锥度法标注圆锥公差

精度，可以附加标注圆锥素线对轴线的倾斜度公差或素线直线度公差。在轮廓度法和基本锥度法中，可以附加给出严格的圆锥角公差。

5.2.2 圆锥配合

圆锥配合是通过相互结合的内、外圆锥规定的轴向相对位置获得要求的间隙或过盈而形成的。

圆锥配合的间隙或过盈是在垂直于圆锥表面方向起作用的，但通常按垂直于圆锥轴线方向给定并测量。对锥度小于或等于 1∶3 的圆锥，垂直于圆锥表面与垂直于圆锥轴线方向的间隙或过盈的数值之间的差异可以忽略不计。

按确定相互结合的内、外圆锥轴向相对位置的方法不同，圆锥配合可有以下两种形式。

(1) 结构型圆锥配合

结构型圆锥配合是由内、外圆锥的结构或基准平面之间的尺寸确定装配的最终位置而获

得的圆锥配合。前者如图 5-6（a）所示，它是由相互结合的内、外圆锥大端的基准平面相接触来确定它们的轴向相对位置的。后者如图 5-6（b）所示，它是由相互结合的内、外圆锥保证基准平面之间的距离 a 来确定它们的轴向相对位置的。保证距离 a 的结构在图中未示出。

结构型圆锥配合的松紧程度由内、外圆锥直径公差带的相对位置决定，因此，可以得到间隙配合、过渡配合和过盈配合。

结构型圆锥配合可以根据功能要求，由圆柱配合规范中按相同原则选用，即优先选用基孔制和标准配合。标准配合不能满足需要时，也可选用标准公差带组成的配合。特殊需要时，也可以自行确定内、外圆锥的直径公差带。

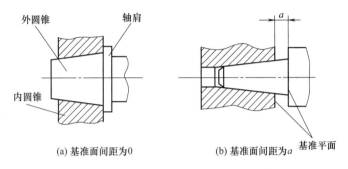

(a) 基准面间距为0　　　　　　　　(b) 基准面间距为a

图 5-6　结构型圆锥配合

（2）位移型圆锥配合

位移型圆锥配合是指互结合的内、外圆锥由实际初始位置（P_a）开始，做一定的相对轴向位移（E_a）而获得要求的间隙或过盈的圆锥配合。实际初始位置 P_a 是相互结合的内、外实际圆锥表面相接触时的位置。图 5-7（a）是获得具有间隙的位移型圆锥结合；图 5-7（b）是获得具有过盈的位移型圆锥结合。图中所示的终止位置 P_f 是相互结合的内、外圆锥为使其终止状态得到要求的间隙或过盈所规定的相对轴向位置。

位移型圆锥配合的间隙或过盈的变动取决于相对轴向位置（E_a）的变动，而与相互结合的内、外圆锥的直径公差带无关。通常位移型圆锥配合只用于形成间隙配合或过盈配合。

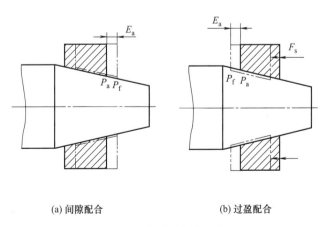

(a) 间隙配合　　　　　　　　(b) 过盈配合

图 5-7　位移型圆锥配合

根据功能要求确定出圆锥配合的极限间隙 S 或极限过盈 δ，即可得出轴向位移 E_a

$$E_a = \frac{S(\text{或}\ \delta)}{C} \tag{5-2}$$

5.2.3　圆锥配合精度设计

(1) 结构型圆锥配合的精度设计

结构型圆锥配合的轴向相对固定，其配合性质取决于相互结合的内、外圆锥直径公差带之间的关系。内圆锥直径公差带在外圆锥直径公差带之上时为间隙配合；内圆锥直径公差带在外圆锥直径公差带之下时为过盈配合；内、外圆锥直径公差带交叠时为过渡配合。

结构型圆锥配合的内、外圆锥直径公差带及配合可从《产品几何技术规范（GPS）极限与配合 第1部分：公差、偏差和配合的基础》（GB/T 1800.1—2009）中选取。为获得较好的经济效益，优先选用基孔制配合。

(2) 位移型圆锥配合的精度设计

位移型圆锥配合的配合性质是由内、外圆锥接触时的初始位置开始的轴向位移或在初始位置上施加的轴向装配力决定的，因而圆锥直径公差带不影响其配合性质，但影响内、外圆锥装配时的初始位置、位移公差等。

对位移型圆锥配合，内外圆锥直径公差带的基本偏差推荐采用单向分布或双向对称分布，即内圆锥基本偏差采用 H 或 JS，外圆锥基本偏差采用 h 或 js。其轴向位移的极限值按极限间隙或极限过盈来计算。

[**例 5-1**]　有一位移型圆锥配合，锥度 C 为 1∶50，大端基本直径为 60mm，要求配合后得到 H7/s6 的配合性质，试计算极限轴向位移及轴向位移公差。

解　该配合的最大过盈为 $\delta_{max} = -0.072$mm，最小过盈为 $\delta_{min} = -0.023$mm，所以：

最大轴向位移　$E_{amax} = \dfrac{\delta_{max}}{C} = 0.072 \times 50 = 3.6$（mm）

最小轴向位移　$E_{amin} = \dfrac{\delta_{min}}{C} = 0.023 \times 50 = 1.15$（mm）

轴向位移公差　$T_E = E_{amax} - E_{amin} = 3.6 - 1.15 = 2.45$（mm）

5.3　角度公差

生产中广泛使用的 V 形块、燕尾槽等零件，属于二面角，都需要规定角度精度。

5.3.1　角度公差数值

角度公差没有专门的国家标准规定，而是等效采用圆锥精度国家标准中圆锥角度公差标准，见附表 5-1。

由于同一种加工方法不同角度短边长度 L 的角度的加工误差是不同的。L 越大，角度误差可以越小，因此，在同一公差等级中，按角度短边长度 L 的不同，规定不同的角度公差值 ATα，角度的短边长度在 6～630mm 的范围内分为 10 个角度尺寸分段。

5.3.2　角度公差带配置

角度公差带可以对零线按单向或双向配置，如图 5-8 所示。单向配置时，一个极限偏差为零，另一个极限偏差为正或负角度公差；双向配置时，可以是对称的公差带，极限偏差为 $\pm AT\alpha/2$ 或 $\pm AT_D/2$，也可以是不对称的。对于有配合要求的圆锥，其圆锥角极限偏差会影响内、外圆锥的初始接触部位，应参照圆锥精度标准选择。角度尺寸一般公差的极限偏差值见附表 5-2。

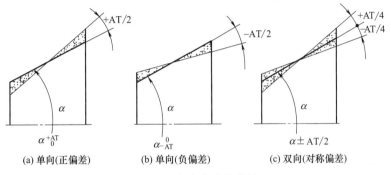

(a) 单向(正偏差)　　　　(b) 单向(负偏差)　　　　(c) 双向(对称偏差)

图 5-8　角度公差带配置

习　　题

一、思考题

1. 简述圆锥配合的特点。与圆柱配合相比，圆锥配合的优点是什么？

2. 圆锥的主要几何参数有哪些？如何确定公称圆锥？

3. 圆锥公差有哪几项？圆锥公差有哪三种标注方法？

4. 结构型圆锥配合和位移型圆锥配合的松紧程度分别由哪些因素决定？

5. 角度公差带有几种配置方法？

二、练习题

1. 有一位移型圆锥配合，锥度 C 为 1∶50，大端公称直径为 100mm，要求装配后得到 H8/u7 的配合性质，试计算极限轴向位移及轴向位移公差。

2. 如习题图 5-1 所示圆锥结合的锥度为 1∶5，内圆锥的直径公差带为 $\phi40H8$，外圆锥的直径公差带为 $\phi40h8$，试确定内、外圆锥的轴向极限偏差。

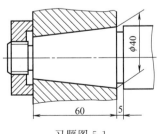

习题图 5-1

第6章
精度综合设计——尺寸链

机械零部件各要素之间都存在一定的尺寸关系。尺寸决定了零件的大小、形状和位置。许多尺寸彼此连接，形成封闭的环路状态，这些尺寸的变动相互影响。通过对这些尺寸的关联关系进行综合分析计算，可以协调零部件的尺寸公差和几何公差，满足整个产品的精度要求，获得最佳技术经济效益，这就是基于尺寸链原理的精度分析计算方法。

6.1 尺寸链的基本概念

6.1.1 尺寸链的基本术语

（1）尺寸链

在机器装配或零件加工过程中，由相互连接的尺寸形成的封闭尺寸组称为尺寸链。组成尺寸链的这组尺寸相互之间存在内在的关联关系，如图 6-1 所示的轴孔配合中，间隙 A_0 的大小由轴直径 A_1 和孔直径 A_2 决定，这三个尺寸构成一个尺寸链。

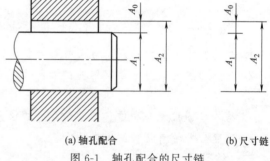

(a) 轴孔配合　　　　　　(b) 尺寸链

图 6-1　轴孔配合的尺寸链

（2）环

列入尺寸链中的每一个尺寸都称为环，例如图 6-1 中的 A_0、A_1 和 A_2。环可以是长度尺寸和角度尺寸，也可以是转化为尺寸精度表达的几何公差。长度尺寸通常用 A、B、C、L 等字母表示；角度尺寸通常用 α、β、γ 等字母表示。环可分为封闭环和组成环两类。

（3）封闭环

尺寸链中在装配过程或加工过程最后形成的一环称为封闭环，如图 6-1 中的 A_0。一个尺寸链中只有一个封闭环，封闭环的下角标一般以阿拉伯数字"0"表示。

（4）组成环

组成环是指尺寸链中对封闭环有影响的全部环，例如图 6-1 中的 A_1 和 A_2。任何一个组成环的变化都会引起封闭环的变化。组成环的下角标一般以阿拉伯数字1、2、3等表示。根据组成环的变动对封闭环影响的不同，可将组成环分为增环和减环。

① 增环。

增环是该环的变动将引起封闭环同向变动的组成环，即当该组成环增大（或减小）而其他组成环不变时，封闭环也增大（或减小），如图 6-1 中的 A_2。

② 减环。

减环是该环的变动将引起封闭环反向变动的组成环，即当该组成环增大（或减小）而其他组成环不变时，封闭环随之减小（或增大），如图 6-1 中的 A_1。

（5）补偿环

补偿环是指尺寸链中预先选中的某一组成环，可以通过改变其大小或位置，使封闭环达到规定的要求。补偿环可以是增环，也可以是减环。

（6）传递系数

传递系数表示各组成环对封闭环影响大小的系数，以 ζ 表示。对于增环，ζ 为正值；对于减环，ζ 为负值。

若尺寸链中封闭环 L_0 和组成环（L_1、L_2、$\cdots$、L_n）的关系可用方程 $L_0 = f\,(L_1, L_2, \cdots, L_n)$ 表示，则各组成环的传递系数 $\zeta_i = \dfrac{\partial f}{\partial L_i}$。$|\zeta_i|$ 的数值越大，表明该环对封闭环的影响越大；$|\zeta_i|$ 的数值越小，表明该环对封闭环的影响越小。因此，要提高封闭环的精度，应重点改善那些传递系数绝对值较大的组成环的精度。

6.1.2　尺寸链的特征

尺寸链具有以下 4 个特征。

① 封闭性。

封闭性是指尺寸链各环依次连接封闭，不封闭就不会构成尺寸链。

② 关联性。

关联性是指任何一个组成环尺寸或公差的变化都会引起封闭环尺寸或公差的变化。

③ 唯一性。

唯一性是指一个尺寸链中只有一个封闭环，不可能存在两个或两个以上的封闭环。

④ 最少有 3 个环。

一个尺寸链最少有 3 个环，少于 3 个环的尺寸链是不存在的。

6.1.3　尺寸链的分类

（1）长度尺寸链和角度尺寸链

① 长度尺寸链。

长度尺寸链是指全部环为长度尺寸的尺寸链，如图 6-1 所示。

② 角度尺寸链。

角度尺寸链是指全部环为角度尺寸的尺寸链，如图 6-2 所示。角度尺寸链常用于分析和计算机械结构中有关零件要素的方向和位置精度，如平行度、垂直度和同轴度等。

（2）装配尺寸链、零件尺寸链和工艺尺寸链

① 装配尺寸链。

全部组成环为不同零件设计尺寸所形成的尺寸链称为装配尺寸链，如图 6-1 和图 6-3 所

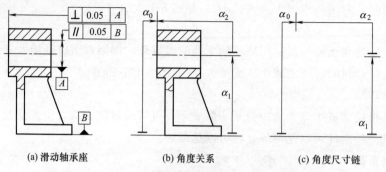

图 6-2 滑动轴承座及角度尺寸链

示。装配尺寸链主要用来分析如何保证装配精度，它不仅与组成产品或部件的各个零件尺寸有关，还与装配方法相关。

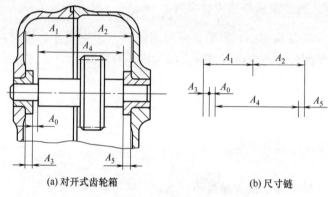

图 6-3 装配尺寸链

② 零件尺寸链。

全部组成环为同一零件设计尺寸所形成的尺寸链称为零件尺寸链，如图 6-4 所示，这里的设计尺寸是指零件图上标注的尺寸。零件尺寸链主要用在设计时分析如何保证零件精度。

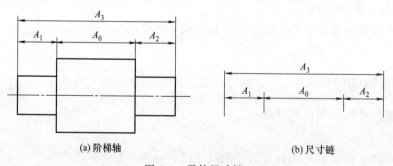

图 6-4 零件尺寸链

③ 工艺尺寸链。

全部组成环为同一零件工艺尺寸所形成的尺寸链称为工艺尺寸链。工艺尺寸链主要用于分析保证加工工艺精度的问题，例如，图 6-5 所示为内孔镀铬工艺尺寸链。其中 C_1 为镀铬前的尺寸，C_0 为镀铬后的尺寸，C_2、C_3 为镀层厚度，C_1、C_2 和 C_3 均为该零件的工艺尺寸。

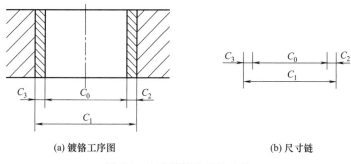

(a) 镀铬工序图　　　　　　　　　(b) 尺寸链

图 6-5　内孔镀铬工艺尺寸链

(3) 直线尺寸链、平面尺寸链和空间尺寸链

① 直线尺寸链。

全部组成环平行于封闭环的尺寸链称为直线尺寸链，图 6-1、图 6-3～图 6-5 所示均为直线尺寸链。直线尺寸链中增环的传递系数 ζ_i 均为 +1，减环的传递系数 ζ_i 均为 −1。

② 平面尺寸链。

全部组成环位于一个或几个平行平面内，但某些组成环不平行于封闭环的尺寸链称为平面尺寸链，如图 6-6 所示。

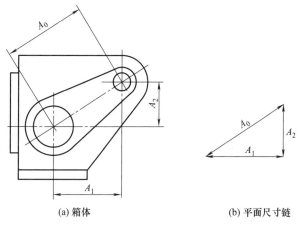

(a) 箱体　　　　　　　　　　(b) 平面尺寸链

图 6-6　箱体的平面尺寸链

③ 空间尺寸链。

组成环位于几个不平行平面内的尺寸链称为空间尺寸链。

尺寸链中最基本的形式是直线尺寸链，平面尺寸链和空间尺寸链可以采用坐标投影的方法转换为直线尺寸链进行计算。

6.2　尺寸链的建立

正确建立尺寸链并判断各环的性质是进行尺寸链计算的基础。建立尺寸链，首先要确定封闭环，然后根据封闭环查找各组成环，最后绘出尺寸链图。

6.2.1　确定封闭环

零件尺寸链的封闭环必须根据零件的功能要求、设计要求和工艺过程来确定，通常是加工后间接保证的尺寸。例如图 6-7（a）所示零件，若加工时先铣底面，再按尺寸 B 铣中间平面，最后按尺寸 C 铣顶面，则尺寸 A 为封闭环，A 的精度由 B 和 C 两尺寸的精度所决定。

如图 6-7（b）所示，若加工时先铣底面，再按尺寸 A 铣顶面，最后按尺寸 C 铣中间平面，则尺寸 B 为封闭环，B 的精度由 A 和 C 两尺寸的精度所决定。

如图 6-7（c）所示，若加工时先铣底面，再分别按尺寸 A 和尺寸 B 铣另外两个平面，则尺寸 C 为封闭环，C 的精度由 A 和 B 两尺寸的精度所决定。

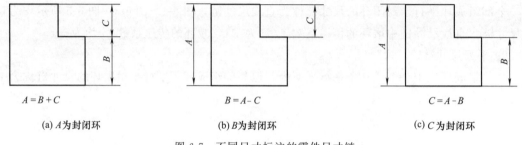

$A = B + C$	$B = A - C$	$C = A - B$
(a) A 为封闭环	(b) B 为封闭环	(c) C 为封闭环

图 6-7　不同尺寸标注的零件尺寸链

装配尺寸链的封闭环是产品或部件上有装配精度要求的尺寸，例如保证各零件之间相互位置要求的尺寸，或保证配合性能要求的间隙或过盈量等。在图 6-3 中，尺寸 A_0 是保证齿轮轴正常运转所需的间隙，显然是封闭环。

工艺尺寸链的封闭环比较容易确定，它一般是加工过程中最后自然形成的环，为被加工零件的设计尺寸或余量尺寸，体现了加工过程保证精度的目标。例如图 6-5 中，镀铬后尺寸 C_0 是封闭环，它是涂镀工艺过程的设计尺寸，其精度反映了加工过程保证精度的目标。

6.2.2　查找组成环并建立尺寸链

组成环是对封闭环有直接影响的尺寸。查找组成环时，可以从封闭环的任意一端开始，将相互连接的各个尺寸依次找到，直到最后一个尺寸与封闭环的另一端连接为止，即各组成环与封闭环形成一个封闭的尺寸链。

根据尺寸链各环的相互关系可以画出尺寸链图，绘制时，从封闭环的任意一端开始，以带单向箭头的线段表示各环，并首尾相连，即可绘制出尺寸链图。尺寸链图可以直观地表示各组成环和封闭环之间的关系，与封闭环线段箭头方向一致的组成环为减环，与封闭环线段箭头方向相反的组成环为增环。例如，图 6-8 所示为图 6-3 中对开式齿轮箱的尺寸链图，其中组成环 A_1、A_2 与封闭环 A_0 的箭头方向相反，为增环；组成环 A_3、A_4、A_5 与封闭环 A_0 的箭头方向一致，为减环。

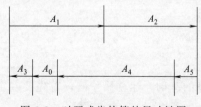

图 6-8　对开式齿轮箱的尺寸链图

建立尺寸链时，几何公差也可以成为尺寸链的组成环。一般情况下，几何公差可以理解为基本尺寸为零、公差对称分布的线性尺寸，或将几何公差的线性值近似折算为角度尺寸。几何公差参与尺寸链分析计算的情况较为复杂，应根据几何公差项目及应用情况具体分析。

建立尺寸链时应遵守"最短尺寸链原则"，即对于某一封闭环，若存在多个尺寸链时，应选择组成环数目最少的尺寸链进行分析计算，以尽量减少影响封闭环精度的因素。

6.3　尺寸链的计算

尺寸链的计算主要是计算封闭环或组成环的公称尺寸、公差和极限偏差。首先要确定封闭环和组成环，画出尺寸链图，并判断增环和减环。

6.3.1　尺寸链计算的种类和方法

(1) 尺寸链计算的种类
尺寸链计算包括设计计算、校核计算和中间计算。

设计计算是已知封闭环的公称尺寸、公差和极限偏差，以及各组成环的公称尺寸，求解各组成环的公差和极限偏差。设计计算主要任务是把封闭环的公差合理地分配给各组成环，并确定组成环的极限偏差，计算的结果往往不是唯一的。

校核计算是已知各组成环的公称尺寸、公差和极限偏差，求解封闭环的公称尺寸、公差和极限偏差。校核计算主要用于验算各组成环设计的正确性。

中间计算是已知封闭环和若干组成环的公称尺寸、公差和极限偏差，求解其余各组成环的公差和极限偏差。中间计算多用于解决基准换算、工序尺寸计算等工艺方面的问题。

(2) 尺寸链计算的方法
尺寸链计算的方法主要有完全互换法和大数互换法。

完全互换法又称为极值法，是指在全部产品中，装配时各组成环无需挑选，也无需改变其大小或位置，装入后即能达到封闭环公差要求的尺寸链计算方法。该方法采用极值公差公式计算。完全互换法求解尺寸链的基本出发点是：只要所有组成环的实际尺寸满足各自的精度要求，则封闭环的实际尺寸一定满足其精度要求。

大数互换法又称为概率法或统计法，是指在绝大多数产品中，装配时各组成环无需挑选，也无需改变其大小或位置，装入后即能达到封闭环公差要求的尺寸链计算方法。该方法采用统计公差公式计算，可以在不改变技术要求的条件下，放宽组成环的公差，从而获得更佳的技术经济效益，保证绝大多数封闭环满足设计要求。

此外，还有分组法、修配法和调整法等不完全互换法。

6.3.2　尺寸链关系

尺寸链关系是指封闭环与组成环公称尺寸之间的关系和中间偏差之间的关系。

(1) 公称尺寸之间的关系
图 6-9 所示的直线尺寸链图中，有 n 个组成环，其中 L_1、L_2、…、L_m 为增环，L_{m+1}、…、L_n 为减环。则封闭环 L_0 的公称尺寸与组成环 L_i 的公称尺寸之间的关系为

$$L_0 = \sum_{i=1}^{n} \zeta_i L_i = \sum_{i=1}^{m} L_i - \sum_{j=m+1}^{n} L_j \tag{6-1}$$

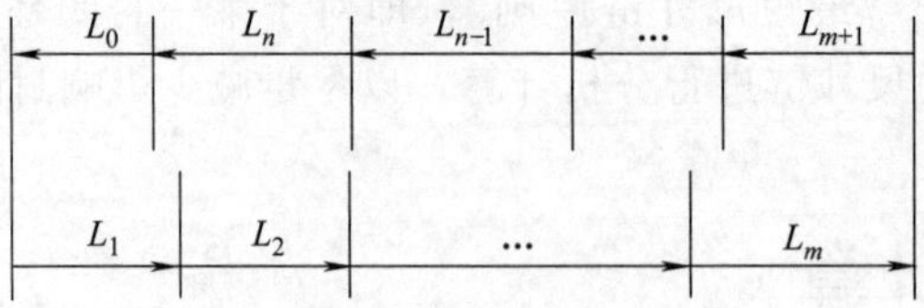

图 6-9　直线尺寸链图

即封闭环的公称尺寸等于所有增环的公称尺寸之和减去所有减环的公称尺寸之和。

(2) 中间偏差之间的关系

中间偏差 Δ 为尺寸上、下极限偏差的算术平均值，即

$$\Delta = \frac{\mathrm{ES} + \mathrm{EI}}{2} \tag{6-2}$$

故有

$$\mathrm{ES} = \Delta + T/2$$
$$\mathrm{EI} = \Delta - T/2 \tag{6-3}$$

若封闭环的中间偏差为 Δ_0，各组成环的中间偏差为 Δ_1、Δ_2、$\cdots$、Δ_n，则有

$$\Delta_0 = \sum_{i=1}^{m} \Delta_i - \sum_{j=m+1}^{n} \Delta_j \tag{6-4}$$

即封闭环的中间偏差等于所有增环的中间偏差之和减去所有减环的中间偏差之和。

6.3.3　完全互换法

(1) 极值公差公式

如图 6-9 所示，当 m 个增环均为最大极限尺寸，且 $n-m$ 个减环均为最小极限尺寸时，则封闭环为最大极限尺寸；当 m 个增环均为最小极限尺寸，且 $n-m$ 个减环均为最大极限尺寸时，则封闭环为最小极限尺寸，即有如下关系

$$L_{0\max} = \sum_{i=1}^{m} L_{i\max} - \sum_{j=m+1}^{n} L_{j\min} \tag{6-5}$$

$$L_{0\min} = \sum_{i=1}^{m} L_{i\min} - \sum_{j=m+1}^{n} L_{j\max} \tag{6-6}$$

即封闭环的最大极限尺寸等于所有增环的最大极限尺寸之和减去所有减环的最小极限尺寸之和；封闭环的最小极限尺寸等于所有增环的最小极限尺寸之和减去所有减环的最大极限尺寸之和。

由式 (6-5) 和式 (6-6) 可知，封闭环的公差计算公式为

$$T_0 = L_{0\max} - L_{0\min} = \sum_{i=1}^{n} T_i \tag{6-7}$$

即封闭环的公差等于所有组成环的公差之和。式 (6-7) 表明，在尺寸链的所有环中，封闭环的公差最大，且与组成环的数目和公差大小有关。因此设计时构成尺寸链的环数越少越好，即所谓的"最短尺寸链原则"。

由式（6-3）、式（6-4）和式（6-7）可知，封闭环的极限偏差计算公式为

$$\text{ES}_0 = \Delta_0 + T_0/2 = \sum_{i=1}^{m} \text{ES}_i - \sum_{j=m+1}^{n} \text{EI}_j \tag{6-8}$$

$$\text{EI}_0 = \Delta_0 - T_0/2 = \sum_{i=1}^{m} \text{EI}_i - \sum_{j=m+1}^{n} \text{ES}_j \tag{6-9}$$

即封闭环的上偏差等于所有增环的上偏差之和减去所有减环的下偏差之和；封闭环的下偏差等于所有增环的下偏差之和减去所有减环的上偏差之和。

（2）校核计算

校核计算是已知各组成环的公称尺寸、公差和极限偏差，计算封闭环的公称尺寸、公差和极限偏差。

[例 6-1]　如图 6-10（a）所示零件，试计算尺寸 A_0 的变动范围。

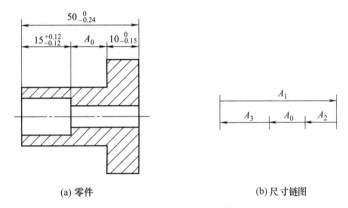

(a) 零件　　　　　　　　　　　　(b) 尺寸链图

图 6-10　零件尺寸链图

解： ① 建立尺寸链。

建立如图 6-10（b）所示的尺寸链图，在零件图中已经注出尺寸 A_1、A_2 和 A_3，故尺寸 A_0 为封闭环。其中 A_1 为增环，A_2 和 A_3 为减环。

② 计算封闭环。

由式（6-1）可知，封闭环 A_0 的公称尺寸为

$$A_0 = A_1 - A_2 - A_3 = 50 - 10 - 15 = 25 (\text{mm})$$

由式（6-8）和式（6-9）可知，封闭环 A_0 的极限偏差为

$$\text{ES}_0 = \text{ES}_1 - \text{EI}_2 - \text{EI}_3 = 0 - (-0.15) - (-0.12) = 0.27 (\text{mm})$$

$$\text{EI}_0 = \text{EI}_1 - \text{ES}_2 - \text{ES}_3 = (-0.24) - 0 - (+0.12) = -0.36 (\text{mm})$$

根据式（6-7）或以上计算结果可知，封闭环 A_0 的公差为

$$T_0 = T_1 + T_2 + T_3 = \text{ES}_0 - \text{EI}_0 = 0.63 (\text{mm})$$

故封闭环尺寸 $A_0 = 25^{+0.27}_{-0.36}$ mm。

（3）中间计算

中间计算是已知封闭环和组成环的公称尺寸、公差和极限偏差，计算未知组成环的公差和极限偏差。

[例 6-2]　如图 6-11（a）所示轴，加工时先车削至尺寸 A_1，再铣平面至尺寸 A_2，最后磨削至尺寸 A_3。若已知 $A_1 = \phi 70.5^{~0}_{-0.1}$ mm，$A_3 = \phi 70^{~0}_{-0.06}$ mm，试计算 A_2 取何值时能保

证 $A_0 = 62_{-0.3}^{0}$mm。

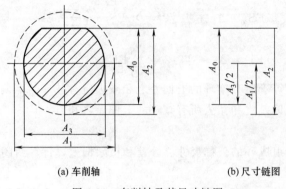

(a) 车削轴　　　　　　　(b) 尺寸链图

图 6-11　车削轴及其尺寸链图

解：① 建立尺寸链。

由于同轴圆柱的直径尺寸 A_1 和 A_3 具有对称性，因此建立尺寸链时均取其半径，以反映同轴关系，尺寸链图如图 6-11（b）所示。尺寸 A_0 是加工过程中最后自然形成的尺寸，因此是尺寸链的封闭环。组成环中 $A_1/2$ 是减环，且 $A_1/2 = 35.25_{-0.05}^{0}$mm；$A_2$ 和 $A_3/2$ 是增环，且 $A_3/2 = 35_{-0.03}^{0}$mm。

② 计算组成环。

由式（6-1）可知封闭环 A_0 的公称尺寸为

$$A_0 = A_2 + \frac{A_3}{2} - \frac{A_1}{2}$$

故 A_2 的公称尺寸为

$$A_2 = A_0 + \frac{A_1}{2} - \frac{A_3}{2} = 62 + 35.25 - 35 = 62.25 \text{（mm）}$$

由式（6-8）和式（6-9）可知，封闭环 A_0 的极限偏差为

$$\text{ES}_0 = \text{ES}_2 + \text{ES}_3 - \text{EI}_1$$

$$\text{EI}_0 = \text{EI}_2 + \text{EI}_3 - \text{ES}_1$$

故 A_2 的极限偏差为

$$\text{ES}_2 = \text{ES}_0 - \text{ES}_3 + \text{EI}_1 = 0 - 0 + (-0.05) = -0.05 \text{（mm）}$$

$$\text{EI}_2 = \text{EI}_0 - \text{EI}_3 + \text{ES}_1 = (-0.3) - (-0.03) + 0 = -0.27 \text{（mm）}$$

根据以上计算结果可知，A_2 的公差为

$$T_2 = \text{ES}_2 - \text{EI}_2 = (-0.05) - (-0.27) = 0.22 \text{（mm）}$$

故 $A_2 = 62.25_{-0.27}^{-0.05}$mm。

(4) 设计计算

设计计算是根据封闭环的公差和极限偏差来确定各组成环的公差和极限偏差。显然，仅仅依据上述的计算公式不能完全确定各组成环的公差和极限偏差，还需要确定一些约束条件。

① 组成环公差的确定。

设计计算属于精度分配问题，即将封闭环的公差分配给所有组成环。常见的分配方法有等公差法和等公差等级法。

等公差法是先假定尺寸链中全部 n 个组成环的公差 T_{av} 均相等，即有

$$T_{av} = \frac{T_0}{n} \qquad (6\text{-}10)$$

再根据各组成环的尺寸大小、功能要求、加工难易程度或成本高低等因素，调整各组成环的公差（尽可能调整为标准公差）。但调整后各组成环的公差值之和应不大于封闭环的公差值。等公差法计算简便，当各组成环的公称尺寸相近、加工方法相同时，可优先采用。

等公差等级法是按照精度相同的原则来分配封闭环的公差，即认为各组成环的公差具有相同的公差等级，按此计算出公差等级系数，再确定各组成环的公差。等公差等级法工艺上比较合理，当各组成环加工方法相同，而公称尺寸相差较大时，可考虑采用。

② 组成环极限偏差的确定。

确定组成环的极限偏差之前应从 n 个组成环中选择一个作为调整环，以平衡组成环与封闭环的关系。对于剩余的 $n-1$ 个组成环，通常按照"偏差入体原则"确定其极限偏差，即孔按照基本偏差 H 配置，轴的按照基本偏差 h 配置，一般长度尺寸按照 JS 对称配置。最后再按照中间计算的方法确定调整环的极限偏差。也可以对计算出的极限偏差根据组成环尺寸的实际情况进行调整。

[**例 6-3**]　图 6-12（a）所示为对开式齿轮箱，根据使用要求，装配以后的轴向间隙 A_0 为 $1 \sim 1.75\text{mm}$。若已知 $A_1 = 101\text{mm}$、$A_2 = 50\text{mm}$、$A_3 = A_5 = 5\text{mm}$、$A_4 = 140\text{mm}$，试确定各环的公差和极限偏差。

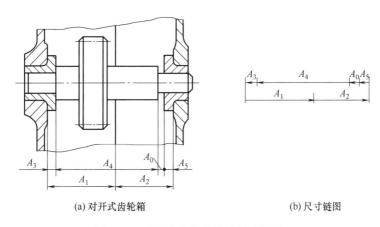

(a) 对开式齿轮箱　　　　　　　　　　　(b) 尺寸链图

图 6-12　对开式齿轮箱及其尺寸链图

解： ① 建立尺寸链。

首先建立图 6-12（b）所示尺寸链图，显然，装配后的轴向间隙 A_0 为封闭环，A_1 和 A_2 为增环，A_3、A_4 和 A_5 为减环。封闭环的公称尺寸为

$$A_0 = A_1 + A_2 - A_3 - A_4 - A_5 = 101 + 50 - 5 - 140 - 5 = 1(\text{mm})$$

封闭环的尺寸公差为

$$T_0 = 1.75 - 1 = 0.75(\text{mm})$$

故封闭环的尺寸为

$$A_0 = 1^{+0.75}_{\ 0}(\text{mm})$$

② 确定组成环的公差。

按照等公差法计算，则由式（6-10）可知，各组成环的平均公差为

$$T_{av} = \frac{T_0}{n} = 0.75 \div 5 = 0.15(mm)$$

考虑到各组成环的公称尺寸、加工工艺等各不相同，可对其公差进行适当调整。其中尺寸 A_1 和 A_2 为大尺寸的箱体，不易加工，可将其公差放大为 $T_1 = 0.3mm$，$T_2 = 0.25mm$，公差等级约为 IT12。尺寸 A_3 和 A_5 为小尺寸，易于加工，可将其公差减小为 $T_3 = T_5 = 0.05mm$，公差等级约为 IT10，则尺寸 A_4 的公差为

$$T_4 = T_0 - T_1 - T_2 - T_3 - T_5 = 0.75 - 0.3 - 0.25 - 0.05 - 0.05 = 0.1(mm)$$

③ 确定组成环的极限偏差。

首先选择尺寸 A_4 作为调整环，对于尺寸 A_1、A_2、A_3 和 A_5 按照"偏差入体原则"确定其极限偏差。

A_1 和 A_2 为孔尺寸，取下偏差为零，即 $A_1 = 101^{+0.3}_{0}mm$，$A_2 = 50^{+0.25}_{0}mm$。

A_3 和 A_5 为轴尺寸，取上偏差为零，即 $A_3 = A_5 = 5^{0}_{-0.05}mm$。

由式（6-8）和式（6-9）可知，尺寸 A_4 的极限偏差为

$$ES_4 = EI_1 + EI_2 - ES_3 - ES_5 - EI_0 = 0(mm)$$
$$EI_4 = ES_1 + ES_2 - EI_3 - EI_5 - ES_0 = -0.1(mm)$$

故 A_4 的尺寸为

$$A_4 = 140^{0}_{-0.1}(mm)$$

以上的计算结果仅仅是众多精度设计方案中的一种。只要所设计的组成环的公差之和不超过封闭环的公差，且组成环的精度要求又符合生产实际需要和相应标准规范的规定，则设计结果就是合适的。

6.3.4 大数互换法

完全互换法求解尺寸链是按各环的极限尺寸进行计算的。当封闭环公差比较大时，容易保证产品的功能要求；当封闭环精度较高，且组成环数较多时，用完全互换法求解尺寸链将增加组成环的加工难度。实际上，批量生产中零件实际尺寸出现极值的情况非常少，大部分是出现在尺寸公差带中心附近，且服从某种统计分布规律。大数互换法就是基于这种统计规律进行尺寸链计算的。

(1) 统计公差公式

若尺寸链中 n 个组成环是相互无关的独立随机变量，即彼此无关地获得其实际尺寸，则由它们形成的封闭环也是随机变量。按照独立随机变量合成规律，对直线尺寸链，封闭环的标准差 σ_0 与组成环的标准差 σ_i 之间的关系为

$$\sigma_0 = \sqrt{\sum_{i=1}^{n} \sigma_i^2} \tag{6-11}$$

若各组成环的实际尺寸均服从正态分布，则封闭环的实际尺寸也符合正态分布规律。设各组成环尺寸分布中心与公差带中心重合，取置信概率 $p = 99.73\%$，且分布范围与公差带宽度一致，则各环尺寸公差与其标准差之间的关系如下

$$T_i = 6\sigma_i$$
$$T_0 = 6\sigma_0$$

将上述关系式代入式（6-11），可得

$$T_0 = \sqrt{\sum_{i=1}^{n} T_i^2} \tag{6-12}$$

式（6-12）表明，封闭环公差等于各组成环公差的平方和再开方。该关系是一个统计公差公式，其获得条件是各组成环的实际尺寸服从正态分布，且尺寸分布中心与公差带中心重合，分布范围与公差带宽度一致，这些假设条件符合大多数产品的实际情况。下面的例子中均认为符合上述假设条件。

(2) 校核计算

[例6-4]　利用大数互换法求解 [例6-1]。

解： 仿照 [例6-1] 可建立其尺寸链图，其中 A_1 为增环，A_2 和 A_3 为减环，计算出封闭环 A_0 的公称尺寸为 25mm。由式（6-2）和式（6-4）可计算出各组成环和封闭环的中间偏差

$$\Delta_1 = -0.12\text{mm}, \Delta_2 = -0.075\text{mm}, \Delta_3 = 0\text{mm}$$
$$\Delta_0 = \Delta_1 - \Delta_2 - \Delta_3 = -0.045(\text{mm})$$

由式（6-12）可知，封闭环 A_0 的公差为

$$T_0 = \sqrt{\sum_{i=1}^{3} T_i^2} = \sqrt{T_1^2 + T_2^2 + T_3^2} = 0.371(\text{mm})$$

由式（6-3）可知，封闭环 A_0 的极限偏差为

$$\text{ES}_0 = \Delta_0 + \frac{T_0}{2} = 0.141(\text{mm})$$

$$\text{EI}_0 = \Delta_0 - \frac{T_0}{2} = -0.231(\text{mm})$$

故利用大数互换法求得封闭环尺寸为

$$A_0 = 25^{+0.141}_{-0.231}(\text{mm})$$

比较 [例6-1] 和 [例6-4] 计算结果可知：在组成环公差相同的情况下，利用大数互换法计算出的封闭环尺寸变动范围要小许多，更容易达到精度要求。

(3) 中间计算

[例6-5]　利用大数互换法求解 [例6-2]。

解： 仿照 [例6-2] 可建立其尺寸链图，其中 $A_1/2$ 是减环，A_2 和 $A_3/2$ 是增环，计算出 A_2 的公称尺寸为 62.25mm。由式（6-12）可知，A_2 的公差为

$$T_2 = \sqrt{T_0^2 - T_1^2 - T_3^2} = 0.294(\text{mm})$$

由式（6-2）和式（6-4）可计算出 A_2 的中间偏差

$$\Delta_2 = \Delta_0 + \Delta_1 - \Delta_3 = (-0.15) + (-0.025) - (-0.015) = -0.16(\text{mm})$$

由式（6-3）可知，A_2 的极限偏差为

$$\text{ES}_2 = \Delta_2 + \frac{T_2}{2} = -0.013(\text{mm})$$

$$\text{EI}_2 = \Delta_2 - \frac{T_2}{2} = -0.307(\text{mm})$$

故利用大数互换法求得 A_2 的尺寸为

$$A_2 = 62.25^{-0.013}_{-0.307}(\text{mm})$$

(4) 设计计算

[例 6-6] 利用大数互换法求解 [例 6-3]。

解： 仿照 [例 6-3] 可建立其尺寸链图，其中 A_1 和 A_2 为增环，A_3、A_4 和 A_5 为减环，计算出封闭环的尺寸公差 $T_0 = 0.75\text{mm}$，中间偏差 $\Delta_0 = +0.375\text{mm}$，尺寸 $A_0 = 1^{+0.75}_{0}\text{mm}$。

按照平均公差法计算，即假设 n 个组成环的平均公差 T_{av} 均相等，则由式（6-12）可知，各组成环的平均公差为

$$T_{av} = \frac{T_0}{\sqrt{n}} = \frac{0.75}{\sqrt{5}} = 0.335(\text{mm})$$

与 [例 6-3] 类似，考虑到各组成环的公称尺寸、加工工艺等各不相同，可对其公差进行适当调整。其中尺寸 A_1 和 A_2 为大尺寸的箱体，不易加工，可将其公差放大为 $T_1 = 0.54\text{mm}$，$T_2 = 0.39\text{mm}$，公差等级为 IT13。尺寸 A_3 和 A_5 为小尺寸，易于加工，可将其公差减小为 $T_3 = T_5 = 0.12\text{mm}$，公差等级为 IT12，则尺寸 A_4 的公差为

$$T_4 = \sqrt{T_0{}^2 - T_1{}^2 - T_2{}^2 - T_3{}^2 - T_5{}^2} = \sqrt{0.75^2 - 0.54^2 - 0.39^2 - 0.12^2 - 0.12^2} = 0.3(\text{mm})$$

选择尺寸 A_4 作为调整环，对于尺寸 A_1、A_2、A_3 和 A_5 按照"偏差入体原则"确定其极限偏差，并计算中间偏差。

A_1 和 A_2 为孔尺寸，取下偏差为零，即

$$A_1 = 101^{+0.54}_{0}\text{mm}, \Delta_1 = +0.27(\text{mm})$$

$$A_2 = 50^{+0.39}_{0}\text{mm}, \Delta_2 = +0.195(\text{mm})$$

A_3 和 A_5 为轴尺寸，取上偏差为零，即

$$A_3 = A_5 = 5^{0}_{-0.12}\text{mm}, \Delta_3 = \Delta_5 = -0.06(\text{mm})$$

由式（6-4）和式（6-3）可分别计算出尺寸 A_4 的中间偏差和极限偏差

$$\Delta_4 = \Delta_1 + \Delta_2 - \Delta_3 - \Delta_5 - \Delta_0 = +0.21(\text{mm})$$

$$\text{ES}_4 = \Delta_4 + \frac{T_4}{2} = +0.36(\text{mm})$$

$$\text{EI}_4 = \Delta_4 - \frac{T_4}{2} = +0.06(\text{mm})$$

故 A_4 的尺寸为

$$A_4 = 140^{+0.36}_{+0.06}(\text{mm})$$

比较 [例 6-2] 和 [例 6-5] 计算结果，以及 [例 6-3] 和 [例 6-6] 计算结果可知：在封闭环公差相同的情况下，利用大数互换法计算出的组成环尺寸公差要大一些，可以使加工容易，降低加工成本。

完全互换法与大数互换法相比，前者计算简单方便，能保证完全互换；后者比较符合大批量生产的实际情况，而且在设计计算中可以得到较大的组成环公差，有利于提高加工经济性，但在尺寸链环数较少或工艺不稳定时，不能保证完全互换。因此在实际工作中要根据具体情况选用相应的方法。

6.3.5 尺寸链计算的其他方法

为了保证装配精度，应优先采用完全互换法或大数互换法确定封闭环精度与各组成环精

度之间的数值关系，以避免装配过程中的修配作业。但有时为获得更高的装配精度，同时出于降低加工成本等考虑，又不允许提高组成环的制造精度，则可以考虑其他尺寸链计算方法，如分组法、修配法、调整法等。

（1）分组法

分组法是把组成环的公差进行放大，使其尺寸能够按照经济加工精度进行生产，然后按照组成环实际尺寸的大小分为若干组，装配时依据"大配大、小配小"的原则，各对应组进行装配，组内零件可以互换。分组法通常采用极值公差公式计算。

（2）修配法

修配法是指各组成环均按照经济加工精度进行生产，同时在组成环中选择一个修配环（补偿环的一种），并留出修配量。装配时通过去除修配环的部分材料以改变其实际尺寸，从而补偿其他组成环的累积误差，保证装配精度。

修配环宜采用拆卸方便，易于修配的零件。修配法通常采用极值公差公式计算，适用于生产批量不大、环数较多、装配精度要求高的尺寸链。

（3）调整法

调整法是指各组成环均按照经济加工精度进行生产，同时在组成环中选择一个调整环（补偿环的一种）。装配时通过挑选合适的调整环或改变调整环的位置来补偿其他组成环的累积误差，保证装配精度。调整法通常采用极值公差公式计算。

调整法可分为固定调整法和活动调整法。固定调整法按尺寸大小将补偿环分成若干组，装配时从不同的组别中选择一个合适的补偿环，以满足封闭环的精度要求，该方法适用于生产批量大、环数多、精度要求高的场合；活动调整法通过调整补偿环的位置以满足封闭环的精度要求，该方法适用于生产批量小、环数多、精度要求高的场合。

习　题

一、思考题

1. 尺寸链有哪些分类方法？

2. 尺寸链的主要特性是什么？进行尺寸链计算的意义何在？

3. 建立尺寸链时，怎样确定封闭环，怎样查明组成环？如何判断增环和减环？

4. 什么是尺寸链的设计计算、校核计算和中间计算？

5. 封闭环的公称尺寸与各组成环的公称尺寸之间是什么关系？

6. 什么是中间偏差？如何计算封闭环的中间偏差？

7. 建立尺寸链时，如何考虑几何误差对封闭环的影响？并举例说明。

8. 什么是"最短尺寸链原则"？为什么在设计尺寸链时要遵循"最短尺寸链原则"？

9. 用完全互换法和用大数互换法计算尺寸链各有何特点？它们适用于什么条件？

10. 计算尺寸链时，分组法、修配法和调整法与完全互换法和大数互换法的区别是什么？

二、练习题

1. 如习题图 6-1 所示零件，$A_1 = 30_{-0.052}^{\ 0}$ mm，$A_2 = 16_{-0.043}^{\ 0}$ mm，$A_3 = 14 \pm 0.021$ mm，$A_4 = 6_{\ 0}^{+0.048}$ mm，$A_5 = 24_{-0.084}^{\ 0}$ mm，试分析图示三种尺寸标注中，哪种尺寸标注法可使 A_0 变动范围最小？

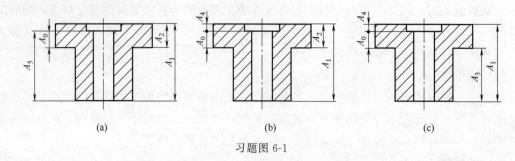

(a)   (b)   (c)

习题图 6-1

2. 如习题图 6-2（a）所示轴及其键槽的尺寸标注，其加工顺序如习题图 6-2（b）所示。①先车外圆柱面至工序尺寸 $A_1 = \phi 45.6_{-0.1}^{0}$ mm；②按工序 A_2 铣键槽；③淬火后按图样标注尺寸 $A_3 = \phi 45_{+0.002}^{+0.018}$ mm 磨外圆柱面，完工后保证尺寸 A_0 符合图样标注尺寸 $39.5_{-0.2}^{0}$ mm 的设计要求。试用完全互换法计算工序尺寸 A_2 的极限尺寸。

3. 习题图 6-3 为滑槽机构的局部视图，试用完全互换法计算螺钉左端与滑槽底部之间的间隙。

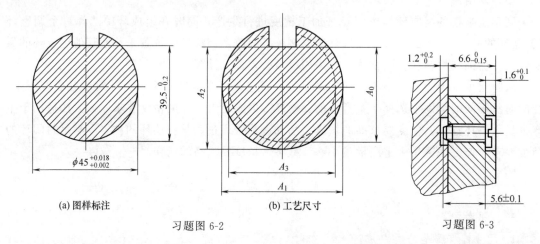

(a) 图样标注   (b) 工艺尺寸

习题图 6-2

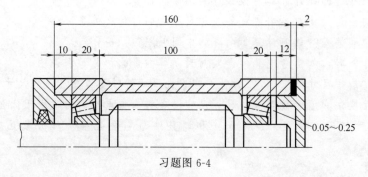

习题图 6-3

4. 习题图 6-4 为减速器中蜗杆的装配图，各零件尺寸如图所示，设计要求轴承端面与端盖之间有 $0.05 \sim 0.25$ mm 的轴向间隙，试分别用完全互换法和大数互换法确定对该间隙有影响的所有尺寸的极限偏差。

<figure>

习题图 6-4

</figure>

第7章
滚动轴承结合的精度设计

7.1 概述

滚动轴承中最常用的向心球轴承的基本结构如图 7-1 所示,它一般由外圈 1、内圈 2、滚动体（如钢球等）3 和保持器 4 组成,是用来支承轴颈的标准件,通常成对使用。同滑动轴承相比,滚动轴承摩擦系数较小,制造较为经济,润滑简单,更换方便,因此在现代机器制造业中的应用极为广泛。

滚动轴承的精度由轴承的尺寸公差和旋转精度决定。前者是指轴承公称内径 d、公称外径 D 和宽度 B 等的尺寸公差。后者是指轴承的内、外圈做相对转动时的跳动程度,包括成套轴承内、外圈的径向圆跳动,成套轴承内、外圈基准端面对滚道的跳动和端面对内孔的跳动等。

滚动轴承结合是指轴承安装在机器上,其公称内径 d 与轴颈 5 的配合,公称外径 D 与外壳孔 6 的配合,如图 7-1 所示。它们的配合性质必须满足下列两项要求。

(1) 必要的旋转精度

滚动轴承工作时,其内、外圈和端面的跳动应控制在允许的范围内,以保证轴上传动零件的回转精度。

(2) 合适的游隙

滚动轴承工作时,滚动体与内、外圈之间的径向游隙 δ_1 和轴向游隙 δ_2 (图 7-2) 的大小必须保持在合适的范围内,以保证轴承正常运转且寿命长。

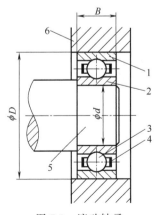

图 7-1 滚动轴承

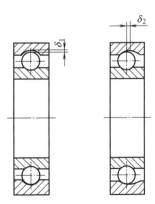

图 7-2 滚动轴承的游隙

7.2 滚动轴承的精度等级、公差带和配合

7.2.1 滚动轴承的精度等级及其应用

国家标准按照滚动轴承的尺寸公差和旋转精度把滚动轴承的精度分为 2、4、5、6、0 五级，精度依次由高到低，2 级最高，0 级最低，但仅向心球轴承有 2 级精度。圆锥滚子轴承有 6x 级而无 6 级，两者相比，前者仅仅在装配宽度上要求更为严格，其他参数均相同。

各个精度等级滚动轴承的应用示例见表 7-1 。

表 7-1 各个精度等级的滚动轴承的应用示例

滚动轴承精度等级	应用示例
0 级（普通级）	广泛应用于旋转精度和传动平稳性要求不高的一般旋转机构，如普通机床的变速箱及进给机构、交通运输机械（汽车、拖拉机等）的变速机构、普通减速器和农业机械等通用机械的旋转机构
6 级、6x 级（中级） 5 级（较高级）	多用于旋转精度和传动平稳性要求较高或转速较高的旋转机构，如普通机床的主轴轴系（前支承采用 5 级，后支承采用 6 级）和比较精密的仪器仪表及机械的旋转机构
4 级（高级）	多用于旋转精度要求很高或转速很高的机床及机器的旋转机构，如高精度磨床及车床、精密螺纹磨床和齿轮磨床等机械的主轴轴系
2 级（精密级）	多用于精密机械的旋转机构，如精密坐标镗床、高精度齿轮磨床和数控机床等机械的主轴轴系

7.2.2 滚动轴承内外径公差带的特点

由于滚动轴承是标准件，其内圈与轴颈配合应采用基孔制，外圈与外壳孔配合应采用基轴制。

滚动轴承内圈通常与轴一起旋转。为防止内圈和轴颈的结合面相对滑动而产生磨损，影响轴承的工作性能，因此要求该结合面间具有一定的过盈，但过盈量不能太大。如果作为基准孔的轴承内圈内径仍采用基本偏差为 H 的公差带，轴颈公差带根据《产品几何技术规范（GPS）极限与配合　第 1 部分：公差、偏差和配合的基础》（GB/T 1800.1—2009）规定的优先、常用和一般公差带来选取，则所选择的过渡配合的过盈量偏小而过盈配合的过盈量又偏大，难以满足轴承的正常工作要求。因此，《滚动轴承向心轴承产品几何技术规范（GPS）和公差值》（GB/T 307.1—2017）规定：轴承内径为基准孔公差带，应位于以公称内径 d 为零线的下方，且上偏差为零（见图 7-3）。这种特殊的基准孔公差带与《产品几何技术规范（GPS）极限与配合　第 1 部分：公差、偏差和配合的基础》（GB/T 1800.1—2009）中 H 基准

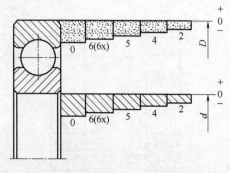

图 7-3 滚动轴承内、外径公差带

孔公差带相比，形成的同名配合的配合性质有不同程度地变紧。

　　滚动轴承外圈安装在外壳孔中，通常不旋转。考虑到工作时温度升高会使得轴热胀而产生轴向位移，因此两端轴承中应有一端采用游动支承，可使外圈与外壳孔的配合稍微松一些，以便补偿轴的热胀伸长量，允许轴与轴承一起轴向移动。否则轴会弯曲并可能导致轴承内部卡死。因此，国家标准规定：轴承外圈外径公差带位于以公称外径 D 为零线的下方，且上偏差为零（见图 7-3）。它与具有基本偏差 h 的公差带相类似，基本偏差相同但公差数值不同。这样的基轴制公差带与《产品几何技术规范（GPS）极限与配合　第 1 部分：公差、偏差和配合的基础》（GB/T 1800.1—2009）中的标准孔公差带所形成的配合，基本保持了《产品几何技术规范（GPS）极限与配合　第 1 部分：公差、偏差和配合的基础》（GB/T 1800.1—2009）中同名配合的配合性质。

7.2.3　滚动轴承与轴颈和外壳孔的配合

　　滚动轴承内圈内径和外圈外径的公差带在制造时已经确定，因此滚动轴承与轴颈和外壳孔的配合性质就完全取决于轴颈和外壳孔的公差带。滚动轴承结合精度设计实质上就是确定轴颈和外壳孔的公差带。为实现滚动轴承所需要的各种松紧程度的配合性质要求，标准规定了 0 级和 6 级轴承与轴颈和外壳孔结合时的 17 种轴颈常用公差带（见图 7-4）和 16 种外壳孔常用公差带（见图 7-5）。这些公差带与《产品几何技术规范（GPS）极限与配合　第 1 部分：公差、偏差和配合的基础》（GB/T 1800.1—2009）中的轴公差带和孔公差带相同。

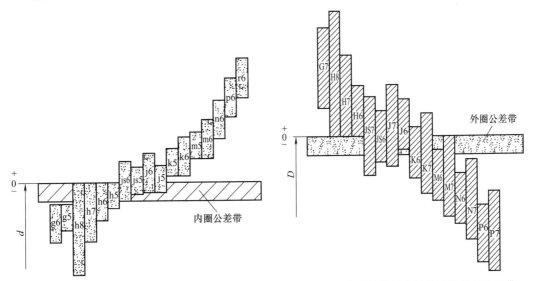

图 7-4　与滚动轴承结合的轴颈常用公差带　　　　图 7-5　与滚动轴承结合的外壳孔常用公差带

　　由图 7-4 可见，轴承内圈与轴颈的配合与《产品几何技术规范（GPS）极限与配合　第 1 部分：公差、偏差和配合的基础》（GB/T 1800.1—2009）中基孔制同名配合相比较，前者的配合偏紧。其中 h5、h6、h7、h8 的轴颈与轴承内圈形成了过渡配合，k5、k6、m5、m6、n6 形成过盈配合，其余的配合也都相应变紧。

　　由图 7-5 可见，轴承外圈与外壳孔的配合与《产品几何技术规范（GPS）极限与配合　第 1 部分：公差、偏差和配合的基础》（GB/T 1800.1—2009）中基轴制同名配合相比较，两者的配合性质基本保持一致。

7.3 滚动轴承结合的精度设计

滚动轴承与轴颈和外壳孔结合的精度应以轴承的工作条件、结构类型和精度等级为依据，来确定轴颈和外壳孔的尺寸精度、几何精度和表面粗糙度。

7.3.1 轴颈和外壳孔的尺寸精度

在确定与轴承结合的轴颈和外壳孔的尺寸精度时主要考虑以下内容。

(1) 滚动轴承的负荷形式

作用在轴承上的径向负荷，一般由定向负荷（如传动带的拉力、齿轮的作用力等）和转动的负荷（如机件的惯性离心力等）合成。按照负荷作用在轴承套圈的形式可以分为下列三类。

① 固定负荷。

径向负荷始终作用在轴承套圈的某一局部区域上，则该套圈承受着固定负荷，也称为局部负荷。当负荷作用在轴承外圈上时，称为固定的外圈负荷，如图 7-6 (a) 所示；当负荷作用在轴承内圈上时，称为固定的内圈负荷，如图 7-6 (b) 所示。它们均承受一个定向的径向负荷 F_r 的作用。像减速器转轴两端的滚动轴承的外圈，汽车、拖拉机前轮（从动轮）轮毂中滚动轴承的内圈和后轮（主动轮）轮毂中滚动轴承的外圈，都是承受固定负荷的实例。

② 旋转负荷。

径向负荷依次作用在套圈的整个圆周滚道上，此时负荷的作用线相对于套圈是旋转的，则该套圈承受旋转负荷。当负荷依次作用在轴承外圈上时，称为旋转的外圈负荷，如图 7-6 (b) 所示；当负荷依次作用在轴承内圈上时，称为旋转的内圈负荷，如图 7-6 (a) 所示。它们均承受一个方向一定且位置在依次变化的径向负荷 F_r 的作用。像减速器转轴两端的滚动轴承的内圈，汽车、拖拉机前轮（从动轮）轮毂中滚动轴承的外圈和后轮（主动轮）轮毂中滚动轴承的内圈，都是承受旋转负荷的实例。

③ 摆动负荷。

大小和方向按一定规律变化的合成径向负荷作用在套圈的部分滚道上时，该套圈便承受摆动负荷，如图 7-6 (c)、(d) 所示。轴承套圈受到定向负荷 F_r 和旋转负荷 F_c 的同

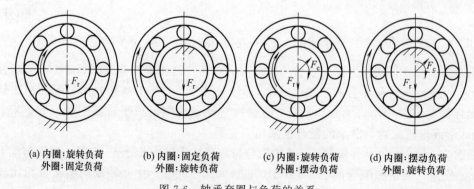

(a) 内圈:旋转负荷　　(b) 内圈:固定负荷　　(c) 内圈:旋转负荷　　(d) 内圈:摆动负荷
　　外圈:固定负荷　　　　外圈:旋转负荷　　　　外圈:摆动负荷　　　　外圈:旋转负荷

图 7-6　轴承套圈与负荷的关系

时作用，两者的合成负荷周期性变化，如图 7-7 所示。当 $F_r > F_c$ 时，合成负荷就在 AB 区域内摆动，静止的套圈承受摆动负荷，旋转的套圈承受旋转负荷；当 $F_r < F_c$ 时，合成负荷沿圆周方向变化，静止的套圈承受旋转负荷，而旋转的套圈则承受摆动负荷。

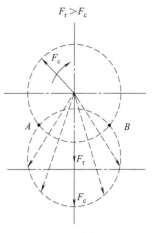

图 7-7　径向负荷的合成

　　轴承套圈承受的负荷形式不同，选择轴承结合的松紧程度也不同。承受固定载荷的套圈应选较松的过渡配合或较紧的间隙配合，以便使套圈滚道间的摩擦力矩带动套圈转位，使套圈磨损均匀，延长轴承的使用寿命。承受旋转负荷的套圈应选过盈配合或较紧的过渡配合，其过盈量的大小以不使套圈与轴颈或外壳孔配合表面产生爬行现象为原则。承受摆动载荷的套圈，其配合可与旋转载荷相同或稍松。

(2) 负荷的大小

　　向心轴承载荷的大小用径向当量动载荷 P_r 与径向额定动载荷 C_r 的比值区分。$P_r/C_r \leqslant 0.07$ 为轻载荷；$0.07 < P_r/C_r \leqslant 0.15$ 为正常载荷；$P_r/C_r > 0.15$ 为重载荷。承受重载荷或冲击载荷的套圈容易产生变形，使结合面受力不均匀，引起配合松动，应选较紧的配合；承受轻载荷的套圈可选较松的配合。

(3) 径向游隙

　　按照《滚动轴承　游隙　第 1 部分：向心轴承的径向游隙》（GB/T 4604.1—2012）的规定，轴承的径向游隙分为 2、N、3、4、5 五组，游隙的大小依次由小到大，N 组为基本组。

　　若轴承工作时游隙过大，会使轴产生较大的径向跳动和轴向窜动，轴承随之产生振动和噪声；游隙过小又会使轴承滚动体与套圈之间产生较大接触应力，引起轴承摩擦发热而降低寿命。

　　在常温下工作的轴承且配合松紧适中，选择 N 组游隙轴承即可。若因重载荷轴承内圈配合过盈量较大时，应选择大于 N 组游隙的轴承。

(4) 其他因素

　　轴承工作时，由于摩擦发热和其他热源的影响，套圈的温度高于与其配合零件的温度。因此，轴承内圈与轴的配合可能变松；外圈与外壳孔的配合可能变紧，从而影响轴承的轴向游隙，所以轴承的工作温度较高时，应对选用的配合进行适当的修正。

　　为使轴承的安装与拆卸方便，对重型机械用的大型或特大型的轴承，宜采用较松的配合。

　　随着轴承尺寸的增大，过盈配合的过盈应随之增大，间隙配合的间隙也随之增大。

　　当轴承的旋转速度较高，又在冲击振动载荷下工作时，轴承与轴颈及外壳孔的配合最好都选过盈配合。

　　对剖分式外壳，为防止安装变形，外圈配合应松些。

　　轴颈和外壳孔的公差等级应随轴承的公差等级、旋转精度和运动平稳性要求的提高而提高。与 0、6 两个精度等级的轴承相配合的轴颈和外壳孔的公差等级，一般分别为 IT6 和 IT7。

　　综上所述，影响滚动轴承配合选用的因素很多，通常难以用计算法确定，所以在实际设计时常采用类比法。表 7-2 和表 7-3 所示分别是安装不同类型轴承的轴颈和外壳孔的公差带选择，可供设计时参考。

表 7-2　安装不同类型轴承的轴颈公差带

内圈工作条件		应用举例	向心球轴承和角接触球轴承	圆柱滚子轴承和圆锥滚子轴承	调心滚子轴承	轴颈公差带
旋转状态	负荷类型		轴承公称内径/mm			
圆柱孔轴承						
内圈相对于负荷方向旋转或摆动	轻负荷	电器、仪表、机床主轴、精密机械、泵、通风及传送带	≤18 ＞18～100 ＞100～200 —	— ≤40 ＞40～140 ＞140～200	— ≤40 ＞40～140 ＞140～200	h5 j6① k6① m6①
	正常负荷	一般机械、电动机、涡轮机、泵、内燃机、变速箱、木工机械	≤18 ＞18～100 ＞100～140 ＞140～200 ＞200～280 — — —	≤40 ＞40～100 ＞100～140 ＞140～200 ＞200～400 — —	— ≤40 ＞40～65 ＞65～100 ＞100～140 ＞140～280 ＞280～500 ＞500	j5 k5② m5② m6 n6 p6 r6 r7
	重负荷	铁路车辆和电车的轴箱、牵引电动机、轧机、破碎机等重型机械	— — —	＞50～140 ＞140～200 ＞200	＞50～100 ＞100～140 ＞140～200 ＞200	n6③ p6③ r6③ r7③
内圈相对于负荷方向静止	各类负荷	静止轴上的各种轮子内圈必须在轴向容易移动	所有尺寸			g6①
		张紧滑轮、绳索轮内圈不需在轴向移动	所有尺寸			h6①
纯轴向负荷		所有应用场合	所有尺寸			j6 或 js6
圆锥孔轴承(带锥形套)						
所有负荷		火车和电车的轴箱	装在退卸套上的所有尺寸			h8(IT5)④
		一般机械或传动轴	装在紧定套上的所有尺寸			h9(IT7)⑤

① 对精度有较高要求的场合，应选用 j5、k5……分别代替 j6、k6……。
② 单列圆锥滚子轴承和单列角接触球轴承其内部游隙的影响不甚重要，可用 k6 和 m6 分别代替 k5 和 m5。
③ 应选用轴承径向游隙大于基本组游隙的滚子轴承。
④ 凡有较高的精度或转速要求的场合，应选用 h7，轴颈形状公差为 IT5。
⑤ 尺寸≥500mm 时轴颈形状公差为 IT7。

7.3.2　轴颈和外壳孔的几何精度和表面粗糙度

　　轴颈和外壳孔的尺寸精度确定后，若存在较大的形状误差，则会引起套圈变形。因此，对轴颈和外壳孔除应采用包容要求外，还必须规定更严格的圆柱度公差；轴肩和外壳肩端面是轴承的轴向定位面，若存在较大的位置误差，则会导致套圈产生倾斜，影响到轴承的旋转精度，所以也必须规定轴向圆跳动公差。圆柱度和轴向圆跳动的公差值的选取可参照附表 7-1。

　　轴颈和外壳孔的表面粗糙度幅度参数值过大时会影响到结合面间的配合性质，因此对表面粗糙度也必须加以限定。表面粗糙度参数值的选取可参照附表 7-2。

表 7-3 安装向心轴承和角接触轴承的外壳孔公差带

外圈工作条件				应用举例	外壳孔公差带[2]
旋转状态	负荷类型	轴向位移的限度	其他情况		
外圈相对于负荷方向静止	轻、正常和重负荷	轴向容易移动	轴处于高温场合	烘干筒、有调心滚子轴承的大电动机	G7
			剖分式外壳	一般机械、铁路车辆轴箱	H7[1]
	冲击负荷	轴向能移动	整体式或剖分式外壳	铁路车辆轴箱轴承	J7[1]
外圈相对于负荷方向摆动	轻和正常负荷			电动机、泵、曲轴主轴承	K7[1]
	正常和重负荷	轴向不移动	整体式外壳	电动机、泵、曲轴主轴承	M7[1]
	重冲击负荷			牵引电动机	M7[1]
外圈相对于负荷方向旋转	轻负荷			张紧滑轮	N7[1]
	正常和重负荷			装有球轴承的轮	P7[1]
	重冲击负荷		薄壁、整体式外壳	装有滚子轴承的轮毂	

① 对精度有较高要求的场合,应选用 P6、N6、M6、K6、J6 和 H6 分别代替 P7、N7、M7、K7、J7 和 H7,并应同时选用整体式外壳。

② 对于轻合金外壳,应选用比钢或铸铁外壳较紧的配合。

7.3.3 图样标注

在装配图上标注滚动轴承与轴颈和外壳孔的配合时,只需标注轴颈和外壳孔的公差带代号,如图 7-8 (a) 所示。轴颈和外壳孔的几何公差和表面粗糙度标注如图 7-8 (b) 所示。

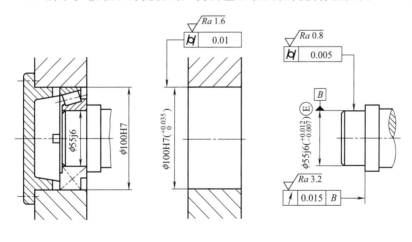

(a) 装配图上的标注　　　　(b) 外壳孔和轴颈的标注

图 7-8　滚动轴承配合的标注示例

7.3.4 设计举例

下面通过减速器输出轴的滚动轴承为例进行分析和选用。

[例 7-1] 已知某减速器的功率为 5kW,从动轴转速为 83r/min,其两端的轴承为

30211 圆锥滚子轴承（$d=55\text{mm}$，$D=100\text{mm}$），该轴承的当量径向动负荷 P_r 为 2400N，额定动负荷 C_r 为 90800N。试确定轴颈和外壳孔的公差带代号（尺寸极限偏差）、几何公差值和表面粗糙度参数值，并将它们分别标注在装配图和零件图上。

解： ① 减速器属于一般机械，轴承转速不高，所以选用 P0 级轴承。

② 该轴承承受定向负荷的作用，内圈与轴一起旋转，外圈安装在剖分式壳体中，不旋转。因此，内圈承受旋转负荷，它与轴颈的配合应较紧；外圈承受静止负荷，它与外壳孔的配合应较松。

③ 按该轴承的工作条件，$P_r/C_r=0.026$，故轴承的负荷类型属于轻负荷。

④ 按轴承工作条件，从表 7-2 和表 7-3 选取轴颈公差带为 $\phi55\text{j}6$（基孔制配合），外壳孔公差带为 $\phi100\text{H}7$（基轴制配合）。

⑤ 按附表 7-1 选取几何公差值。轴颈圆柱度公差 0.005mm，轴肩端面圆跳动公差 0.015mm；外壳孔圆柱度公差 0.01mm。

⑥ 按附表 7-2 选取轴颈和外壳孔的表面粗糙度参数值。轴颈 $Ra\leqslant0.8\mu\text{m}$，轴肩端面 $Ra\leqslant3.2\mu\text{m}$。外壳孔 $Ra\leqslant1.6\mu\text{m}$。

⑦ 将确定好的上述公差标注在图样上，见图 7-8。由于滚动轴承是外购的标准部件，因此，在装配图上只需注出轴颈和外壳孔的公差带代号，见图 7-8（a）。外壳孔和轴径尺寸公差、几何公差和表面粗糙度的标注见图 7-8（b）。

习　题

一、思考题

1. 滚动轴承的精度等级是如何划分的？哪些等级应用最广？

2. 滚动轴承与轴颈和外壳孔的配合采用了何种配合制？其理由是什么？

3. 滚动轴承内、外径公差带有什么特点？

4. 在确定与滚动轴承配合的轴颈和外壳孔的尺寸精度时，主要应考虑哪些因素？

5. 轴承套圈承受的径向负荷有哪三种类型？其配合的松紧程度有何不同？

6. 定滑轮上安装的滚动轴承，其内圈和外圈承受的负荷形式分别是什么？

7. 什么是当量径向动负荷？什么是额定动负荷？如何界定径向负荷的大小？

8. 与滚动轴承配合的轴颈和外壳孔为何要规定严格的圆柱度公差和轴向圆跳动公差？

9. 滚动轴承与轴颈和外壳孔的配合在装配图上如何标注？

10. 滚动轴承的工作温度较高时，与轴颈和外壳孔的配合应该如何修正？

二、练习题

1. 某减速器中使用 0 级滚动轴承，内径为 $\phi35\text{mm}$，外径为 $\phi72\text{mm}$，额定动负荷为 19700N，工作时外圈固定，内圈旋转，轴的转速为 980r/min，承受的径向负荷为 1300N，试确定与轴承配合的轴颈和外壳孔的尺寸公差、几何公差和表面粗糙度，并分别标注在如习题图 7-1 所示装配图和零件图上。

2. 与 6 级 6309 滚动轴承（内径 $\phi45_{-0.010}^{\ 0}\text{mm}$，外径 $\phi100_{-0.013}^{\ 0}\text{mm}$）配合的轴颈公差带为 j5，外壳孔公差带为 H6，试画出这两对配合的孔、轴公差带图，并计算其极限过盈或极限间隙。

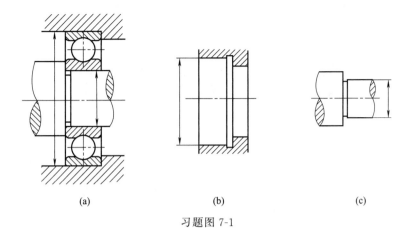

（a）　　　　　　　　　　（b）　　　　　　　　　　（c）

习题图 7-1

第8章
键和花键结合的精度设计

键和花键结合在机器中有着广泛的应用，主要用来联结轴和轴上的传动件（齿轮、带轮、联轴器等），以传递转矩。当轴与传动件之间有轴向相对运动时，键还起着导向作用（如变速箱中变速齿轮花键孔和花键轴的联结）。

花键分为矩形花键和渐开线花键两种，以矩形花键应用最多。本节主要介绍平键结合的精度设计和花键结合的精度设计。

8.1 平键结合的精度设计

8.1.1 平键结合的特点

单键分为平键、半圆键和楔键等。平键结合制造简单、拆装方便，因而应用最为广泛。

平键结合由平键、轴键槽和轮毂键槽（孔键槽）等三部分组成，如图 8-1 所示，通过键的侧面和轴键槽及轮毂键槽的侧面结合来传递转矩。在键结合中，键和轴键槽、轮毂键槽的宽度 b 是配合尺寸，规定有严格的公差；键高 h、键长 L 为非配合尺寸，相应的尺寸精度要求较低。

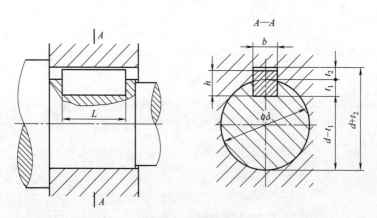

图 8-1　平键结合

平键是由型钢制成的标准件，因此在键与轴键槽和轮毂键槽的配合中应采用基轴制。

轴键槽和轮毂键槽的位置误差对配合影响较大，必须对其对称度加以控制。

8.1.2 平键结合的精度设计

(1) 配合尺寸的公差带及结合种类

目前，平键结合精度已实现标准化。《平键 键槽的剖面尺寸》（GB/T 1095—2003）规定的键和键槽宽度公差带均从《产品几何技术规范（GPS）极限与配合 公差带和配合的选择》（GB/T 1801—2009）中选取。键宽公差带为 h8，对轴键槽和轮毂键槽分别规定了三种公差带，以满足不同用途的需要，如图 8-2 所示。

键和键槽宽度公差带形成三类结合形式，即较松结合、正常结合和紧密结合，三种类型结合形式及应用如表 8-1 所示。

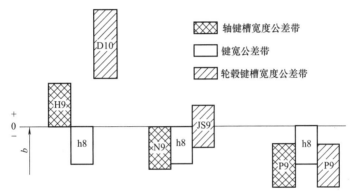

图 8-2 平键结合的公差带

表 8-1 平键结合的三种类型结合形式及应用

结合形式	宽度 b 的公差带			应用
	键	轴键槽	轮毂键槽	
较松结合		H9	D10	用于导向平键,轮毂可在轴上移动
正常结合	h8	N9	JS9	键在轴键槽与轮毂键槽中均固定,用于载荷不大的场合
紧密结合		P9	P9	键在轴键槽与轮毂键槽中均牢固地固定,用于载荷较大、有冲击和双向转矩的场合

(2) 非配合尺寸的公差带

键宽 b 的基本尺寸和非配合尺寸（t_1，t_2，$d-t_1$，$d+t_2$）及其极限偏差在 GB/T 1095—2003 中也作了具体规定，见附表 8-1。

键高 h 的公差带为 h11；键长 L 公差带为 h14；轴槽长度 L 的公差带为 H14。

(3) 键槽的几何公差

键和键槽配合的松紧程度不仅取决于配合尺寸的公差带，还与结合面的几何误差有关，因此还需规定键槽两侧面的中心平面对以其轴线为基准轴线的对称度。对称度公差等级可按《形状和位置公差 未注公差值》（GB/T 1184—1996）选取为 7～9 级。根据功能要求不同，对称度公差与键槽宽度公差的关系以及与孔、轴尺寸公差的关系可以采用独立原则（见图 8-3），或者采用最大实体要求（见图 8-4）。

(4) 表面粗糙度

键槽宽度两侧面的表面粗糙度参数 Ra 的上限值一般取 1.6～3.2μm，键槽底部的 Ra

上限值一般取 $6.3\mu m$。

(5) 图样标注

以上相关公差要求，可按图 8-3、图 8-4 所示进行标注。

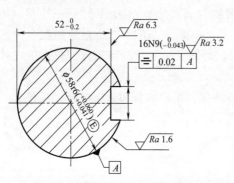

图 8-3 轴键槽尺寸及公差标注

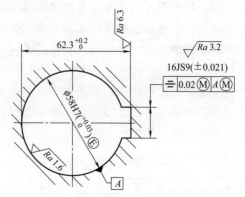

图 8-4 轮毂键槽尺寸及公差标注

8.2 花键结合的精度设计

8.2.1 花键结合特点

花键结合是由一对相互包容的内、外花键形成的结合，在机械中被广泛应用于实现联结、承载和传动等功能。

根据键齿和齿槽的形状，花键结合主要可以分为矩形花键和渐开线花键两种。矩形花键结合出现较早，且已形成一整套专用的刀具、机床和量规系列，以及完善的设计方法和标准尺寸系列，至今仍被广泛采用。渐开线花键结合是一种更为先进的花键结合，其制造工艺和使用功能更优于矩形花键结合，所以在航空、汽车等行业得到应用后，已逐渐形成了替代矩形花键结果的趋势。

8.2.2 矩形花键结合的精度设计

矩形花键的尺寸有小径 d、大径 D 和键宽（键槽宽）B 等，如图 8-5 所示，通常以小径 d 作为内、外花键配合的定心直径，并以键宽（键槽宽）B 的配合传递载荷或运动，大径配合具有较大的间隙，不影响结合的使用功能。

(1) 尺寸公差带及装配形式

矩形花键的装配形式分为滑动、紧滑动和固定三种。按照精度高低，这三种装配形式各分为一般用途和精密传动两种。内、外花键的小径 d、大径 D 和键宽（键槽宽）B 的尺寸公差带与装配形式见表 8-2。为减少花键加工刀具和检验量具的

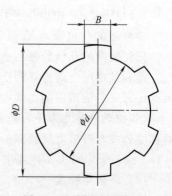

图 8-5 矩形花键的尺寸

品种、规格，矩形花键的小径 d、大径 D 和键宽（键槽宽）B 均采用基孔制的间隙配合。为保证定心精度，标准规定小径采用包容要求。

表 8-2 内、外花键的小径 d、大径 D 和键宽（键槽宽）B 尺寸公差带与装配形式

内花键				外花键			装配形式
d	D	B		d	D	B	
		拉削后不热处理	拉削后热处理				
一般用途							
H7	H10	H9	H11	f7	a11	d10	滑动
				g7		f9	紧滑动
				h7		h10	固定
精密传动							
H5	H10	H7、H9		f5	a11	d8	滑动
				g5		f7	紧滑动
				h5		h8	固定
H6				f6		d8	滑动
				g6		f7	紧滑动
				h6		h8	固定

注：1. 精密传动用的内花键，当需要控制键侧配合间隙时，槽宽可选用 H7，一般情况下选用 H9。

2. d 为 H6 和 H7 的内花键，允许与提高一级的外花键配合。

（2）几何公差

为控制键槽和键齿圆周分布的误差，应规定键槽和键齿中心平面对小径轴线的位置度公差。考虑到花键结合的配合功能需要，提高制造过程的经济性，便于使用功能量规进行综合检验，键槽和键齿中心平面对小径轴线的位置度公差均采用最大实体要求，且最大实体要求也应用于基准要素，如图 8-6 所示，位置度公差值见附表 8-2。

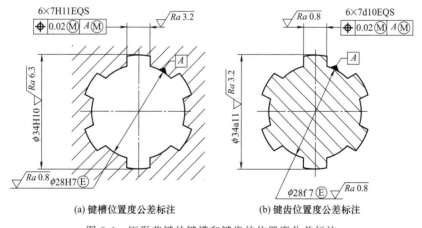

图 8-6 矩形花键的键槽和键齿的位置度公差标注

对于单件小批量生产，不采用功能量规检验时，键槽和键齿的圆周分布误差可以用对称度公差和等分度公差分别控制，并遵守独立原则。在图样上用框格标注对称度公差（图 8-7），用文字说明等分度公差要求。对称度公差值见附表 8-2，等分度公差值等于对称度公差值。

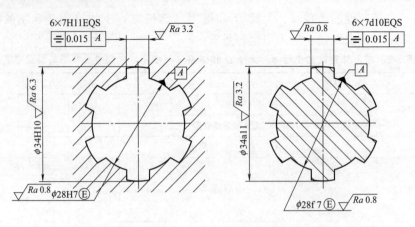

(a) 键槽对称度公差标注　　　　(b) 键齿对称度公差标注

图 8-7　矩形花键的键槽和键齿的对称度公差标注

(3) 表面粗糙度

矩形花键的表面粗糙度参数 Ra 的上限值推荐如下。

内花键：小径表面不大于 $0.8\mu m$，键槽侧面不大于 $3.2\mu m$，大径表面不大于 $6.3\mu m$。

外花键：小径表面不大于 $0.8\mu m$，键槽侧面不大于 $0.8\mu m$，大径表面不大于 $3.2\mu m$。

(4) 矩形花键的标记

矩形花键的标记代号应按顺序包含以下内容：键数 N，小径 d、大径 D、键宽 B 的基本尺寸及公差带代号和标准号。

[例 8-1]　花键 $N=6$，$d=23\text{H7/f7}$，$D=26\text{H10/a11}$，$B=6\text{H11/d10}$ 的标记为

花键规格：$N \times d \times D \times B$

$\qquad\qquad 6 \times 23 \times 26 \times 6$

花键副：$6 \times 23\,\dfrac{\text{H7}}{\text{f7}} \times 26\,\dfrac{\text{H10}}{\text{a11}} \times 6\,\dfrac{\text{H11}}{\text{d10}}$　　GB/T 1144

内花键：$6 \times 23\text{H7} \times 26\text{H10} \times 6\text{H11}$　　　GB/T 1144

外花键：$6 \times 23\text{f7} \times 26\text{a11} \times 6\text{d10}$　　　GB/T 1144

8.2.3　渐开线花键结合的精度设计

(1) 基本参数

渐开线花键的主要几何参数有模数、压力角、大径、小径、分度圆直径、齿距、齿厚（或齿槽宽）等，如图 8-8 所示。

渐开线花键是由内、外花键的齿侧渐开面形成配合来实现功能要求的。渐开线花键的大径圆柱面和小径圆柱面形成具有较大最小间隙的间隙配合，它与功能要求无关。

(2) 齿槽宽和齿厚的公差

渐开线花键规范规定内花键的齿槽宽只有基本偏差代号为 H 的一种标准公差带位置，外花键的齿厚有基本偏差代号为 k、js、h、f、e 和 d 等 6 种标准公差带位置，如表 8-3 所示。齿槽宽和齿厚还规定了 4、5、6 和 7 级共四个标准公差等级，从而构成多种标准公差

带。渐开线花键配合也采用基孔制配合。

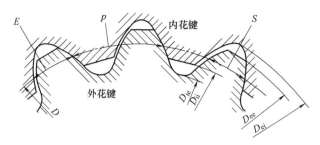

图 8-8　渐开线花键的主要几何参数

D—分度圆直径；E—分度圆齿槽宽；p—齿距；S—分度圆齿厚；

D_{ii}、D_{ie}—内外花键小径基本尺寸；D_{ei}、D_{ee}—内外花键大径基本尺寸

表 8-3　渐开线花键的齿槽宽和齿厚的标准公差带

内花键	外花键					
	基本偏差					
H	k	js	h	f	e	d
	$es_v=k+(T+\lambda)$	$es_v=\dfrac{T+\lambda}{2}$	$es_v=h$	$es_v=f$	$es_v=e$	$es_v=d$
	有最大作用过盈		最小作用间隙为零	有最小作用间隙		

由于渐开线花键的齿形误差、齿距偏差和齿向误差都会使外花键的作用齿厚 S_v 大于其实际齿厚 S_a 或使内花键的作用齿槽宽 E_v 小于其实际齿槽宽 E_a，所以，标准给出的齿厚或槽宽的公差是总公差。总公差等于加工公差（尺寸公差）T 和综合公差 λ 之和。加工公差 T 是内花键的实际齿槽宽 E_a 或外花键的实际齿厚 S_a 的允许变动量；综合公差 λ 是根据齿距累积误差、齿形（廓）误差和齿向（线）误差对花键配合的综合影响而规定的公差。渐开线花键各标准公差等级的总公差（$T+\lambda$）、综合公差（λ）、齿距累积公差（F_p）和齿形公差（F_a）的数值由《圆柱直齿渐开线花键（米制模数 齿侧配合）第 1 部分：总论》（GB/T 3478.1—2008）规定。

与实际内花键形成无间隙（也无过盈）配合（大径和小径处具有保证间隙）的理想外花键的齿厚，称为内花键的作用齿槽宽 E_v；与实际外花键形成无间隙（也无过盈）配合（大

径和小径处具有保证间隙）的理想内花键的齿槽宽，称为外花键的作用齿厚 S_v。

根据功能要求、工艺条件和检测规范，渐开线花键配合尺寸（齿厚 S 和齿槽宽 E）可以采用两种不同的检测方法：分别控制和综合控制。

分别控制是通过作用齿厚或作用齿槽宽控制渐开线齿面的形状和位置误差（齿形误差、齿向误差、齿距累积误差），同时控制实际齿厚或实际齿槽宽。

对于内花键，作用齿槽宽和实际齿槽宽分别不超出各自的最大、最小极限尺寸，即

$$E_{vmax} > E_v > E_{vmin}$$

$$E_{max} > E_a > E_{min}$$

对于外花键，作用齿厚和实际齿厚分别不超出各自的最大、最小极限尺寸，即

$$S_{vmax} > S_v > S_{vmin}$$

$$S_{max} > S_a > S_{min}$$

渐开线花键配合尺寸（齿厚和齿槽宽）的控制如图 8-9 所示。

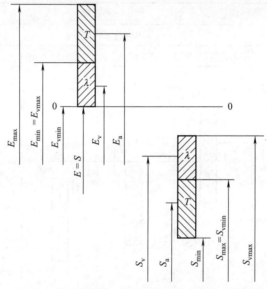

图 8-9　渐开线花键配合尺寸（齿厚和齿槽宽）的控制

综合控制是控制作用齿厚或作用齿槽宽不超出其最大实体尺寸，且实际齿厚或实际齿槽宽不超出其最小实体尺寸，即

对于内花键　$E_{max} > E_a$，且 $E_v > E_{vmin}$

对于外花键　$S_{max} > S_a$，且 $S_v > S_{vmin}$

也就是说，花键齿面的尺寸和几何公差采用包容要求。

渐开线花键各种基本偏差的作用齿槽宽 E_v（下偏差）和作用齿厚 S_v（上偏差）由《圆柱直齿渐开线花键（米制模数 齿侧配合）第 1 部分：总论》（GB/T 3478.1—2008）规定。附表 8-2 给出了矩形花键键槽和键齿的位置度公差值与对称度公差值。

（3）其他尺寸公差

渐开线花键的大径圆柱面和小径圆柱面形成具有较大最小间隙的间隙配合，它与功能要求无关。

外花键大径和小径的基本偏差为 d、f、h、js 和 k，公差等级为 10、11、12 级；内花键

小径公差带为 H10、H11 和 H12 三种。

(4) 图样标记

在有关图样和技术文件中需要标记时，应符合如下规定：

内花键：INT；

外花键：EXT；

花键副：INT/EXT；

齿数：z（前面加齿数值）；

模数：m（前面加模数值）；

30°平齿根：30P；

30°圆齿根：30R；

37.5°圆齿根：37.5；

45°圆齿根：45；

45°直线齿形圆齿根：45ST；

公差等级：4、5、6 和 7；

配合类别：H（内花键），k、js、h、f、e 和 d（外花键）；

标准号：GB/T 3478.1。

标记示例：

假设：花键副、齿数 24、模数 2.5、30°圆齿根、公差等级 5 级、配合类别 H/h，则：

花键副：INT/HXT $24z \times 2.5m \times 30R \times 5H/5h$　GB/T 3478.1

内花键：INT $24z \times 2.5m \times 30R \times 5H$　GB/T 3478.1

外花键：ENT $24z \times 2.5m \times 30R \times 5h$　GB/T 3478.1

习　　题

一、思考题

1. 普通平键结合中，主要配合尺寸是什么？采用何种配合制？为什么？

2. 平键与轴键槽、轮毂键槽规定的公差带可形成哪三类配合？各适用于什么场合？

3. 规定轴键槽和轮毂键槽中心平面对轴线的对称度的目的是什么？

4. 根据键齿和齿槽的形状不同，花键结合可分为哪两种形式？

5. 渐开线花键结合具有哪些特点？其精度如何规定？

6. 国家标准规定矩形花键配合的定心方式是什么？配合尺寸有哪些？

7. 矩形花键的装配形式可分为哪几种？

8. 矩形花键的小径为什么要采用包容要求？

9. 矩形花键结合采用的配合制是什么？若花键轴存在位置误差，会导致什么结果？若花键孔存在位置误差，会导致什么结果？

二、练习题

1. 二级齿轮减速器的中间轴与齿轮孔采用平键结合，齿轮孔径为 $\phi40mm$，键宽 14mm。试确定轴槽和轮毂槽的有关尺寸公差、几何公差和表面粗糙度参数允许值，并把它们标注在习题图 8-1 所示的图样上。

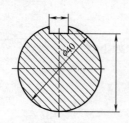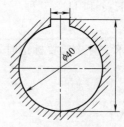

习题图 8-1

2. 某矩形花键副装配图上的配合代号是：$6 \times 28 \dfrac{H7}{f7} \times 34 \dfrac{H10}{a11} \times 7 \dfrac{H11}{d10}$，试解释其标注的含义，并给出内花键零件图和外花键零件图上应标注的尺寸公差带代号。

3. 某花键副的齿数为 18，模数为 2.5mm，内花键为 30°标准压力角、平齿根，公差等级为 6 级；外花键为 30°标准压力角、圆齿根，公差等级为 5 级，配合类别为 H/h，试给出装配图、内花键零件图和外花键零件图上的标注代号。

第9章
螺纹结合和螺旋传动的精度设计

9.1 概述

9.1.1 螺纹的种类及使用要求

螺纹联接在机电产品中的应用极广，按照用途螺纹可分为下列三类。

(1) 普通螺纹

普通螺纹通常称为紧固螺纹，主要用于联接和紧固各种机械零部件，如用螺栓和螺母联接并紧固两个联轴器套。这类螺纹使用时应具有良好的旋合性（内、外螺纹的旋入性及配合性质）和一定的联接强度。

(2) 传动螺纹

传动螺纹通常用于传递动力和位移，如机床传动丝杠和量仪测微螺杆上的螺纹。这类螺纹使用时应具有传递动力的可靠性、传递位移的准确性和一定的间隙。

(3) 紧密螺纹

紧密螺纹用于密封联接，使两个零件配合紧密而无泄漏，具有一定的过盈，以保证不漏气、不漏液体。

本章仅阐述普通螺纹与传动螺纹的精度设计。

9.1.2 螺纹的基本牙型和几何参数

根据功能要求的不同，形成螺纹结合的螺旋面可以有三角形、梯形、矩形、锯齿形等不同的牙型。

(1) 螺纹的基本牙型

螺纹牙型是指在通过螺纹轴线的剖面上的螺纹轮廓形状。

普通螺纹的基本牙型如图 9-1 中粗实线所示。它是在高为 H 的原始三角形上截去顶部和底部形成的。该牙型具有螺纹的基本尺寸。

(2) 螺纹的几何参数

普通螺纹有以下几个主要几何参数（见图 9-1）。

① 大径 D、d。

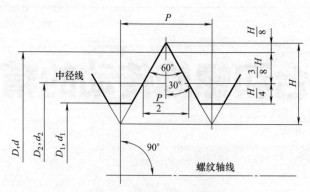

图 9-1 普通螺纹的基本牙型

大径是与外螺纹牙顶或内螺纹牙底相重合的假想圆柱面的直径。对于外螺纹，大径 d 为其顶径；对于内螺纹，大径 D 为其底径。

大径是普通螺纹的公称直径，而且内、外螺纹大径的基本尺寸是相等的，即 $D=d$。

② 小径 D_1、d_1。

小径是与外螺纹牙底或内螺纹牙顶相重合的假想圆柱面的直径。对于外螺纹，小径 d_1 为其底径；对于内螺纹，小径 D_1 为其顶径。

普通螺纹的内、外螺纹小径的基本尺寸也是相等的，即

$$D_1=d_1=D-2\times 5H/8 \tag{9-1}$$

③ 中径 D_2、d_2。

中径是一个假想圆柱的直径，该圆柱的母线通过螺纹牙型上沟槽宽度和凸起宽度相等的地方，此假想圆柱称为中径圆柱。中径圆柱的轴线即螺纹的轴线，中径圆柱的母线称为"中径线"。

中径的大小决定了螺纹牙侧的径向位置。

普通螺纹的内、外螺纹中径的基本尺寸也是相等的，即

$$D_2=d_2=D-2\times 3H/8 \tag{9-2}$$

在螺纹结合中，中径是一个重要的几何参数。

④ 螺距 P 与导程。

螺距是螺纹相邻两牙在中径线上对应两点间的轴向距离。

导程是同一螺旋线上的相邻两牙在中径线上对应两点间的轴向距离。对于单线螺纹，导程与螺距相同；对于多线螺纹，导程为螺距与螺纹线数的乘积。

螺距的大小决定了螺纹牙侧的轴向位置。相互结合的内、外螺纹的基本螺距是相等的。

螺距是螺纹结合的主要特征参数之一。

⑤ 牙型角 α 和牙侧角 $\alpha/2$。

牙型角是螺纹牙型上相邻两牙侧间的夹角；牙侧角是对称螺纹牙型的牙侧与螺纹轴线的垂线间的夹角。

普通螺纹的牙型角 $\alpha=60°$，牙侧角 $\alpha/2=30°$。

牙侧角决定了螺纹牙侧对螺纹轴线的方向，也是螺纹结合的主要特征参数之一。

⑥ 螺纹的旋合长度。

螺纹的旋合长度是两个相互结合的螺纹沿螺纹轴线方向相互旋合部分的长度。

9.2 普通螺纹结合的精度设计

9.2.1 普通螺纹几何参数误差对互换性的影响

螺纹的几何精度首先应满足互换性原则。对于普通螺纹，就必须保证良好的旋合性和一定的联接强度。由于螺纹的大径和小径处均留有间隙，一般不会影响其配合性质；而内、外螺纹联接就是依靠它们旋合后牙间接触的均匀性来实现的。因此，影响螺纹互换性的主要几何参数是中径、螺距和牙侧角。现分别说明如下。

(1) 中径偏差的影响

螺纹实际直径的大小直接影响螺纹结合的松紧。要保证螺纹结合的旋合性，就必须使内螺纹的实际直径大于或等于外螺纹的实际直径。由于相配合的内、外螺纹的基本尺寸相等，因此，使内螺纹的实际直径大于或等于其基本尺寸（即内螺纹直径的实际偏差为正值），而外螺纹的实际直径小于或等于其基本尺寸（即外螺纹直径的实际偏差为负值），就能保证内、外螺纹结合的旋合性。但是，内螺纹实际小径不能过大，外螺纹实际大径不能过小，否则会使螺纹的接触高度减小，导致螺纹的连接强度不足。内螺纹实际中径也不能过大，外螺纹实际中径也不能过小，否则将削弱螺纹的连接强度。所以，必须限制螺纹直径的实际尺寸，使之不过大，也不过小。

在螺纹三个直径参数中，中径的实际尺寸影响是主要的，它直接决定了螺纹结合的配合性质。中径偏差是指实际中径与其公称中径之差，即

$$\Delta D_2 = D_{2a} - D_2 \qquad\qquad \Delta d_2 = d_{2a} - d_2$$

除特殊螺纹外，内、外螺纹仅在螺牙侧面接触，而在顶径和底径处留有间隙。因顶径与底径都是限制性尺寸，故决定螺纹旋合性的直径为中径。中径也是决定螺纹配合性质的主要参数，因此，对中径偏差必须加以限制。为保证旋合性，对于普通螺纹，内螺纹最小中径应大于或等于外螺纹的最大中径。

(2) 螺距偏差的影响

螺距偏差分为单个螺距偏差和螺距累积偏差。单个螺距偏差是指在螺纹全长上，任意单个实际螺距对公称螺距之差，它与旋合长度无关；螺距累积偏差是指在规定长度（如旋合长度）内任意两同名牙侧在中径线上的实际距离对其公称距离之差。

螺距偏差主要由加工刀具（丝锥、板牙等）本身的螺距偏差或机床传动链的运动误差造成。

对于螺纹结合，螺距偏差将影响螺纹的旋合性。当相互结合的内、外螺纹的实际中径相等时，由于存在螺距偏差，内、外螺纹的牙型将发生干涉，并使载荷集中在少数牙侧上，影响螺纹结合的可靠性和承载能力。

如图 9-2 所示，假设内螺纹具有理想牙型，与其相配合的外螺纹仅存在螺距偏差（即内、外螺纹的中径和牙侧角分别相等），且螺距 $P_{外}$ 稍大于理想螺纹的螺距 P，则在几个螺牙的旋合长度内，外螺纹的轴向距离 $L_{外} = nP_{外}$，而内螺纹的轴向距离 $L_{内} = nP$。因此外螺纹的螺距累积偏差 $\Delta P_{\Sigma} = nP_{外} - nP$。

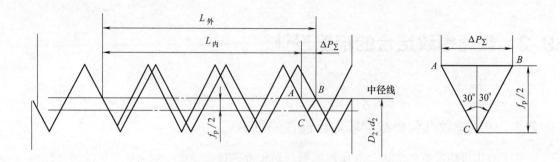

图 9-2　螺距累积偏差的中径当量

由于螺距累积偏差 ΔP_Σ 的存在，使内、外螺纹牙侧产生干涉而不能旋合。

为了使具有 ΔP_Σ 的外螺纹能够旋入理想的内螺纹，就必须使外螺纹的中径减小一个数值 f_p（见图 9-2）。同理，在几个螺牙的旋合长度内，内螺纹存在 ΔP_Σ 时，为了保证旋入性，就必须将内螺纹的中径增大一个数值 F_p。f_p（或 F_p）称为螺距累积偏差的中径当量。由图 9-2 的 $\triangle ABC$ 可得 f_p 值与 ΔP_Σ 的关系式

$$f_p（或 F_p）=1.732\,|\Delta P_\Sigma|\qquad(9\text{-}3)$$

式中，f_p（或 F_p）与 ΔP_Σ 的单位相同。

（3）牙侧角偏差的影响

根据前述牙侧角的定义可知，螺纹的牙型角正确，牙侧角不一定正确，而牙侧角偏差会直接影响螺纹的旋合性和牙侧接触面积，因此，对其也应加以限制。假设内、外螺纹的实际中径相等，但牙侧角不相等，内、外螺纹的牙侧发生干涉，它们也不能自由旋合。为讨论方便，设内螺纹具有理想牙型，外螺纹的中径和螺距与内螺纹相同，仅有牙侧角偏差，如图 9-3 所示，图中阴影部分就是干涉部分。

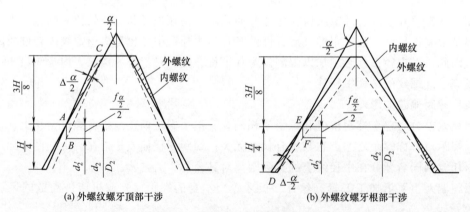

(a) 外螺纹螺牙顶部干涉　　　　　　(b) 外螺纹螺牙根部干涉

图 9-3　牙侧角偏差的中径当量

图 9-3 中，牙侧角偏差 $\Delta\dfrac{\alpha}{2}$ 是指实际牙侧角 $\dfrac{\alpha'}{2}$ 与公称牙侧角 $\dfrac{\alpha}{2}$ 之差，即 $\Delta\dfrac{\alpha}{2}=\dfrac{\alpha'}{2}-\dfrac{\alpha}{2}$。当 $\Delta\dfrac{\alpha}{2}<0$ 时，如图 9-3（a）所示，干涉发生在外螺纹的螺牙顶部；当 $\Delta\dfrac{\alpha}{2}>0$ 时，如图 9-3（b）所示，干涉发生在外螺纹的螺牙根部。

为了避免出现图 9-3 所示的干涉现象，就要把内螺纹中径增大 $F_{\frac{\alpha}{2}}$，或者把外螺纹中径

减小 $f_{\frac{a}{2}}$。$f_{\frac{a}{2}}$（或 $F_{\frac{a}{2}}$）称为牙侧角偏差的中径当量。由图 9-3 可得出：

$$f_{\frac{a}{2}} = \frac{1}{2} P \left(K_1 \left| \Delta\left(\frac{\alpha}{2}\right)_{左} \right| + K_2 \left| \Delta\left(\frac{\alpha}{2}\right)_{右} \right| \right) \tag{9-4}$$

式中，$\Delta\left(\frac{\alpha}{2}\right)_{左}$ 为左牙侧角偏差；$\Delta\left(\frac{\alpha}{2}\right)_{右}$ 为右牙侧角偏差；K_1 和 K_2 值：当 $\Delta\frac{\alpha}{2} > 0$ 时取值 0.291；当 $\Delta\frac{\alpha}{2} < 0$ 时取值 0.44。

综上所述，相互结合的内、外螺纹的中径偏差、螺距偏差和牙侧角偏差都会影响普通螺纹的功能要求。但是螺距偏差和牙侧角偏差对旋合性的影响可以通过增大内螺纹的实际中径或减小外螺纹的实际中径的方法予以补偿。

(4) 螺纹作用中径及中径合格性判断

螺纹的体外作用中径（简称作用中径），对于外螺纹，是在规定的旋合长度内，与实际外螺纹外接的最小的理想螺纹的中径；对于内螺纹，是与实际内螺纹内接的最大的理想螺纹的中径。这个理想螺纹具有基本牙型的螺距、牙型半角及牙型高度，并与实际外（内）螺纹外（内）接时在牙顶和牙底处留有间隙，以保证与实际螺纹的大、小径不发生干涉。图 9-4 是普通螺纹的作用中径。

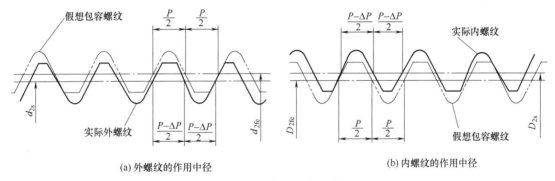

(a) 外螺纹的作用中径　　　　　(b) 内螺纹的作用中径

图 9-4　普通螺纹的作用中径

作用中径反映了实际螺纹的中径偏差、螺距偏差和牙型半角偏差的综合作用。无论螺距偏差和牙型半角偏差为正或负，外螺纹的作用中径总是大于其实际中径，内螺纹的作用中径总是小于其实际中径。

普通螺纹配合规范规定的中径公差是包括中径、螺距和牙型半角三项特征参数的综合公差，其合格条件是实际螺纹的作用中径不超出最大实体中径，以保证旋合性，且实际螺纹上任何部位的实际中径不超出最小实体中径，以保证联结强度，如图 9-5 所示，即

对外螺纹　$d_{2fe} < d_{2max}$ 和 $d_{2a} > d_{2min}$

对内螺纹　$D_{2fe} > D_{2min}$ 和 $D_{2a} < D_{2max}$

由图 9-5 可见，螺纹中径按包容要求判断其合格性，只要求实际牙型不超出最大实体牙型，而不要求实际牙型不超出最小实体牙型。

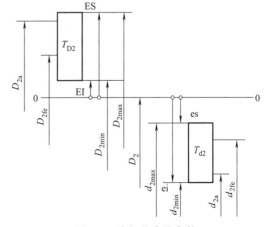

图 9-5　中径的合格条件

9.2.2　普通螺纹精度及选用

(1) 普通螺纹的公差带

标准仅对螺纹的直径规定了公差，而螺距偏差、牙侧角偏差则由中径公差综合控制。为了保证其旋合性和联结可靠性，实际螺纹的牙侧和牙顶必须位于该牙型公差带内，牙底则由加工刀具保证。

普通螺纹的配合由相配内、外螺纹公差带的相对位置确定。螺纹公差带是沿基本牙型的牙侧、牙顶和牙底分布的公差带，由基本偏差和公差两个要素构成，其偏差值沿直径方向度量。

① 螺纹的基本偏差。

基本偏差决定螺纹公差带的位置，标准规定内螺纹有两种基本偏差，其代号分别为 H 和 G（均为下偏差），如图 9-6 所示；外螺纹有八种基本偏差，其代号分别为 a、b、c、d、e、f、g 和 h（均为上偏差），如图 9-7 所示。

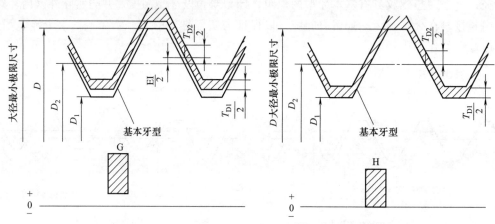

图 9-6　内螺纹公差带

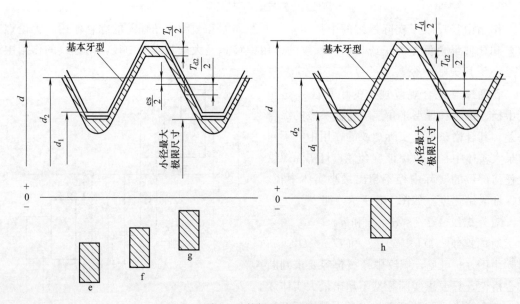

图 9-7　外螺纹公差带

② 螺纹的公差等级。

标准对内、外螺纹的中径和顶径规定了相应的公差等级，见表 9-1。公差等级和基本偏差组成各种标准公差带。

表 9-1　普通螺纹公差等级

螺纹直径	公差等级	螺纹直径	公差等级
内螺纹中径 D_2	4、5、6、7、8	外螺纹中径 d_2	3、4、5、6、7、8、9
内螺纹小径(顶径)D_1	4、5、6、7、8	内螺纹大径(顶径)d_1	4、6、8

由于螺纹底径没有规定公差，则内螺纹大径（D）只规定了下偏差而没有上偏差，外螺纹小径（d_1）只规定了上偏差而没有下偏差。这是因为内螺纹大径（D）的上偏差和外螺纹小径（d_1）的下偏差可以由相应的中径间接控制，不会超出牙型三角形的顶点。

(2) 旋合长度与螺纹精度

螺纹的旋合长度分为三组，分别称为短旋合长度（S）、中等旋合长度（N）和长旋合长度（L），一般采用中等旋合长度。粗牙普通螺纹的中等旋合长度值为 $0.5d \sim 1.5d$，是最常用的旋合长度尺寸。

螺纹旋合长度与螺纹的精度密切相关。旋合长度增加，螺纹的螺距累积偏差可能增加，以同样的中径公差值加工更困难；反之则易于加工。

部分普通螺纹的内、外螺纹基本偏差和顶径公差以及中径公差和旋合长度见附表 9-1 和附表 9-2。

9.2.3　普通螺纹结合精度设计

为了减少刀、量具的规格和数量，提高经济效益，标准规定了若干标准公差带作为内、外螺纹的选用公差带，见表 9-2。除非有特殊要求，不得选择其他公差带。表中只有一个公差带代号的表示中径公差带与顶径公差带是相同的。列出两个公差带代号的，则前者表示中径公差带，后者表示顶径公差带。

由表 9-2 可知，按不同旋合长度给出精密、中等、粗糙三种精度。精密螺纹主要用于要求结合性质变动较小的场合；中等精度的螺纹主要用于一般的机械、仪器和构件；粗糙精度的螺纹主要用于要求不高的场合，如建筑工程、污浊有杂质的装配环境、不重要的连接。对于加工比较困难的螺纹，只要功能要求允许，也可采用粗糙精度。

内、外螺纹的选用公差带可以任意组合。在满足功能要求的前提下，应尽量选用带 * 号的公差带，尽量不用带括号的公差带。带 * * 号的公差带用于大量生产的紧固件螺纹。

表 9-2　普通螺纹的选用公差带

精度	内螺纹			外螺纹		
	S	N	L	S	N	L
精密	4H	5H	6H	(3h4h)	4h *	(5g4g)
						(5h4h)
中等	5H*	6H***	7H*	(5g6g)	6e*,6f*	(7e6e)
		6G*	(7G)	(5h6h)	6g***,6h	(7g6g)
						(7h6h)
粗糙	—	7H	8H	—	(8g)	(9e8e)
		(7G)	(8G)		(8e)	(9g8g)

为了保证相互结合的螺纹有足够的接触精度，完工后的螺纹结合最好组成 H/g、H/h 或 G/h 的配合。对于直径≤1.4mm 的螺纹结合应采用 5H/6h 或更精密的配合。H/h 配合的最小间隙为零；H/g 与 G/h 配合具有保证间隙，通常用于经常拆卸、工作温度高或需涂镀的螺纹。

9.2.4 普通螺纹标记

完整的螺纹标记由螺纹规格代号、螺纹公差带代号和旋合长度代号三部分组成，各代号间用"—"分开。公差带代号包括中径公差带代号和顶径公差带代号，且表示公差等级的数字在前，基本偏差的字母在后；中径公差带代号在前，顶径公差带代号在后。例如：

内螺纹

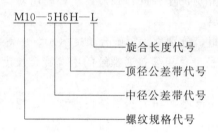

外螺纹

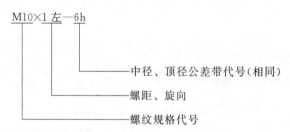

当旋合长度代号为 N 时可以省略。

必要时，可以在螺纹公差带代号后直接标注旋合长度数值，例如 M20×1.5—5h6h—20，表示旋合长度为 20mm。

内、外螺纹装配在一起时，其公差带代号用斜线分开，左边表示内螺纹公差带，右边表示外螺纹公差带。例如：

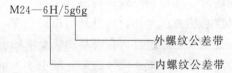

9.3 螺旋传动的精度设计

螺旋传动是一种将回转运动转换为直线运动的机械传动，主要用于传递载荷和位移。在千斤顶、螺旋压力机、轧钢机中，螺旋传动实现承载的功能，要求螺旋面接触良好，以保证具有足够的强度；在机床、测量仪器和机器中，螺旋传动实现传递精确位移的功能，要求传动比恒定，并长期保持稳定的传动精度。螺旋传动具有传动比大、能自锁、传动精度高等优点。

　　螺旋传动以螺旋面作为传动要素，形成螺旋面的传动螺纹可以有各种牙型，如梯形、锯齿形、方形、圆形等。

　　本节主要介绍用于机床丝杠的梯形螺纹螺旋传动的精度规范。在《梯形螺纹　第 1 部分：牙型》（GB/T 5796.1—2005）《梯形螺纹》中，规定了梯形螺纹的基本牙型（牙型角为30°）、基本尺寸和公差带。

9.3.1　丝杠和螺母的精度等级及其选用

　　机床丝杠和螺母的传动精度要求较高，机械行业标准《机床梯形丝杠、螺母技术条件》（JB/T 2886—2008）规定了机床丝杠及螺母的精度等级、公差项目及相应的公差和极限偏差数值，适用于机床传动及定位用的牙型角为30°的单线梯形螺纹。

　　根据功能要求不同，梯形螺纹丝杠和螺母分为 7 个精度等级：3、4、5、6、7、8 和 9 级。

　　3 级精度是目前的最高级，用于精度要求特别高的场合，如高精度坐标镗床和坐标磨床上传动及定位用的丝杠。

　　4、5、6 级精度用于高精度的传动丝杠，如坐标镗床、螺纹磨床、齿轮磨床上的主传动丝杠以及不带校正机构的分度机械和计量仪器上的测微丝杠。

　　7 级精度用于精确传动丝杠，如铲床、螺纹车床和精密齿轮机床等。

　　8 级精度用于一般传动丝杠，如普通车床和普通铣床。

　　9 级精度用于低精度传动丝杠，如没有分度盘的进给机构等。

9.3.2　丝杠公差

(1)　螺旋线轴向公差

　　螺旋线轴向公差是针对 3～6 级的高精度丝杠规定的公差项目，用于控制丝杠螺旋线轴向误差，保证丝杠的位移精度。

　　螺旋线轴向误差是在规定的丝杠轴向长度内，实际螺旋线相对于理论螺旋线在轴向偏离的差值的绝对值，如图 9-8 所示。

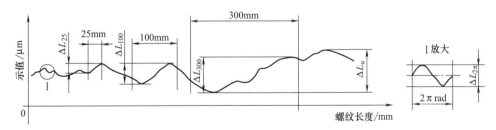

图 9-8　螺旋线轴向误差曲线

　　根据规定长度的不同，螺旋线轴向误差又分为：在丝杠任意 $2\pi\mathrm{rad}$ 的螺旋线轴向误差 $\Delta L_{2\pi}$；在丝杠指定长度 l 内（25mm、100mm、300mm）的螺旋线轴向误差（ΔL_{25}、ΔL_{100}、ΔL_{300}）；在丝杠螺纹的有效长度 L 内的螺旋线轴向变动 ΔL_{2u}。因此，机械标准规定了在任意 $2\pi\mathrm{rad}$ 内的螺旋线轴向公差 $\delta_{L2\pi}$，任意 25mm、100mm、300mm 螺纹长度内及螺纹有效长度内的螺旋线轴向公差，分别用 δ_{L25}、δ_{L100}、δ_{L300}、δ_{L2u} 表示。

（2）螺距公差和螺距累积公差

螺距公差和螺距累积公差适合于 7～9 级丝杠，分别控制螺距误差和螺距累积误差，保证丝杠的位移精度。

螺距误差和螺距累积误差的定义与普通螺纹相同。螺距累积误差应分别在丝杠螺纹的任意 60mm、300mm 螺纹长度内和有效长度内测量。因此，机械标准规定了螺距公差以及任意 60mm、300mm 螺纹长度内及螺纹有效长度内的螺距累积公差。

（3）丝杠螺纹的大径、中径和小径的极限偏差

丝杠的大径和小径配合与其功能无关，所以分别只规定了一种上偏差为零、公差值较大的公差带。丝杠的中径配合不影响螺旋传动的功能，所以其尺寸公差也较大。

（4）丝杠螺纹有效长度上中径尺寸一致性公差

中径尺寸一致性公差是为了控制丝杠不同位置上实际中径尺寸的变动，在丝杠有效长度上度量。实际中径尺寸的变动将影响丝杠与螺母配合间隙的均匀性和丝杠两螺旋面的一致性，降低丝杠的位移精度。

（5）丝杠螺纹的大径对螺纹轴线的径向圆跳动公差

丝杠螺纹轴线的弯曲会影响丝杠与螺母配合间隙的均匀性，降低丝杠的位移精度。考虑到测量方便，标准规定了螺纹大径表面对螺纹轴线的径向圆跳动公差。

（6）牙型半角极限偏差

丝杠螺纹牙型半角偏差就是牙侧的方向误差，它使丝杠与螺母螺纹牙侧接触面减小，直接影响牙侧面的耐磨性和承载能力。标准对 3～8 级精度的丝杠规定了牙型半角极限偏差，以控制丝杠螺纹牙型半角偏差。

9.3.3　螺母公差

螺母螺纹几何参数的测量比较困难，因此标准对螺母螺纹仅规定了大径、中径和小径的极限偏差。螺母螺距偏差和牙侧角偏差由产品设计者决定采用何种检测手段加以控制。

螺母有配制螺母和非配制螺母之分。配制螺母螺纹中径的极限尺寸以丝杠螺纹中径的实际尺寸为基数，按标准所规定的螺母与丝杠配制的中径径向间隙来确定。

上述丝杠和螺母的公差和极限偏差的数值可以从《机床梯形丝杠、螺母技术条件》（JB/T 2886—2008）中查出。此外，该行业标准还对各级精度的丝杠和螺母螺纹的大径表面、牙型侧面和小径表面分别规定了表面粗糙度轮廓参数 Ra 的上限值。

9.3.4　丝杠和螺母标记

机床丝杠和螺母的标记由产品代号（T）、尺寸规格（公称直径×螺距）、螺纹旋向代号（左旋代号为 LH，右旋省略）和精度等级代号四部分组成，并依次书写。其中精度等级代号前加"—"。例如：

T40×7-6 表示公称直径为 40mm、螺距为 7mm、6 级精度的右旋丝杠螺纹。

T48×12LH—7 表示公称直径为 48mm、螺距为 12mm、7 级精度的左旋丝杠螺纹。

在丝杠的零件图中，应根据丝杠的精度等级标注出各项技术要求，并需画出局部工作图，图上标注大径、中径、小径、牙侧角、螺距等的极限偏差，如图 9-9 所示。

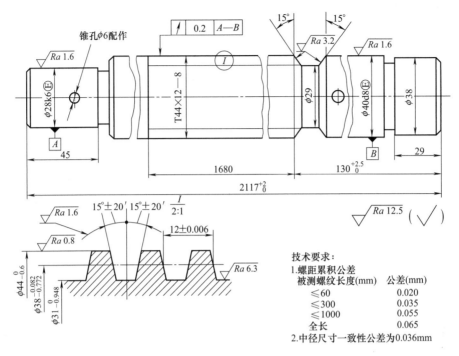

技术要求:
1. 螺距累积公差

被测螺纹长度(mm)	公差(mm)
≤60	0.020
≤300	0.035
≤1000	0.055
全长	0.065

2. 中径尺寸一致性公差为0.036mm

图 9-9　丝杠零件图

习　题

一、思考题

1. 普通螺纹的主要几何参数有哪些? 这些参数的误差对互换性有什么影响?

2. 何谓螺纹的中径? 何谓螺纹的作用中径? 普通螺纹中径的合格条件是什么?

3. 对普通螺纹结合, 标准为什么不单独规定螺距公差和牙侧角公差?

4. 试比较螺纹作用中径与孔、轴体外作用尺寸的异同。

5. 普通螺纹的公差等级是如何规定的? 精度等级是如何规定的?

6. 为什么普通螺纹精度与旋合长度有关?

7. 机床梯形螺纹丝杠和螺母的精度等级是如何规定的? 分别适用于哪些场合?

8. 试比较丝杠公差和普通螺纹公差的主要区别。

9. 丝杠的零件图中需要标注哪些偏差项目?

二、练习题

1. 查表确定 M40—6H/6h 内、外螺纹的中径、小径和大径的基本偏差, 计算内、外螺纹的中径、小径和大径的极限尺寸, 绘出内、外螺纹的公差带图。

2. 某大批量生产的螺纹联结件, 其公称直径为 20mm, 螺距为 2mm, 旋合长度为 20mm, 要求旋合性好, 具有一定的连接强度。试确定螺纹的公差带代号。

3. 某螺母 M20—7H 公称螺距 $P = 2.5$mm, 公称中径 $D_2 = 18.376$mm。加工后测得 $D_{2实际} = 18.61$mm, 螺距累积误差 $\Delta P_\Sigma = +0.04$mm, 实际左牙侧角 $\left(\dfrac{\alpha'}{2}\right)_左 = 30°30'$, 右牙侧角 $\left(\dfrac{\alpha'}{2}\right)_右 = 29°10'$, 试判断此螺母的中径是否合格, 并说明理由。

4. 试说明下列螺纹标注中各代号的含义：

① M24—7H；

② M30×2—6H/5g6g—L；

③ M36×2—5g6g—S；

④ T40×8—8；

⑤ T55×12LH—6。

第10章
圆柱齿轮传动的精度设计

10.1　概述

齿轮传动是机械传动的基本形式之一，用来传递动力或运动。齿轮传动具有传动平稳、承载能力强、传动效率高、工作可靠等特点，其制造工艺较为成熟，所以在各种机器和仪器的传动装置中得到广泛应用。

具有平行轴线的渐开线圆柱齿轮传动应用最为广泛，根据渐开线齿面沿基准轴线的方向不同可将其分为直齿圆柱齿轮和斜齿圆柱齿轮。一对齿轮需通过轴承、轴等零件支承于箱体（机座）上实现啮合传动，因此，齿轮传动的精度不仅与齿轮的制造精度有关，还与轴、轴承、箱体等有关零件的制造精度以及整个传动装置的安装精度有关。

10.1.1　齿轮传动的使用要求

根据齿轮传动时的用途和工况不同，可将齿轮传动的使用要求归纳为以下四个方面。

(1) 传递运动准确（运动精度）

为了准确地传递运动，齿轮啮合过程中的转角必须要准确，即当主动轮转过一个角度 φ_1 时，从动轮按规定的传动比 i 转过相应的角度 $\varphi_2 = \varphi_1/i$。然而，在加工齿轮轮齿时，由于齿坯在机床上的安装偏心和机床传动链的长周期误差等因素的影响，会使齿廓相对于齿轮基准轴线在圆周上分布不均匀，使得从动轮的实际转角与应转过的角度不相同，产生误差 $\Delta\varphi$，如图 10-1 所示。转角误差以齿轮一转为周期，为保证传递运动的准确性，必须限制一转范围内转角误差的总幅度值 $\Delta\varphi_{2\pi}$，即要求在齿轮一转范围内的最大转角误差不超出规定的数值，也就是控制齿轮副实际传动比的最大变动量。

(2) 传动平稳性（平稳性精度）

传动平稳性是要求齿轮传动过程中瞬时传动比恒定。由于齿轮在传动时每一齿距角的偏差会使齿轮传动比瞬时改变，从而产生振动和噪声。这种误差主要是在加工齿轮时滚刀的齿廓误差、安装偏心及机床传动链误差等因素造成，在齿轮一转内多次出现（为高频误差），因此应限制齿轮一个齿距角内转角误差的最大幅度值 $\Delta\varphi_i$，如图 10-1 所示。

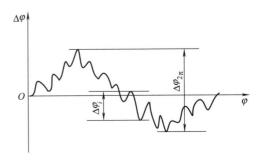

图 10-1　齿轮的转角误差曲线

（3）齿面上载荷分布均匀（接触精度）

为了提高齿轮的承载能力，避免载荷集中于齿面的局部区域引起应力集中，造成局部磨损或断齿而影响使用寿命，要求齿轮副在传动中齿面应有良好的接触，均匀受力。在加工齿轮时，若刀具进给方向与齿轮轴线不平行，齿坯定位端面对基准轴线不垂直等因素均会导致齿面沿轴线方向产生几何误差，影响齿面的接触精度。

（4）合适的齿侧间隙

齿侧间隙（简称侧隙）是齿轮副的非工作齿面之间的间隙，如图 10-2 所示。侧隙主要用于贮存润滑油、补偿齿轮副工作时因发热膨胀和受力而引起的变形，以免齿轮传动中发生卡死或齿面烧蚀。齿轮副的侧隙也是齿轮副产生回程误差和反转冲击的不利因素。

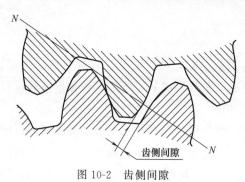

图 10-2 齿侧间隙

由于齿轮传动的用途和工作条件不同，对以上功能要求的侧重点也有所不同。例如，分度或读数机构齿轮的特点是负荷小、转速低，其主要要求是运动精度，传动平稳性也有一定要求，但对齿面接触精度要求不高；机床和汽车变速箱中的齿轮承受一定载荷，且要求噪声低、振动和冲击小，主要要求传动平稳性及齿面接触精度；重型机械中的低速重载齿轮主要要求则是齿面接触精度。

上述前三项要求属于对齿轮的精度要求，而侧隙是独立于精度的另一类问题，侧隙的大小应根据齿轮的工作条件而定。对高速重载齿轮由于受力、受热变形大，应采用较大的侧隙；而仪器仪表中经常正反转的齿轮，为减小回程误差，应尽量减小侧隙。

10.1.2 齿轮传动的误差来源及其特点

（1）齿轮传动的误差来源

齿轮几何形状复杂，参数较多，对齿轮传动的四项使用要求有影响的误差也较为复杂，主要来源于齿轮的加工误差和齿轮副的安装误差。

① 齿轮的加工误差。

齿轮的加工误差主要来源于机床、刀具和夹具的误差。如机床主轴和滚刀的跳动、主轴和刀具转速不均匀、刀具移动方向的误差、刀具的磨损、夹具的定位误差等。这些误差将使齿轮的几何要素偏离理想要素，从而影响齿轮传动的精度和侧隙。其误差可分为两部分：一部分是切齿加工时轮齿的尺寸、形状和位置误差，主要有齿距偏差（包括单个齿距偏差和齿距累积偏差）、渐开线齿廓偏差（包括形状偏差和齿形角偏差）、齿向偏差（即沿轴向全齿宽的方向偏差，包括形状偏差和螺旋角偏差）和齿厚偏差。另一部分是切齿前齿坯的加工误差，主要是齿轮定位基准面（如盘形齿轮的内孔、齿轮轴的支承轴颈、定位端面等）的尺寸、形状和位置误差，这些误差不仅影响齿轮的装配和测量精度，同时影响切齿时轮齿的精度。

② 齿轮副的安装误差。

齿轮副的安装误差来源于箱体、轴、轴承等零部件的制造和装配误差，这些误差共同作用的结果会使得齿轮副轴线存在平行度误差和中心距偏差，前者影响齿面上载荷分布均匀性，后者影响齿轮副的侧隙。

(2) 齿轮加工误差的主要特点

齿轮加工误差的主要特点是具有方向性和周期性。按方向可分为径向误差、切向误差和轴向误差；按周期可分为以齿轮一转为周期的长周期误差和以齿轮一齿为周期的短周期误差。

径向误差是齿轮齿廓对齿轮基准轴线存在径向位置误差。参看图 10-3（a）的滚齿加工示意图，由于齿轮基准孔与机床芯轴之间存在配合间隙，使两者的中心线不重合形成偏心 e（称为几何偏心），切齿加工时滚刀（齿条刀）中心 O_1 位置不变，O_1 至机床回转中心 O 的距离 A 也不变，但 O_1 至齿轮基准中心 O' 的距离 A' 不断变化。这样以 O 为中心的圆周上齿距 p_t 均匀分布，而以 O' 为中心的圆周上齿距 p'_t 先由小变大、再由大变小，呈不均匀分布，如图 10-3（b）所示。显然该误差以齿轮一转为周期，属于长周期误差，影响齿轮传递运动的准确性。

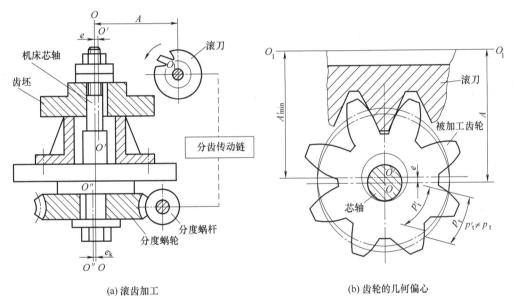

(a) 滚齿加工　　　　　　　　　　　　(b) 齿轮的几何偏心

图 10-3　滚齿加工与几何偏心

切向误差是齿轮齿廓沿基圆切线方向产生的形状和位置误差，该项误差产生的主要原因是机床分齿传动链中的分度蜗轮对机床芯轴存在偏心量 e_k，引起齿坯不均匀回转，从而使齿轮齿廓在加工中沿基圆切线方向产生附加位移，使齿轮齿距分布不均匀。该误差也是以齿轮一转为周期，与径向误差共同作用，影响齿轮传递运动的准确性。

除以齿轮一转为周期的长周期误差外，还有以齿轮一齿为周期的短周期误差。如机床分度蜗杆和滚刀的安装偏心，刀具的制造误差等会引起齿轮一转中多次出现的高频误差，导致齿轮传动比瞬时改变，影响传动的平稳性。

轴向误差是齿面沿齿轮轴线方向的误差。如加工齿轮时刀架移动方向与齿轮轴线不平行、齿轮齿坯的定位端面与齿轮轴线的垂直度误差等，均会使齿轮的接触线不能在每一瞬间沿全齿宽均匀接触。影响齿面载荷分布的均匀性。

10.2   齿轮精度和侧隙的评定指标

与其他零件一样，齿轮的加工误差也是不可避免的。为了保证齿轮的精度，国家标准根据齿轮传动要素的特点，规定了单个齿轮精度的评定指标、误差允许值和相应的检测规范。

在关于齿轮的国家标准中，齿轮精度的评定项目分为同侧齿面和双侧齿面的精度评定参数。同侧齿面评定项目包括齿距、齿廓、齿向和切向综合参数；双侧齿面评定项目包括径向综合参数和径向跳动。

10.2.1   齿轮同侧齿面的精度指标

(1) 齿距偏差

齿距偏差反映了齿面沿齿轮圆周分布的位置精度，包括单个齿距极限偏差、齿距累积偏差和齿距累积总偏差。齿距偏差应在齿轮端平面（垂直于齿轮基准轴线的平面）上度量。

① 单个齿距极限偏差 f_{pt}。

单个齿距极限偏差 f_{pt} 指在齿轮的端平面上接近齿高中部的一个与齿轮轴线同心的圆上，实际齿距与理论齿距的代数差，如图 10-4 所示。

单个齿距极限偏差可为正或负，通常取绝对值最大者作为齿轮的单个齿距偏差。在用相对法测量时，以所有齿距的平均值表示理论齿距。

单个齿距极限偏差 f_{pt} 属于短周期误差，是齿轮传动平稳性的评定指标。f_{pt} 的合格条件是测量结果不超出规定的极限偏差（±）。

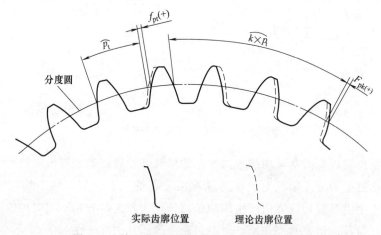

图 10-4   单个齿距极限偏差和 k 个齿距累积偏差

② 齿距累积偏差 F_{pk}。

齿距累积偏差 F_{pk} 是任意 k 个齿距的实际弧长与理论弧长的代数差，如图 10-4 所示（图中 $k=3$），并取绝对值最大者作为评定结果。显然，k 个齿距累积偏差等于所含各单个齿距偏差的代数和。

F_{pk} 通常用来评定高速齿轮的传动平稳性，计值范围仅限于不超过圆周的 1/8 弧段内，

因此一般取 $k=2\sim z/8$ 的整数。F_{pk} 的合格条件是测量结果不超出规定的极限偏差（±）。

③ 齿距累积总偏差 F_p。

齿距累积总偏差 F_p 是齿轮同侧齿面任意弧段（$k=1$ 至 $k=z$）的最大齿距累积偏差，由齿距累积偏差曲线的总幅度值表示，如图 10-5（b）所示。

在图 10-5（a）中，取第 1 齿面作为计算齿距累积偏差的原点，即该齿面的位置偏差为零，则该齿轮的齿距累积总偏差发生在第 3 齿面至第 7 齿面之间。但是由于齿距偏差具有圆周闭合性，由齿面 3 至齿面 7 顺时针方向累积为正偏差，逆时针方向累积为负偏差，所以齿距累积总偏差应取绝对值而不计正负号。

该项偏差反映了齿距分布的均匀性，而最大的齿距累积偏差必然引起齿轮每一转中的最大转角误差，属于长周期误差，是评价齿轮传递运动准确性的一项重要指标。F_p 的合格条件是测量结果不大于规定的允许值（公差值）。

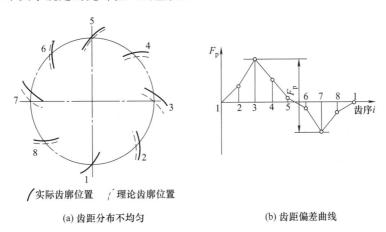

(a) 齿距分布不均匀　　　　　　　　(b) 齿距偏差曲线

图 10-5　齿距累积总偏差

上述三项齿距偏差中，在一般情况下，只要求评定单个齿距极限偏差 f_{pt} 和齿距累积总偏差 F_p；对于高速运转的齿轮，必要时可以附加评定齿距累积偏差 F_{pk}。

各项齿距偏差的允许值（公差或极限偏差）见附表 10-1。

(2) 齿廓偏差

齿廓偏差反映齿面的形状精度，是实际齿廓对设计齿廓的偏离量，设计齿廓通常为渐开线，也包括以渐开线为基础的修形齿廓，如凸齿廓、修缘齿廓等。

齿廓偏差应在齿轮端平面内且沿渐开线齿廓的法线方向计值，由于渐开线的法线为基圆的切线，因此实际渐开线上任一点的齿廓偏差就是该点的实际展开长度与理论展开长度的代数差，如图 10-6 所示。

图 10-7 为测量齿廓时得到的记录曲线，称其为齿廓迹线。图中横坐标为实际齿廓上各点的展开长度，纵坐标为实际齿廓对理想渐开线的变动。因此，当实际齿廓为理想渐开线时，齿廓迹线为一条平行于横坐标的直线，如图 10-7（a）中点画线所示。在测量齿廓偏差时，应规定齿廓计值范围的长度 L_α，它是齿廓的可用长度 L_{AF} 扣除齿廓顶部倒棱（倒圆）

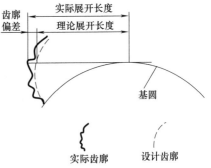

图 10-6　齿廓偏差

部分和根部过渡圆弧部分后的展开长度，约占齿廓有效长度 L_{AE} 的 92％。

齿廓偏差共有三项，即齿廓总偏差、齿廓形状偏差和齿廓倾斜偏差。

① 齿廓总偏差 F_α。

齿廓总偏差 F_α 是在齿廓的计值范围 L_α 内，包容实际齿廓迹线且距离为最小的两条设计齿廓迹线之间的距离，如图 10-7（a）所示。其合格条件是测量结果不大于规定的允许值（公差值）。

② 齿廓形状偏差 $f_{f\alpha}$。

齿廓形状偏差 $f_{f\alpha}$ 是在齿廓的计值范围 L_α 内，包容实际齿廓迹线且距离为最小的两条平均齿廓迹线之间的距离。平均齿廓迹线是实际齿廓迹线的最小二乘中线，如图 10-7（b）所示的虚线。其合格条件是测量结果不大于规定的允许值（公差值）。

③ 齿廓倾斜极限偏差 $f_{H\alpha}$。

齿廓倾斜极限偏差 $f_{H\alpha}$ 是在齿廓迹线的计值范围 L_α 两端，与平均齿廓迹线相交的两条设计齿廓迹线之间的距离，如图 10-7（c）所示。当平均齿廓的齿顶高于齿根时，即实际压力角小于公称压力角时，定义齿廓倾斜极限偏差为正；反之，齿廓倾斜极限偏差为负。其合格条件是测量结果不超出规定的极限偏差（±）。

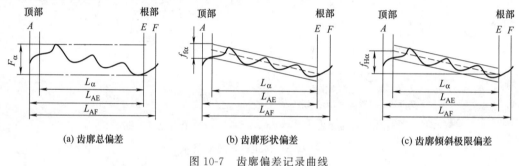

(a) 齿廓总偏差 (b) 齿廓形状偏差 (c) 齿廓倾斜极限偏差

图 10-7 齿廓偏差记录曲线

齿廓偏差主要影响齿轮传动平稳性，也影响沿齿高方向载荷分布的均匀性，一般情况下采用 F_α 评定即可。如需进行工艺和功能分析，也可以采用 $f_{f\alpha}$ 和 $f_{H\alpha}$，但它们不是必检项目。

各项齿廓偏差的允许值（公差或极限偏差）列于附表 10-2。

(3) 螺旋线偏差

螺旋线偏差是齿轮实际螺旋线对设计螺旋线的偏离量，在端面基圆切线方向计值，用以反映齿面的方向精度。

齿轮螺旋线是齿面与分度圆柱面的交线，通常也称为齿线。直齿轮螺旋线的螺旋角 $\beta=0°$，齿线为平行于齿轮基准轴线的直线。为提高齿轮承载能力，也可将螺旋线修形，如将轮齿加工成鼓形齿等。

图 10-8 为测量螺旋线偏差时得到的记录曲线，称其为螺旋线迹线，其横坐标为齿轮轴线方向，纵坐标为实际齿线对理想齿线的变动。理想螺旋线的迹线为一条平行于横坐标的直线，即图 10-8（a）中的点画线。图中 L_β 为螺旋线偏差的计值范围，它等于齿宽 b 的两端各减去齿宽的 5％或一个模数的长度（取两者中的较小值）后的齿线长度。

螺旋线偏差有三项，即螺旋线总偏差、螺旋线形状偏差和螺旋线倾斜极限偏差。

① 螺旋线总偏差 F_β。

螺旋线总偏差 F_β 是在螺旋线的计值范围 L_β 内，包容实际螺旋线迹线且距离为最小的两条设计螺旋线迹线之间的距离，如图 10-8（a）所示。其合格条件是测量结果不大于规定的允许值（公差）。

② 螺旋线形状偏差 $f_{f\beta}$。

螺旋线形状偏差 $f_{f\beta}$ 是在螺旋线的计值范围 L_β 内，包容实际螺旋线迹线且距离为最小的两条平均螺旋线迹线之间的距离。平均螺旋线迹线是实际螺旋线迹线的最小二乘中线，如图 10-8（b）所示的虚线。其合格条件是测量结果不大于规定的允许值（公差）。

③ 螺旋线倾斜偏差 $f_{H\beta}$。

螺旋线倾斜偏差 $f_{H\beta}$ 是在螺旋线的计值范围 L_β 两端，与平均螺旋线迹线相交的两条设计螺旋线迹线之间的距离，如图 10-8（c）所示。对于斜齿轮，当实际螺旋角大于公称螺旋角时，螺旋线倾斜极限偏差为正；反之螺旋线倾斜极限偏差为负。对于直齿轮，螺旋线倾斜极限偏差的正负可任意选定。其合格条件是测量结果不超出规定的极限偏差（±）。

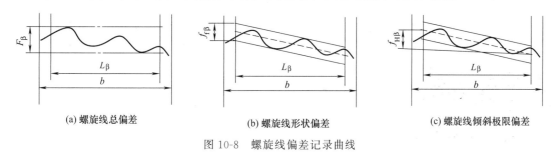

(a) 螺旋线总偏差　　　(b) 螺旋线形状偏差　　　(c) 螺旋线倾斜极限偏差

图 10-8　螺旋线偏差记录曲线

螺旋线偏差主要影响齿轮齿面载荷分布的均匀性，一般情况下采用 F_β 即可。也可以根据需要采用 $f_{f\beta}$ 和 $f_{H\beta}$，但它们不是必检项目。

各项螺旋线偏差的允许值列于附表 10-3。

（4）切向综合偏差

切向综合偏差是被测齿轮与理想精确的测量齿轮在公称中心距下实现单面啮合传动时，被测齿轮分度圆上的实际圆周位移与理论圆周位移的差值，包括切向综合总偏差和一齿切向综合偏差两项。

图 10-9（a）是测量切向综合偏差的齿轮单面啮合综合测量仪的原理。1 为被测齿轮，2 为理想精确的测量齿轮（精度比被测齿轮高 3 级以上的工具齿轮），它们在公称中心距 a 下形成单面啮合，两轴上分别安装有直径等于各齿轮分度圆直径的精密圆盘 3 和 4。其中圆盘 4 与齿轮 1 可相对转动。当测量齿轮 2 和圆盘 3 分别带动被测齿轮 1 和圆盘 4 回转时，被测齿轮 1 带动的转轴 5 与圆盘 4 的相对角位移即为被测齿轮的实际转角与理论转角的偏差。以分度圆弧长计值的转角偏差即为切向综合偏差。信号由传感器 6 经放大器 7 输出至记录器，切向综合偏差的记录曲线如图 10-9（b）所示。

① 切向综合总偏差 F_i'。

切向综合总偏差 F_i' 是被测齿轮与测量齿轮单面啮合检验时，在被测齿轮转动一周范围内，其分度圆的实际圆周位移与理论圆周位移的最大差值，如图 10-9（b）所示记录曲线上的最大幅度值。其合格条件是测量结果不大于规定的允许值（公差值）。

② 一齿切向综合偏差 f_i'。

一齿切向综合偏差 f_i' 是测量切向综合偏差时，在被测齿轮一齿距范围内，分度圆的实

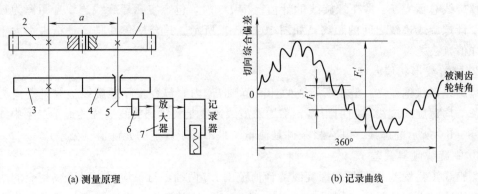

(a) 测量原理 　　　　　　　　　　　　(b) 记录曲线

图 10-9　切向综合偏差测量

际圆周位移与理论圆周位移的最大差值，如图 10-9（b）所示曲线上小波纹的最大幅度值。其合格条件是测量结果不大于规定的允许值（公差值）。

切向综合总偏差 F_i' 反映了齿轮齿距累积总偏差和单齿误差的综合结果，是齿轮的长周期运动误差，主要影响齿轮的传动准确性；一齿切向综合偏差 f_i' 是齿轮单个齿距偏差、齿廓偏差的综合结果，属于短周期运动误差，主要影响齿轮的传动平稳性。

切向综合偏差的允许值和计算方法列于附表 10-4。

10.2.2　齿轮双侧齿面的精度指标

(1)　径向综合偏差

径向综合偏差是被测齿轮与测量齿轮双面啮合（两齿轮左右齿面同时接触）传动时双啮中心距的变动量，包括径向综合总偏差和一齿径向综合偏差。

图 10-10（a）是用双面啮合综合测量仪测量齿轮径向综合偏差的原理。被测齿轮 1 安装在固定芯轴 2 上，测量齿轮 3 安装在径向滑座 6 的芯轴 4 上，并借助压簧 5 使两齿轮形成无侧隙的双面啮合。当被测齿轮转动时，由于其各种几何特征参数误差的影响，将使双啮中心距 a'' 发生相应的变化，并由指示表 7 读出，也可记录成如图 10-10（b）所示的曲线。

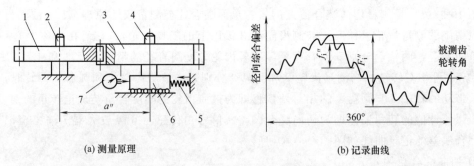

(a) 测量原理 　　　　　　　　　　　　(b) 记录曲线

图 10-10　径向综合偏差测量

① 径向综合总偏差 F_i''。

径向综合总偏差 F_i'' 是被测齿轮与测量齿轮双面啮合检验时，在被测齿轮一转范围内中心距的最大与最小值之差，如图 10-10（b）所示记录曲线的总幅度值。其合格条件是测量结果不大于规定的允许值（公差值）。

② 一齿径向综合偏差 f_i''。

一齿径向综合偏差 f_i'' 是被测齿轮与测量齿轮双面啮合检验时，在一个齿距范围内中心距的最大与最小值之差，并取所有轮齿中的最大值，如图 10-10（b）所示记录曲线上小波纹的最大幅度值。其合格条件是测量结果不大于规定的允许值（公差值）。

径向综合总偏差是齿面相对于齿轮基准轴线径向位置的最大变动，为长周期误差，主要影响齿轮的传递运动准确性；一齿径向综合偏差为短周期误差，主要影响齿轮的传动平稳性。各项径向综合偏差的允许值列于附表 10-5。

（2）齿轮径向跳动 F_r

齿轮径向跳动 F_r 是在齿轮一转范围内，测头（球形或锥形）依次放入齿槽内并在齿高中部与左右齿面同时接触，测头与齿轮基准轴线间距离的最大变动量，如图 10-11（a）所示。将测量读数作出图 10-11（b）所示的曲线，可以看出，它大体由两倍的几何偏心距 e 组成。

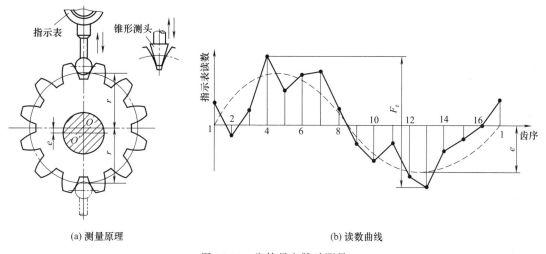

(a) 测量原理　　　　　　　　　　　　(b) 读数曲线

图 10-11　齿轮径向跳动测量

齿轮径向跳动 F_r 与径向综合总偏差相似，反映齿面相对于齿轮基准轴线的径向位置误差，也属于长周期误差。其合格条件是测量结果不大于规定的允许值（公差值）。

径向跳动的允许值列于附表 10-4。

由上述可知，齿轮双侧齿面偏差的测量结果受左右两齿廓的影响，与齿轮实际工作状态有一定的差异，但是由于测量方法简单，测量效率高，尤其是可以迅速提供关于生产用的机床、工具或被测齿轮装夹而导致的质量缺陷，如几何偏心等信息，故在大批量生产中应用较为普遍。

10.2.3　齿轮侧隙的评定指标

齿轮副啮合传动时，非工作面之间应留出必要的侧隙，以保证齿轮储存润滑油，补偿齿轮的热变形、力变形、制造误差和安装误差等。侧隙是齿轮安装后自然形成的，影响侧隙的主要几何参数是相互啮合齿轮的齿厚（S_1、S_2）和中心距（a），如图 10-12 所示。此外，齿轮的径向跳动、齿距偏差、螺旋线偏差和轴线平行度等也会影响侧隙的均匀性。

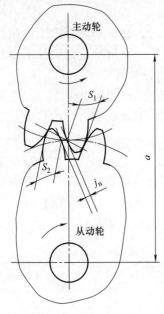

图 10-12　齿厚和中心距
对侧隙的影响

齿轮副的侧隙通常用法向侧隙 j_{bn} 或圆周侧隙 j_{wt} 表示。法向侧隙 j_{bn} 是装配好的齿轮副的工作齿面相互接触时，非工作齿面间的最小距离。圆周侧隙 j_{wt} 是装配好的齿轮副中的一个齿轮固定时，另一齿轮所能转动的节圆弧长。它们之间的关系为

$$j_{bn} = j_{wt} \cos\alpha_t \cos\beta_b \qquad (10\text{-}1)$$

若两齿轮具有公称齿厚，在公称中心距下安装后将是无侧隙啮合。为使齿轮安装后具有适当的侧隙，可以减薄齿厚或加大箱体中心距。考虑到箱体加工和齿轮加工的特点，一般采用减薄齿厚的方法获得侧隙，这种方法称为"基中心距制"，即中心距只规定一种极限偏差（对称偏差），用不同的齿厚偏差获得不同的侧隙。因此，侧隙最直接的评定指标就是齿厚偏差。

(1) 齿厚偏差 E_{sn}

齿厚偏差 E_{sn} 是在齿轮分度圆上，实际齿厚 S_{na} 与公称齿厚 S_n 之差，如图 10-13 所示。对斜齿轮是指法向齿厚的实际值与公称值之差。

按照定义，齿厚以分度圆弧长计值（弧齿厚），但弧长不便于测量，测量齿厚的游标卡尺或光学齿轮卡尺均是以齿顶圆定位，按分度圆上的弦齿高 h_c 来测量弦齿厚 S_{nc}。直齿圆柱齿轮弦齿厚和弦齿高的公称值按下式计算（图 10-14）

$$S_{nc} = mz\sin\delta \qquad (10\text{-}2)$$

$$h_c = r_a - \frac{mz}{2}\cos\delta \qquad (10\text{-}3)$$

$$\delta = \frac{\pi}{2z} + \frac{2x}{z}\tan\alpha \qquad (10\text{-}4)$$

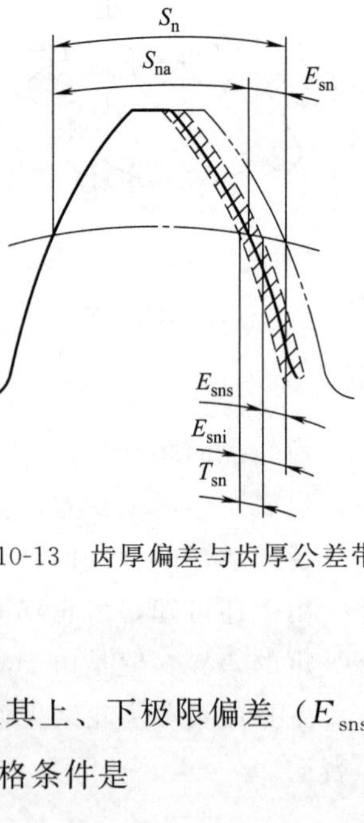

图 10-13　齿厚偏差与齿厚公差带

式中　m——齿轮模数，mm；

　　　r_a——齿轮齿顶圆半径，mm；

　　　α——分度圆压力角，(°)；

　　　δ——分度圆弦齿厚所对齿轮中心角的一半，(°)；

　　　x——齿廓变位系数。

设计时齿轮图样上应标注公称弦齿高 h_c 和公称弦齿厚 S_{nc} 及其上、下极限偏差（E_{sns}、E_{sni}），即 $S_{nc}{}_{E_{sni}}^{E_{sns}}$，用于控制齿厚的实际偏差，齿厚偏差 E_{sn} 的合格条件是

$$E_{sni} \leqslant E_{sn} \leqslant E_{sns}$$

齿厚上、下偏差之差称为齿厚公差 T_{sn}，它是实际齿厚的允许变动量，图 10-13 中阴影部分为齿厚公差带。

(2) 公法线长度偏差 E_{bn}

公法线是渐开线齿轮两异侧齿面的公共法线，也是基圆的切线。当齿厚减薄时，公法线长度也随之减小，因此也可以通过测量公法线长度偏差代替齿厚偏差。

公法线长度偏差 E_{bn} 是 k 个轮齿公法线的实际长度 W_{ka} 与其公称长度 W_k 之差，如图

10-15 所示（图中 $k=3$）。公法线公称长度 W_k 等于（$k-1$）个基圆齿距与 1 个基圆齿厚之和，直齿圆柱齿轮 W_k 的计算公式为

$$W_k = m\cos\alpha\left[(k-0.5)+z\,\mathrm{inv}\alpha+2x\tan\alpha\right]$$

$$(10-5)$$

式中　$\mathrm{inv}\alpha$——渐开线函数，$\mathrm{inv}20°=0.014904$；

　　　k——测量时的跨齿数。

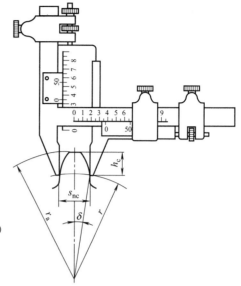

跨齿数 k 的选择应使公法线与两侧齿面在齿高中部相交，可按下式计算

$$\left.\begin{array}{l}\text{对于标准齿轮：}\quad k=\dfrac{z\alpha}{180°}+0.5\\[3mm]\text{对于变位齿轮：}\quad k=\dfrac{z\alpha_m}{180°}+0.5\end{array}\right\}\text{（四舍五入取整数）}$$

变位齿轮的分度圆不在齿高中部，齿高中部压力角 $\alpha_m=\arccos[d_b/(d+2xm)]$。

图 10-14　分度圆弦齿厚测量

设计时，齿轮图样上应标注公法线的公称值 W_k 及其上、下偏差（E_{bns}、E_{bni}）即 $W_k{}_{E_{bni}}^{E_{bns}}$，同时应给出跨齿数 k，用于控制实际公法线长度偏差 E_{bn}，其合格条件是

$$E_{bni}\leqslant E_{bn}\leqslant E_{bns}$$

公法线长度上下偏差的差值为公法线公差 T_{bn}，如图 10-15 所示。图中阴影部分为公法线公差带。

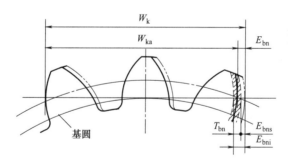

图 10-15　公法线长度偏差与公差

10.3　齿轮坯和齿轮副的精度要求

10.3.1　齿轮坯的精度要求

齿轮坯（简称齿坯）是指切齿工序前的工件。齿坯精度直接影响着轮齿的加工精度和测量精度，如齿坯基准孔的尺寸精度会使切齿时产生几何偏心，影响齿轮传递运动的准确性；齿坯定位端面的轴向跳动会使切齿时齿坯在机床上安装歪斜，影响齿面载荷分布的均匀性。

因此适当提高齿坯精度，可以获得较高的齿轮精度，而且比提高切齿工序的精度更为经济。

(1) 齿轮的基准轴线

齿轮的基准轴线是确定其几何尺寸和形状（如齿廓、齿距）等要素的轴线，因此，规定齿坯精度时，首先要指明齿轮的基准轴线。

基准轴线应根据齿轮的结构类型和它在机器上的安装形式而定，最满意的方法是基准轴线与齿轮安装后的工作轴线（回转中心线）相重合。因此对一般盘形齿轮，应以其长圆柱（或圆锥）孔的轴线作为基准轴线，该孔也称为基准孔，如图 10-16 所示；对于齿轮轴（齿轮与轴连在一起为一个零件），应以其安装轴承的两个短圆柱（或圆锥）面的公共轴线作为基准轴线，如图 10-17 所示。

当齿轮轴以两个中心孔（顶针孔）确定基准轴线时，则与工作基准轴线不统一，这时还需考虑基准转换引起的误差，应适当提高齿轮安装轴及定位端面的几何精度。对于高精度齿轮，还必须设置专门的基准面。

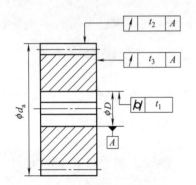

图 10-16　盘形齿轮以长圆柱
孔轴线作基准轴线

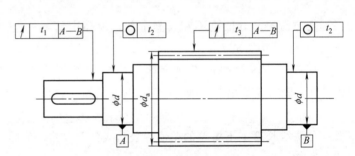

图 10-17　齿轮轴以短圆柱面公共轴线作基准轴线

(2) 齿坯精度

齿坯精度主要指基准面的尺寸精度、几何精度和表面粗糙度。尺寸精度包括盘形齿轮基准孔 ϕD 和齿轮轴的基准轴颈 ϕd 的尺寸公差，以及齿顶圆 ϕd_a 的尺寸公差（主要考虑测量齿厚时，以齿顶圆作为基准）；齿坯的几何精度包括基准孔（长圆柱）的圆柱度和基准轴（短圆柱）的圆度，齿轮制造和安装时的基准端面对基准轴线的轴向圆跳动，齿顶圆（作基准时）对基准轴线的径向圆跳动等，如图 10-16 和图 10-17 所示。

齿坯尺寸公差、几何公差和粗糙度参数 Ra 的推荐值分别按附表 10-6、附表 10-7 和附表 10-8 确定。

10.3.2　齿轮副的精度要求

一对相互啮合的齿轮需通过轴、轴承等零件支承于箱体上构成齿轮副，因此齿轮传动的精度不仅取决于齿轮的加工精度，也取决于其他相关零件的精度，例如箱体上轴承孔的同轴度、轴线之间的平行度、中心距等将直接影响齿轮副的精度，因此应对齿轮副规定下列精度要求。

(1) 中心距极限偏差 f_a

中心距极限偏差 f_a 是在齿轮副支承跨距 L 范围内（图 10-18）实际中心距与公称中心距之差。它不仅影响齿轮副的侧隙，也影响齿轮副啮合的重合度。

中心距极限偏差的推荐数值可参照附表 10-9 确定。中心
距极限偏差 f_a 应不超过规定的中心距极限偏差。

(2) 轴线平行度 $f_{\Sigma\delta}$、$f_{\Sigma\beta}$ 公差

齿轮副两轴线的平行度误差直接影响其接触精度和齿面
载荷分布的均匀性。由于齿轮副两条轴线为空间直线，因此
应规定在互相垂直的两个方向的平行度公差，以限制其平行
度误差。

规定平行度公差时，以支承跨距 L 较长的轴线作为基准
轴线，如图 10-18 所示。当两轴线的跨距相同时，应以小齿
轮的轴线作为基准轴线。

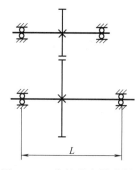

图 10-18　齿轮的支承跨距 L

$f_{\Sigma\delta}$ 为公共平面内的平行度公差，公共平面是在包含基准轴线并通过另一轴线的一个
支承点的平面；$f_{\Sigma\beta}$ 为垂直平面上的平行度公差，垂直平面是垂直于公共轴线平面且平行
于基准轴线的平面，如图 10-19 所示。

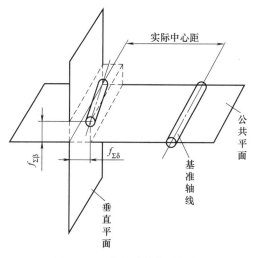

图 10-19　齿轮副轴线平行度

轴线平行度公差可按照下列公式计算

$$f_{\Sigma\beta} = 0.5\left(\frac{L}{b}\right)F_\beta \tag{10-6}$$

$$f_{\Sigma\delta} = 2F_{\Sigma\beta} \tag{10-7}$$

(3) 接触斑点

除使用标准规定的评定项目控制齿轮精度
外，实用上还可以用接触斑点控制轮齿在齿向
上的精度，以保证满足承载能力的要求。

接触斑点是将安装好的齿轮副在轻载的作
用下对滚，使一个齿轮轮齿上的印痕涂料转移
到相配齿轮轮齿上的痕迹。可以直接检验产品
齿轮副在箱体内产生的接触斑点，用以评估轮
齿的载荷分布状况，也可以在具有给定中心距
的机架上检验产品齿轮与测量齿轮的接触斑点，用以评估产品齿轮的螺旋线和齿廓精度。

通常采用装配用的蓝色印痕涂料，涂层厚度应为 $0.006\sim0.012\text{mm}$。

接触斑点分布范围以实际接触长度 b_c 和与其相对应的实际接触高度 h_c 表示，如
图 10-20 所示。并用它们的相对接触宽度
b_c/b 和相对接触高度 h_c/h 的百分数评定
齿轮精度。由于实际接触斑点的形状常常
与图 10-20 所示的不同，其评估结果更多
地取决于经验。因此，接触斑点的评定不
能替代标准规定的精度项目的评定。

接触斑点的检验具有简易、快捷、测
试结果可再现等特点，特别适用于大型齿
轮、圆锥齿轮和航天齿轮的检验。

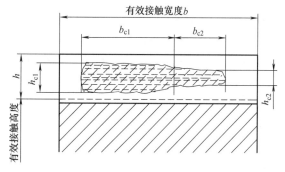

图 10-20　接触斑点的分布

10. 4 圆柱齿轮精度设计

齿轮精度设计包括确定齿轮三项精度（运动精度、平稳性精度和接触精度）的等级，选择齿轮精度和侧隙评定指标并给出其允许值（公差或极限偏差），确定齿坯公差等。

10. 4. 1 齿轮的精度等级及其选择

现行标准《圆柱齿轮　精度制　第 1 部分：轮齿同侧齿面偏差的定义和允许值》（GB/T 10095.1—2008）和《圆柱齿轮　精度制　第 2 部分：径向综合偏差与径向跳动的定义和允许值》（GB/T 10095.2—2008）将圆柱齿轮的精度指标（F_i'' 和 f_i'' 除外）分别规定了 13 个精度等级，精度从高到低依次为 0、1、2、…、12 级；对 F_i'' 和 f_i'' 分别规定了 9 个精度等级，精度从高到低依次为 4、5、6、…、12 级。各齿轮精度指标的精度等级和适用范围见表 10-1。

表 10-1　各齿轮精度指标的精度等级和适用范围

精度指标		精度等级	适用范围/mm
同侧齿面偏差	齿距偏差：f_{pt}、F_{pk}、F_p 齿廓偏差：F_α、$f_{f\alpha}$、$f_{H\alpha}$ 螺旋线偏差：F_β、$f_{f\beta}$、$f_{H\beta}$ 切向综合偏差：F_i'、f_i'	0～12	法向模数 m_n:0.5～70 分度圆直径 d:5～10000 齿宽 b:4～1000
双侧齿面偏差	径向跳动：F_r		
	径向综合偏差：F_i''、f_i''	4～12	法向模数 m_n:0.2～10 分度圆直径 d:5～1000

齿轮精度的 13 个等级中，0～2 级齿轮的精度要求非常高，目前我国只有极少数单位能够制造和测量 2 级精度齿轮，因此 0～2 级属于有待发展的精度等级，而 3～5 级为高精度等级，6～9 级为中等精度等级，10～12 级为低精度等级。

选用齿轮精度等级时，应仔细分析对齿轮传动提出的功能要求和工作条件，如传递运动准确性、圆周速度、噪声、传动功率、载荷、寿命、润滑条件和工作持续时间等。

通常以计算法或类比法来选用齿轮的精度等级。在实际工作中，主要采用类比法，极少数高精度的重要齿轮才采用计算法。

计算法：可按整个传动链末端元件传动精度的要求和偏差传递规律，分配各齿轮副传动精度的要求，计算出允许的转角误差，并折合为分度圆弧长，然后对照齿距累积总偏差的允许值确定齿轮传递运动的精度等级；或根据机械动力学和振动学计算并考虑振动、噪声以及圆周速度，确定传动平稳性的精度等级；也可以在强度计算或寿命计算的基础上确定承载能力（接触精度）的精度等级。

类比法：参照现有已证实可靠的同类产品或机械的齿轮，按精度要求、工作条件、生产条件等加以必要的修正，选用相应的精度等级。

必须指出，在选择齿轮精度等级时，如果选择某级精度而无其他说明，则该齿轮同侧齿面精度项目的允许值均按该精度等级确定。然而根据协议，齿轮的工作齿面和非工作齿面可以给出不同的精度等级，或对于不同的精度项目选用不同的精度等级。也可以只给出工作齿面的精度等级，而不对非工作齿面提出精度要求。

此外，径向综合偏差和径向跳动不一定要选用与同侧齿面相同的精度等级。因此，在技术文件中说明齿轮精度等级时应注明标准编号。

表 10-2 列出了各类机械中常用齿轮的精度等级。表 10-3 还列出了 4～9 级齿轮的切齿方法、应用范围以及与传动平稳性的精度等级相适应的齿轮圆周速度范围，可供设计时参考。

表 10-2　各类机械中常用齿轮的精度等级

应用范围	精度等级	应用范围	精度等级
测量齿轮	2～5	载货汽车	6～9
透平齿轮	3～6	一般减速器	6～9
精密切削机床	3～7	拖拉机	6～10
航空发动机	4～8	轧钢机	6～10
一般切削机床	5～8	起重机械	7～10
内燃机车或电气机车	5～8	地质矿山绞车	7～10
轻型汽车	5～8	农业机械	8～11

表 10-3　4～9 级齿轮的切齿方法、应用范围以及与传动平稳性的精度等级相适应的齿轮圆周速度范围

精度等级	切齿方法	应用范围	圆周速度/(m/s)	
			直齿	斜齿
4	精密滚齿机床滚切，精密磨齿，对大齿轮可滚齿后研齿或剃齿	极精密分度机械的齿轮，非常高速、要求平稳与无噪声的齿轮，高速涡轮机齿轮，检查 7 级齿轮的测量齿轮	<35	<70
5	精密滚齿机床滚切，精密磨齿，对大齿轮可滚齿后研齿或剃齿	精密分度机构的齿轮，高速并要求平稳、无噪声齿轮，高速涡轮机齿轮，检查 8、9 级齿轮的测量齿轮	<20	<40
6	精密滚齿机床滚切，精密磨齿，对大齿轮可滚齿后研齿或剃齿，磨齿或精密剃齿	高速、平稳、无噪声、高效率齿轮，航空、汽车、机床中的重要齿轮，分度机构齿轮，读数机构齿轮	<15	<30
7	在较精密机床上滚齿、插齿、剃齿、磨齿、珩齿或研齿	高速、小动力或反转的齿轮，金属切削机床中进给齿轮，航空齿轮，读数机构齿轮，具有一定速度的减速器齿轮	<10	<15
8	滚齿、插齿、铣齿，必要时剃齿、珩齿或研齿	一般机器中普通齿轮，汽车、拖拉机减速器中一般齿轮，航空中不重要齿轮，农机中的重要齿轮	<6	<10
9	滚齿或成形刀具分度切齿，不要求精加工	无精度要求的比较粗糙的齿轮	<2	<4

10.4.2　齿轮精度评定指标的选择

齿轮精度标准中给出的评定指标共有 14 个，在齿轮精度设计时并不需要全部给出，而是应该以保证齿轮的各项功能要求为前提，考虑精度等级、项目间协调、生产批量和检测费

用等因素，选择适当的评定指标。

选择精度指标时，应首先考虑采用同侧齿面的偏差，尤其是对高精度的齿轮，因为同侧齿面的精度指标比较接近齿轮的实际工作状态。通常采用齿距累积总偏差 F_p 评价齿轮的运动精度，采用单个齿距极限偏差 f_{pt} 与齿廓总偏差 F_α 评价齿轮工作平稳性，采用螺旋线总偏差 F_β 评价接触精度。齿距累积偏差 F_{pk} 主要用于评价大齿数高速齿轮的传动平稳精度，其他同侧齿面的偏差项目均不是判定齿轮精度的必检项目，可视具体情况由供需双方协商确定。

双侧齿面的偏差项目受非工作齿面精度的影响，反映齿轮实际工作状态的可靠性较差。但因测量方法简单迅速，主要适用于大批量生产和小模数齿轮，由供需双方协商确定。

从项目协调角度考虑，应尽量用一种检测方法测出多个偏差项目。例如：当评价运动精度时，可选用切向综合总偏差 F'_i，评价传动平稳精度的项目最好选用一齿切向综合偏差 f'_i；当评价运动精度时，可选用齿距累积总偏差 F_p，评价传动平稳精度的项目最好选用单个齿距极限偏差 f_{pt}。

生产批量较大时，宜采用综合性项目，如切向综合偏差和径向综合偏差，以提高检验效率，减少测量费用。精度项目的选定还应考虑测量设备等实际条件，在保证满足齿轮功能要求的前提下，充分考虑测量检验过程的经济性。

选择精度指标后，相应的公差或极限偏差可由附表 10-1 至附表 10-4 确定。

10.4.3　齿轮侧隙评定指标极限偏差的确定

为了保证齿轮传动正常工作，装配完成的齿轮副必须形成间隙配合，即齿轮非配合齿面之间应有合适的侧隙。

(1) 齿轮副的最小极限侧隙 j_{bnmin}

如前所述，侧隙的作用主要是为了保证润滑和补偿变形，所以，虽然在理论上应该规定两个极限侧隙（最大极限侧隙和最小极限侧隙）来限制实际侧隙，但由于较大侧隙一般不影响齿轮传动的功能。因此，通常只需规定最小（极限）侧隙，且最小侧隙不能为零或负值。

最小极限侧隙 j_{bnmin} 是两个齿轮的轮齿均为最大允许实效齿厚（实效齿厚是测得的实际齿厚加上轮齿各要素偏差对齿厚的综合影响量，相当于轴的体外作用尺寸）且中心距为允许的最紧值（外啮合为最小值）的条件下相啮合时，在静态条件下存在的允许最小侧隙。用以补偿箱体、轴承和轴的制造和安装误差，以及温度影响和旋转零件的离心胀大，保证齿轮的正常润滑等。如果已知箱体、轴承和轴的制造公差，齿轮和箱体工作时的温度以及润滑方式等，可以通过分析计算确定 j_{bnmin}，但这些因素较为复杂，不能简单进行叠加。

工业传动装置中用黑色金属材料制造的齿轮和箱体，齿轮节圆线速度不超过 15m/s 时，可根据中心距 a 和法向模数 m_n 按下式计算 j_{bnmin}

$$j_{bnmin} = \frac{2}{3} \times (0.06 + 0.0005a + 0.03m_n) \tag{10-8}$$

必要时，可以根据式 (10-1) 将法向侧隙折算成圆周侧隙。

(2) 齿厚极限偏差的确定

由于生产中通常采用控制齿厚的方法保证侧隙，因此设计时需确定齿厚极限偏差。

① 齿厚上极限偏差的确定。

两齿轮的齿厚上极限偏差（E_{sns1}、E_{sns2}）是齿厚的最小减薄量，不仅应保证齿轮副工

作的最小极限侧隙 j_{bnmin}，同时还应考虑齿轮的单个齿距偏差和螺旋线偏差会增大实效齿厚，从而导致侧隙减小 J_n，J_n 可按下面公式计算

$$J_n = \sqrt{(f_{pt1}^2 + f_{pt2}^2)\cos^2\alpha + 2F_\beta^2} \tag{10-9}$$

考虑当中心距为负偏差时会导致侧隙减小 $2f_a\sin\alpha$。这样将齿厚偏差折算到侧隙方向，则两齿轮的齿厚上极限偏差与 j_{bnmin}、J_n 和 f_a 的关系为

$$|E_{sns1} + E_{sns2}|\cos\alpha = j_{bnmin} + J_n + 2f_a\sin\alpha$$

通常取两齿轮的齿厚上偏差相等，即 $E_{sns1} = E_{sns2} = E_{sns}$，并考虑到它应为负值，于是有

$$E_{sns} = -\left(\frac{j_{bnmin} + J_n}{2\cos\alpha} + f_a\tan\alpha\right) \tag{10-10}$$

② 齿厚下极限偏差的确定。

齿厚下极限偏差可由齿厚上极限偏差 E_{sns} 和齿厚公差 T_{sn} 计算确定，即

$$E_{sni} = E_{sns} - T_{sn}$$

齿厚公差与切齿的工艺难度有关，其大小要适当，公差过小会增加制造成本，公差过大会使侧隙加大，反转时产生过大的空回，因而应考虑切齿径向进刀公差 b_r 的影响，同时考虑到齿轮径向跳动会影响齿厚的均匀性，故齿厚公差 T_{sn} 按下式估算

$$T_{sn} = \sqrt{F_r^2 + b_r^2}\, 2\tan\alpha \tag{10-11}$$

式中，F_r 可由附表 10-4 确定，b_r 可按表 10-4 选取，表中 IT 值可按分度圆直径查标准公差数值表确定。

表 10-4　切齿径向进刀公差 b_r 值

齿轮运动精度等级	4	5	6	7	8	9
b_r 值	1.26IT7	IT8	1.26IT8	IT9	1.26IT9	IT10

(3) 公法线长度极限偏差的确定

由于测量齿厚通常以齿顶圆作为测量基准，测量准确度不高，所以可用测量公法线长度代替测量齿厚。相应地应规定公法线长度极限偏差。公法线长度极限偏差可由齿厚极限偏差换算得到

$$E_{bns} = E_{sns}\cos\alpha$$
$$E_{bni} = E_{sni}\cos\alpha \tag{10-12}$$

10.4.4　齿坯精度的确定

齿坯精度设计时，首先应根据齿轮的结构类型确定齿轮加工、安装和检测的基准面，并尽量使其统一以减少基准转换引起的误差，然后根据附表 10-6～附表 10-8 确定相应的尺寸公差、几何公差和表面粗糙度数值。在制造条件允许的情况下，可适当提高齿坯精度，以利于保证轮齿的精度，从而获得更为经济的整体设计。

对于采用键联接的盘形齿轮，还应根据第 8 章相关设计方法确定轮毂键槽的尺寸精度、几何精度和表面粗糙度。

10.4.5 齿轮图样标注

齿轮的结构形式应根据设计需要并参考有关手册确定。齿坯公差直接标注在齿轮工作图上。主要参数（如模数 m、齿数 z、齿形角 α、螺旋角 β 和变位系数 x 等）、精度等级、所选择的公差或极限偏差均列表标注，见图 10-21。齿轮精度等级标注方法如下。

① 依次按运动精度、平稳性精度和接触精度的顺序标注精度等级和标准号。如运动精度为 7 级、平稳性精度和接触精度分别为 6 级，可标注为

$$7-6-6 \text{ GB/T } 10095.1-2008$$

若三项精度相同，例如均为 7 级，可标注为

$$7 \text{ GB/T } 10095.1-2008$$

② 将精度等级、小括号内的偏差项目和标准号同时注出。如 F_p 为 8 级，f_{pt}、F_α 和 F_β 均为 7 级，可标注为

$$8(F_p) \quad 7(f_{pt}、F_\alpha、F_\beta) \quad \text{GB/T } 10095.1-2008$$

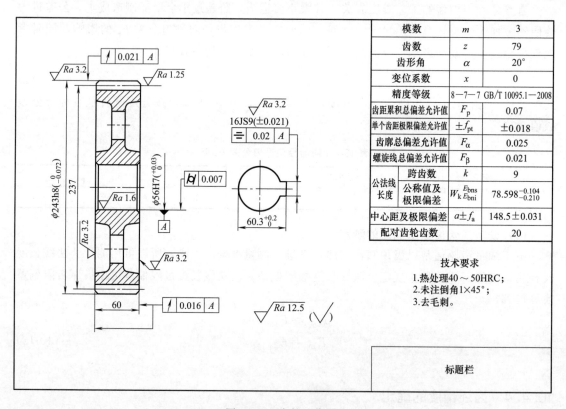

模数	m	3
齿数	z	79
齿形角	α	20°
变位系数	x	0
精度等级		8—7—7 GB/T 10095.1—2008
齿距累积总偏差允许值	F_p	0.07
单个齿距极限偏差允许值	$\pm f_{pt}$	±0.018
齿廓总偏差允许值	F_α	0.025
螺旋线总偏差允许值	F_β	0.021
公法线长度	跨齿数 k	9
	公称值及极限偏差 $W_k{}^{E_{bns}}_{E_{bni}}$	$78.598^{-0.104}_{-0.210}$
中心距及极限偏差	$a \pm f_a$	148.5±0.031
配对齿轮齿数		20

技术要求
1. 热处理40～50HRC；
2. 未注倒角1×45°；
3. 去毛刺。

标题栏

图 10-21 齿轮工作图

[**例 10-1**] 已知某渐开线直齿圆柱齿轮传动的模数 $m=5\text{mm}$，齿宽 $b=50\text{mm}$，小齿轮齿数 $z_1=20$，大齿轮齿数 $z_2=100$，中心距 $a=300\text{mm}$，精度等级均为 7 级。试确定其主要精度评定指标的允许值。

解：经查表和计算，可确定其主要精度指标的允许值，见表 10-5。

表 10-5　齿轮偏差允许值　　　　　　　　　　　　　　　mm

项目	项目代号	小齿轮 1	大齿轮 2	备注
齿数	z	20	100	已知
分度圆直径	d	100	500	$d=mz$
单个齿距极限偏差	f_{pt}	± 0.013	± 0.016	附表 10-1
齿距累积总偏差	F_p	0.039	0.066	附表 10-1
齿廓总偏差	F_α	0.019	0.024	附表 10-2
螺旋线总偏差	F_β	0.02	0.022	附表 10-3
一齿切向综合偏差	f_i' *	$0.04 \times 0.67 = 0.027$	$0.048 \times 0.67 = 0.031$	附表 10-4
切向综合总偏差	F_i'	$0.039 + 0.027 = 0.066$	$0.066 + 0.031 = 0.097$	$F_i' = F_p + f_i'$
齿轮径向跳动	F_r	0.031	0.053	附表 10-4
一齿径向综合偏差	f_i''	0.031	0.031	附表 10-5
径向综合总偏差	F_i''	0.062	0.084	附表 10-5

* 按已知条件可得 $\varepsilon_r \approx 1.7$，则 $K = 0.2 \times (\varepsilon_r + 4)/\varepsilon_r = 0.67$

[**例 10-2**]　某单级圆柱齿轮减速器中的一对圆柱齿轮，模数 $m = 3\text{mm}$，小齿轮齿数 $z_1 = 20$，大齿轮齿数 $z_2 = 79$，齿宽 $b = 60\text{mm}$，大齿轮内孔直径 $D = 56\text{mm}$，两齿轮的支承跨距均为 100mm，主动齿轮（小齿轮）的转速为 $n_1 = 750\text{r/min}$。试对大齿轮进行精度设计，并画出齿轮工作图。

解： 根据已知参数，求得齿轮的分度圆直径：$d_1 = mz_1 = 60$（mm），$d_2 = mz_2 = 237$（mm），中心距 $a = (d_1 + d_2)/2 = 148.5$（mm）。

① 确定精度等级及评定指标。

按类比法确定齿轮精度等级，齿轮圆周速度为

$$v = \frac{\pi d_1 n_1}{60 \times 1000} = \frac{\pi \times 60 \times 750}{60 \times 1000} = 2.36 \text{（m/s）}$$

由表 10-2 和表 10-3 选定该齿轮传动平稳性精度为 8 级。由于减速器对传递运动精度没有特殊要求，故运动精度也选 8 级；减速器主要用于传递载荷，因此齿面接触精度提高一级，即选择为 7 级。

在没有与产品用户协商的情况下，为保证产品质量，应选择同侧齿面的偏差项目，即选择齿距累积总偏差 F_p、单个齿距极限偏差 f_{pt}、齿廓总偏差 F_α 和螺旋线总偏差 F_β，则齿轮精度等级可表示为

$$8-8-7 \text{ GB/T } 10095.1-2008$$

或　　　　　　　　$$8(F_p、f_{pt}、F_\alpha)7(F_\beta)\text{GB/T } 10095.1-2008$$

② 确定所选精度指标的公差或极限偏差。

由附表 10-1、附表 10-2 和附表 10-3 可分别查得：

$F_p = 70\mu\text{m}$，$f_{pt} = \pm 18\mu\text{m}$（小齿轮 $f_{pt1} = \pm 17\mu\text{m}$）、$F_\alpha = 25\mu\text{m}$、$F_\beta = 21\mu\text{m}$

③ 确定最小极限侧隙、齿厚偏差和公法线长度极限偏差。

最小极限侧隙为

$$j_{bnmin} = \frac{2}{3} \times (0.06 + 0.0005a + 0.03m_n)$$

$$= \frac{2}{3} \times (0.06 + 0.0005 \times 148.5 + 0.03 \times 3) = 0.15(\text{mm}) = 150(\mu\text{m})$$

齿轮制造误差引起侧隙减小量 J_n 为

$$J_n = \sqrt{(f_{pt1}^2 + f_{pt2}^2)\cos^2\alpha + 2F_\beta^2}$$
$$= \sqrt{(17^2 + 18^2)\cos^2 20° + 2 \times 21^2} \approx 38(\mu\text{m})$$

由附表 10-9 查得 $f_a = 31.5\mu\text{m}$，则齿厚上极限偏差为

$$E_{sns} = -\left(\frac{j_{bnmin} + J_n}{2\cos\alpha} + f_a\tan\alpha\right)$$
$$= -\left(\frac{150 + 38}{2 \times \cos 20°} + 31.5 \times \tan 20°\right) \approx -111(\mu\text{m})$$

由附表 10-4 查得 $F_r = 56\mu\text{m}$；由表 10-4 可知，$b_r = 1.26\text{IT}9 = 1.26 \times 115 = 145\mu\text{m}$，则齿厚公差为

$$T_{sn} = \sqrt{F_r^2 + b_r^2}\, 2\tan\alpha = \sqrt{56^2 + 145^2} \times 2\tan 20° \approx 113(\mu\text{m})$$

则齿厚下极限偏差 $E_{sni} = E_{sns} - T_{sn} = -111 - 113 = -224$ （μm）

本例采用公法线长度偏差验收侧隙，则其上、下极限偏差分别为

$$E_{bns} = E_{sns}\cos\alpha = -111\cos 20° = -104(\mu\text{m})$$
$$E_{bni} = E_{sni}\cos\alpha = -224\cos 20° = -210(\mu\text{m})$$

跨齿数　$k = \dfrac{z\alpha}{180°} + 0.5 = \dfrac{79 \times 20}{180} + 0.5 = 9.3$　　　取 $k = 9$

公法线长度公称值为

$$W_k = m\cos\alpha[\pi(k - 0.5) + z\,\text{inv}\alpha + 2x\tan\alpha]$$
$$= 3 \times \cos 20°[\pi(9 - 0.5) + 79 \times 0.014904] = 78.598(\text{mm})$$

根据计算结果，齿轮图样上标注为 $78.958_{-0.210}^{-0.104}\,\text{mm}$。

④ 齿坯公差。

尺寸公差按附表 10-6 确定，齿轮内孔公差带为 $\phi 56\text{H}7$ （$_{0}^{+0.03}$），齿顶圆作为加工的径向找正面，选取公差带为 $\phi 243\text{h}8$（$_{-0.072}^{0}$）。

几何公差数值按附表 10-7 公式计算确定，内孔圆柱度公差 $t_1 = 0.1F_p = 7\mu\text{m}$，齿顶圆的径向圆跳动公差为 $t_2 = 0.3F_p = 21\mu\text{m}$，轴向圆跳动公差 $t_3 = 0.2(D_d/b)F_\beta = 16\mu\text{m}$ （基准端面直径取齿根圆直径，$D_d = 229.5\text{mm}$）。

齿轮齿面和基准面的粗糙度值按附表 10-8 确定。

齿轮工作图见图 10-21。

习　题

一、思考题

1. 齿轮传动的四项使用要求是什么？不同用途和不同工况下对其使用要求的侧重点是否有所不同？试举例说明。

2. 影响齿轮精度的主要误差来源是什么？齿轮的加工误差可分为哪几个方向？

3. 齿轮长周期误差和短周期误差如何界定？它们分别影响齿轮的哪项精度要求？

4. 齿轮同侧齿面的精度指标包括哪些项目？它们分别影响齿轮的哪项精度要求？

5. 齿轮双侧齿面的精度指标包括哪些项目？它们分别影响齿轮的哪项精度要求？

6. 齿轮副的侧隙有何作用？一般用什么方法获得侧隙？侧隙的大小与齿轮的精度等级是否有关？

7. 侧隙的评定指标有哪些？选择齿轮侧隙的评定指标时，公法线长度偏差比齿厚偏差优越之处何在？

8. 齿轮副的中心距偏差和轴线平行度误差对齿轮传动的功能有何影响？

9. 检验接触斑点有何意义？

10. 齿轮副所需的最小侧隙如何确定？齿厚上、下偏差如何确定？公法线长度上、下偏差如何确定？

11. 齿轮的齿坯公差项目有哪些？为什么要规定这些公差项目？

12. 齿轮啮合时齿顶圆既非配合面，又非工作面，为什么还需对齿顶圆规定尺寸公差和几何公差？

二、练习题

1. 试解释下列标注的含义：

① 8—8—7GB/T 10095.1—2008。

② 8 (F_p、f_{pt}、F_α) 7 (F_β) GB/T 10095.1—2008。

2. 一对相互啮合的渐开线直齿圆柱齿轮，已知模数 $m=3$mm，齿数分别为 $z_1=30$、$z_2=90$，齿宽 $b=30$mm，6 级精度。试查表确定其主要精度指标的公差或极限偏差，填入习题表 10-1 中。

习题表 10-1

精度指标	代号	z_1	z_2
齿距累积总偏差	F_p		
单个齿距极限偏差	$\pm f_{pt}$		
齿距累积偏差	F_{pk}		
齿廓总偏差	F_α		
螺旋线总偏差	F_β		
径向综合总偏差	F_i''		
一齿径向综合偏差	f_i''		
径向跳动	F_r		

3. 已知某渐开线直齿圆柱齿轮的模数 $m=2.5$mm，齿宽 $b=25$mm，齿数 $z=90$，若实测 F_α 为 12μm，f_{pt} 为 -10μm，F_p 为 35μm，F_β 为 20μm，问该齿轮可达几级精度？若要提高一级精度，应主要采取什么措施？

4. 某减速器中斜齿圆柱齿轮的法向模数 $m_n=3$mm，齿数 $z=20$，法向压力角 $\alpha_n=20°$，分度圆螺旋角 $\beta=8°6'34''$，变位系数为零，齿宽 $b=65$mm，精度等级为 8 级。试确定齿轮精度各评定项目的公差或极限偏差。

5. 某通用减速器中相互啮合的两个直齿圆柱齿轮的模数 $m=4$mm，压力角 $\alpha=20°$，变位系数为零，齿数分别为 $z_1=30$、$z_2=96$，齿宽分别为 $b_1=75$mm、$b_2=70$mm，基准孔直径分别为 $D_1=\phi40$mm、$D_2=\phi55$mm，两齿轮的精度均为 8—7—7　GB/T 10095.1。试确定：

① 大齿轮精度评定指标的公差或极限偏差。

② 大齿轮齿厚的极限偏差。

③ 大齿轮的公称公法线长度及相应的跨齿数、极限偏差。

④ 大齿轮的齿坯公差和各个表面的表面粗糙度轮廓幅度参数及其允许值（包括齿轮轮毂键槽的尺寸公差、几何公差和表面粗糙度，已知键宽 $b=16\mathrm{mm}$）。

⑤ 仿照图 10-21，将上述技术要求标注在齿轮图样上。

6. 某普通车床主轴箱中相互啮合的两直齿圆柱齿轮的模数 $m=2.75\mathrm{mm}$，压力角 $\alpha=20°$，变位系数为零，齿数分别为 $z_1=26$、$z_2=56$，齿宽分别为 $b_1=28\mathrm{mm}$、$b_2=24\mathrm{mm}$，传递功率为 5kW，齿轮基准孔直径分别为 $D_1=\phi30\mathrm{mm}$、$D_2=\phi45\mathrm{mm}$。主动齿轮的转速 $n_1=1650\mathrm{r/min}$。齿轮材料为 45 钢。

① 确定大、小齿轮的精度等级。

② 选择大、小齿轮精度评定指标，并查表确定相应的公差或极限偏差。

③ 计算大、小齿轮齿厚的极限偏差。

④ 计算大、小齿轮的公称公法线长度及相应的跨齿数、极限偏差。

⑤ 确定大、小齿轮的齿坯公差和表面粗糙度轮廓幅度参数及其允许值（包括齿轮轮毂键槽的尺寸公差、几何公差和表面粗糙度，已知键宽 $b=10\mathrm{mm}$）。

⑥ 画出小齿轮的零件图，并将上述技术要求标注在齿轮图上。齿轮的结构参看有关图册或手册进行设计。

第11章
几何量检测基础

机械工业的发展离不开测量技术的发展，从生产发展的历史看，产品加工精度的提高与测量技术水平的提高紧密相关。只有通过测量才能获知零、部件的几何量精度是否达到规定的要求，对其合格性做出评价，因此测量是实现互换性的基础，在产品设计、制造、检测三大环节中，测量占有极其重要的地位。

11.1　概述

11.1.1　测量、检验和检定的概念

为了判断完工后的零件是否达到设计的精度要求，需要对其进行检测，检测是测量和检验的通称。

测量是以确定被测量的量值为目的的过程。其实质是将被测对象与作为计量单位的标准量进行比较，并确定两者比值的过程。若被测几何量为 L，采用的计量单位是 E，它们的比值是 q，即 $q=L/E$，则被测几何量可表示为 $L=qE$。例如使用游标卡尺测量轴径，就是将被测轴的直径与长度单位（毫米）相比较。若其量值为 15.52mm，则 mm 就是计量单位，15.52 就是以 mm 为计量单位时该轴径的数值。

检验是判断产品是否满足设计要求的过称。检验的对象通常是工件，因此检验的主要目的就是判定工件的合格性。可利用计量器具测出被测量的量值判定，也可以不需得到量值，如用量规、目测等方法判定。前者称为定量检验，后者称为定性检验。

检定是评定计量器具是否符合法定要求的过程，它包括检查、加标记和出具鉴定证书。如常用的千分尺、卡尺、量块都应按计量检定规程规定的周期进行检定。

11.1.2　测量的基本要素

任何测量过程都必须有明确的测量对象和确定的测量单位，还要有与测量对象相适应的测量方法，同时测量结果还需保证达到所要求的测量精度。由此可知，任何测量过程都包含测量对象、计量单位、测量方法和测量精度四个基本要素。

（1）测量对象

测量对象又称为被测量，按照被测量的不同，计量学可以分为几何量计量、热工计量等十大领域。对本课程研究的机械产品来说，除其力学性能和化学性能以外，主要对象是几何

量的测量，包括长度和角度以及它们在机械零件上的各种表现形式，如表面粗糙度的评定参数，零件的形状、方向和位置误差，齿轮、螺纹的各项偏差等。

（2）计量单位

计量单位又称测量单位，简称单位，是定量表示同种量的量值而约定采用的特定量。计量单位是有明确定义和名称且其数值为 1 的一个固定物理量。对计量单位的要求是统一稳定，能够复现，便于应用。

几何量中长度的基本单位是米（m），常用单位是毫米（mm）、微米（μm），超精密计量中采用纳米（nm）为单位。$1mm=10^{-3}m$，$1\mu m=10^{-3}mm$，$1nm=10^{-3}\mu m$。

平面角度的单位是弧度（rad），常用单位是微弧度（μrad）、度（°）、分（′）、秒（″）。$1\mu rad=10^{-6}rad$，$1°=0.0174533rad$。度、分、秒采用 60 等分制，即 $1°=60′$，$1′=60″$。

（3）测量方法

测量方法是根据一定的测量原理，利用合适的测量器具在实施测量过程中的实际操作。在实施测量过程中，应该根据被测对象的特点（如材料硬度、外形尺寸、生产批量、制造精度、测量目的等）和被测参数来拟定测量方案，选择测量器具，规定测量条件和进行测量操作，从而获得可靠的测量结果。

（4）测量精度

测量精度是指测量结果与被测量真值的一致程度。由于测量误差的存在，任何测量都不能得到被测量的真值，因此测量结果只能在一定范围内接近真值，反映测量精度高低的是测量误差，通常用测量不确定度表示。不知道测量精度的测量结果是没有意义的。

11.1.3 几何量检测技术的发展

现代科学技术的发展和生产水平的提高，使几何量测量技术也得到了不断地发展。由于采用新的物理原理及新的技术成就，传统的基于机械和几何光学原理的测量技术已经发展成融机械、光学、电子学等于一体的全新的测量技术，测量的自动化程度和测量效率大为提高。数字显示量仪的普及，极大地减轻了测量的劳动强度。坐标测量技术的发展和计算机技术的应用，产生了现代三坐标测量机，使测量内容不断丰富、测量功能不断完善。新技术的应用也使得几何量测量的精度不断提高。广泛用于长度测量的微差比较仪，其精度已经稳定地达到 $1\mu m$，而电感、电容式等测微仪的精度已能稳定地达到 $0.1\mu m$，激光干涉仪的问世，使长度测量的精度达到了 $0.01\mu m$，隧道电子显微镜和最新光外差方法的应用，均使其测量精度达到了 $0.001\mu m$，即 1nm 的水平。在线测量技术的发展，实现了在加工过程中对零件的测量，减少了废品率，提高了生产效率，降低了生产成本。

11.2 计量基准与量值传递

11.2.1 计量基准

我国计量单位中长度的基本单位是米（m），1983 年第十七届国际计量大会通过的最新米定义是：1 米等于光在真空中 1/299792458s 行程的长度。将米的定义变为现实，称为米的复现。计量基准就是复现和保存计量单位并具有规定计量特性的计量器具，分为国家基准、副基准和工作基准。

国家基准是根据定义复现和保存计量单位且具有最高计量特性，经国家检定、批准作为统一全国量值最高依据的计量器具。它在全国范围内是量值传递的起点，也是量值溯源的终点。

副基准是通过与国家基准比对或校准来确定其量值，经国家鉴定、批准的计量器具。它用以代替国家基准的日常使用及验证。一旦国家基准损坏，副基准可用来代替国家基准。

工作基准是通过与国家基准或副基准比对或校准，用以检定计量标准器的计量器具。设立工作基准主要是为了避免国家基准和副基准因频繁使用而丧失精度或受到损坏。

长度基准的建立和变革是与人类对自然界认识的深化和科学技术的发展密切相关的。古时各国多以人体的一部分作为长度基准，如我国的"布手为尺"（两拃为 1 尺）、英国的"码"和"英尺"（英女皇足长为 1 英尺）等。1875 年国际"米制公约"的签订，开始了以科学为基础的经典阶段。1889 年第一次国际计量大会决定，以经过巴黎的地球子午线长度的四千万分之一定义为 1 米，并以铂铱合金制成基准米尺——国际米原器，其复现不确定度为 1.1×10^{-7}。由于实物基准具有不稳定、不可靠等缺陷，1960 年第十一届国际计量大会决定，将米的定义更改为 1 米的长度等于 ^{86}Kr 在 $2p^{10}$ 和 $5d^5$ 能级之间跃迁时所产生的辐射在真空中波长的 1650763.73 倍，从而把米的定义建立在自然基准上。而 1983 年通过的最新米的定义实际上已将长度单位转化为时间单位和光速值的导出值，米的新定义使复现米的精确度不再受"米定义"的限制，只要能获得高频率、高稳定度的辐射，并能对其频率进行精确地测定，就能够建立精确的长度基准。我国目前采用稳频的激光波长作为长度基准来复现米，其测量的不确定度达到 2.5×10^{-11}m。

角度量与长度量不同，由于常用角度单位（°）是由圆周角定义的，即圆周角等于 360°，而弧度与度、分、秒又有确定的换算关系，因此无需建立角度的自然基准。

11.2.2　量值传递与溯源性

根据定义建立的国家基准、副基准和工作基准，一般都不能直接用于生产中对零件进行测量。为了确保量值的合理和统一，必须按国家计量检定系统的规定，将具有最高计量特性的国家基准逐级进行传递，直至对零件进行测量的各种测量器具。量值传递及其逆过程——量值溯源是实现量值统一的主要途径与手段。

量值传递是指通过对测量仪器的校准或检定，将国家测量标准所实现的单位量值通过各等级的测量标准传递到工作测量仪器的活动，以保证测量所得的量值准确一致。

量值的溯源性是通过一条具有规定不确定度的连续比较链，使测量结果或计量标准的值能够与规定的参考标准（通常是国家基准或国际基准）联系起来的特性。溯源性是指自下而上通过不间断地校准而构成溯源体系，从技术上保证测量的准确性和一致性。

实际生产中不便于使用光波长度作为测量基准，为保证长度基准能够准确地传递到工业生产中，必须建立从光波基准到生产中使用的各种测量器具的长度量值传递系统。长度量值传递是通过实物计量标准器实现的，如图 11-1 所示。长度量值分为两个平行的实物基准系统向下传递：端度量具（量块）系统和线纹量具（线纹尺）系统，其中尤以量块的应用更为广泛。

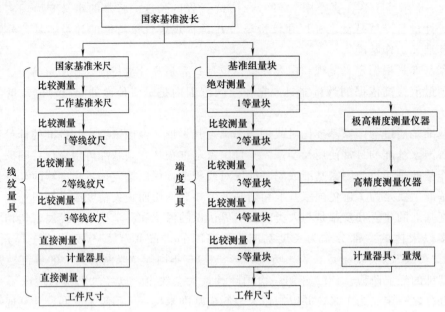

图 11-1　长度量值传递系统

角度是重要的几何量之一。虽然角度无需像长度那样建立自然基准，但为了工作方便，仍采用多面棱体作为实物基准，多面棱体有 4 面、6 面、8 面、12 面、36 面及 72 面等。机械制造中的角度标准一般是角度量块、测角仪或分度盘等。角度量值传递系统如图 11-2 所示。

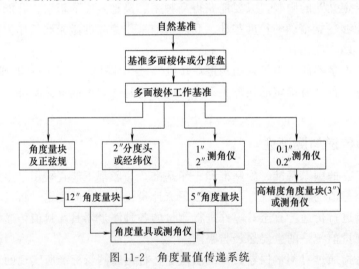

图 11-2　角度量值传递系统

11.2.3　量块

量块是一种没有刻度的平行平度端面量具，是保证长度量值统一的重要实物量具。除作为工作基准之外，量块还可以用来调整仪器、机床或直接测量零件。

(1) 量块的一般特性

量块采用线胀系数小、尺寸稳定、硬度高、耐磨性好的材料制造，横截面为矩形。每块量块都有两个非常光洁、平面度精度很高的平行平面，称为量块的测量面（或称工作面），如图 11-3 所示。

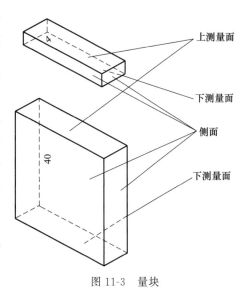

　　量块具有研合性，研合性是指其测量面具有极高的表面质量，当测量面上留有极薄的一层油膜（$0.02\mu m$）时，在切向推合力的作用下，一个测量面与另一量块的测量面（或类似量块测量面的平面）通过分子之间吸引力的作用而相互黏合的性能。研合性使量块的尺寸和砝码的质量一样具有可加性，从而使量块可以组合使用。

（2）量块精度的术语

　　如图 11-4 所示，量块的一个测量面研合在辅助平板（或平晶）上，则有如下定义。

图 11-3　量块

　　① 量块长度。

　　量块长度 l 是指量块一个测量面上任意点到与其相对的另一测量面相研合的辅助平板表面之间的垂直距离。

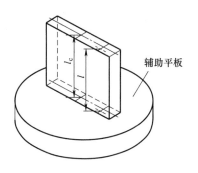

(a) 量块及相研合的辅助平板

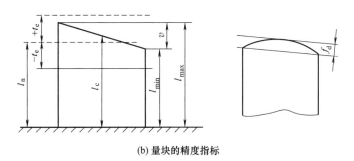

(b) 量块的精度指标

图 11-4　量块、相研合的辅助平板及精度指标

　　② 量块中心长度。

　　量块中心长度 l_c 是指对应于量块未研合测量面中心点的量块长度。

　　③ 量块标称长度。

　　量块标称长度 l_n 是指标记在量块上，用于表明其与主单位（m）之间关系的量值，也称为量块长度的示值。

对于标称长度不大于 5.5mm 的量块，其标称长度刻印在上测量面上，与其相背的为下测量面；对于标称长度大于 5.5mm 的量块，其标称长度刻印在面积较大的一个侧面上，如图 11-3 所示。

④ 量块长度偏差。

量块长度偏差 e 是指任意点的量块长度与标称长度的代数差，即 $e = l - l_n$，极限偏差以 $\pm t_e$ 表示，如图 11-4（b）所示。

⑤ 量块长度变动量。

量块长度变动量 v 是指测量面上任意点中的最大长度 l_{max} 与最小长度 l_{min} 之差，长度变动量最大允许值以 t_v 表示。

⑥ 量块测量面的平面度。

量块测量面的平面度 f_d 是指包容测量面且距离为最小的两个相互平行平面之间的距离，如图 11-4（b）所示。

(3) 量块精度等级的划分

① 量块的分级。

根据《量块》（JJG 146—2011）的规定，量块按其制造精度可分为 K、0、1、2、3 五级，其中 K 级精度最高，各级精度依次降低，3 级精度最低。量块分"级"的主要依据是量块长度的极限偏差 $\pm t_e$ 和长度变动量允许值 t_v。

量块长度极限偏差的含义与一般零件尺寸的极限偏差相同，它是量块制造时长度实际偏差允许变动的界限值。量块长度的上、下极限偏差大小相等、符号相反，即关于量块的标称长度对称分布，如图 11-4（b）所示。量块长度变动量允许值的概念与几何公差中规定的面对面平行度公差概念相似。各级量块测量面上任意点的长度极限偏差和长度变动量最大允许值可参见附表 11-1。

② 量块的分等。

根据《量块》（JJG 146—2011）的规定，量块按其检定精度可分为 1、2、3、4、5 五等，其中 1 等精度最高，各等精度依次降低，5 等精度最低。量块分"等"的主要依据是量块长度的测量不确定度和长度变动量允许值。各等量块长度的测量不确定度和长度变动量最大允许值可参见附表 11-2。

(4) 量块的使用

量块按"级"使用时，以刻印在量块上的标称长度作为工作尺寸，该尺寸包含了量块的制造误差。量块按"等"使用时，以经过检定后给出的量块中心长度作为工作尺寸，该尺寸不包含量块的制造误差，但是包含检定时较小的测量误差。所以量块按"等"使用时，其测量精度比按"级"使用要高。

量块按"等"使用虽然精度高，但是需经过检定，以测得量块中心长度的实际偏差，这样不仅增加费用，也给实际使用带来不便，因此仅在量值传递或高精度测量中按"等"使用量块，而实际生产工作中多按"级"使用量块。

量块是单值量具，一个量块只有一个尺寸。为了满足一定范围内不同尺寸的测量要求，可以利用量块的研合性，将多个量块组合使用，以形成所需的工作尺寸。我国生产的成套量块有 91 块、83 块、46 块、38 块等 17 种规格。附表 11-3 列出了部分成套量块的组合尺寸。

量块组合使用时，为了减少其累积误差，应尽量使用最少数量的量块组成所需的尺寸，一般不超过 4 块。因此，组合量块应从所需组合尺寸的最后一位数开始选择适当尺寸的量块，每选一块量块至少减去所需尺寸的一位小数。

例如，为组成尺寸 89.764mm，可由附表 11-3 所列的 91 块一套量块中选用 1.004mm、1.26mm、7.5mm 和 80mm 四块组成。

$$
\begin{array}{rl}
89.764\text{mm} & \cdots\cdots\text{所需尺寸} \\
-)\quad 1.004\text{mm} & \cdots\cdots\text{第一块量块} \\
\hline
88.76\ \text{mm} & \\
-)\quad 1.26\ \text{mm} & \cdots\cdots\text{第二块量块} \\
\hline
87.5\ \ \text{mm} & \\
-)\quad 7.5\ \ \text{mm} & \cdots\cdots\text{第三块量块} \\
\hline
80\quad\ \text{mm} & \cdots\cdots\text{第四块量块}
\end{array}
$$

11.3　测量方法与测量器具

11.3.1　测量方法分类

根据获得测量结果的原理或途径不同，可将测量方法作如下分类。

(1) 绝对测量与相对测量

绝对测量指测量器具显示的数值就是被测量的完整量值。例如使用千分尺、游标卡尺测量轴的直径等。

相对测量又称微差测量或比较测量，是将被测量与同它只有微小差别的标准量相比较，通过测量这两个量值之间的差值以确定被测量量值的测量方法。如图 11-5 所示的使用比较仪测量轴的直径，先根据公称尺寸选用量块将比较仪调零，然后换上被测轴进行测量，则仪器的示值就是轴的直径与量块尺寸之差，将该示值加上量块的尺寸，就得到被测轴的直径。

相对测量虽然不如绝对测量方便，但可以获得较高的测量精度，因此在几何量的精密测量中得到了广泛的应用。

(2) 直接测量与间接测量

直接测量是不必测量与被测量有函数关系的其他量，而能直接得到被测量值的测量方法。如欲测量轴的直径，可使用千分尺、比较仪等直接测量。

间接测量是通过测量与被测量有函数关系的其他量，通过计算得到被测量值的测量方法。图 11-6 所示为利用弓高弦长法间接测量圆弧样板的半径 R。为了得到 R 的量值，通过测得弓高 h 和弦长 b 的量值，然后按照下式计算即可。

$$
R = \frac{b^2}{8h} + \frac{h}{2}
$$

直接测量法比较简便，无需进行烦琐的计算。但某些

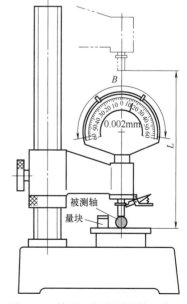

图 11-5　使用比较仪测量轴的直径

被测量，如孔心距、圆弧半径、圆锥角等不易采用直接测量法，或直接测量法达不到要求的精度（如某些小角度的测量），则应采用间接测量法。

（3）接触测量与非接触测量

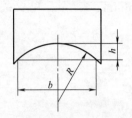

图 11-6 利用弓高弦长法间接测量圆弧样板的半径

接触测量是测量器具的测头或传感器与被测零件的表面直接接触的测量方法。例如使用游标卡尺、千分尺、比较仪等测量零件尺寸都属于接触测量。接触测量在生产现场得到了广泛的应用。因为它可以保证测量器具与被测零件间具有一定的测量力，具有较高的测量可靠性，对零件表面油污、切削液及微小振动等不甚敏感。但由于有测量力，会引起零件表面、测头和量仪传动系统的弹性变形、测头的磨损以及零件表面划伤等问题。

非接触测量是测量器具的传感器与被测零件的表面不直接接触的测量方法。例如使用投影仪、气动量仪等测量都属于非接触测量。非接触测量可以避免测量力对被测零件表面的损坏，消除测量器具和被测零件的受力变形，但对被测零件的表面状态有较高的要求，且不能附有油污和切削液，常用于小尺寸零件、易变形零件或较软材料制成零件的测量。

（4）被动测量与主动测量

被动测量是零件加工完成后进行的测量，一般情况下被动测量仅在于发现和剔除废品，所以又称为消极测量。

主动测量是在零件加工过程中进行的测量，并根据测得值反馈控制加工过程，以决定是否需要继续加工或调整机床，又称为积极测量。主动测量使测量与加工工艺以最密切的形式结合起来，可以有效防止废品的发生，提高生产率，是技术测量的发展方向之一。

（5）单项测量与综合测量

单项测量即单独地、彼此没有联系地分别测量零件的单项参数。例如分别测量齿轮的齿厚、齿廓、齿距；分别测量螺纹的中径、螺距、牙型半角等。

综合测量是同时测量零件几个相关参数的综合效应或综合参数。例如齿轮的综合测量、螺纹的综合测量、使用光滑极限量规检验零件的合格性等。

单项测量能分别确定每一被测参数的误差，一般用于废品分析以及工序检验等。综合测量效率较高，对保证零件的互换性更为可靠，常用于完工零件的检验。

此外，按照被测量或零件在测量过程中所处的状态，测量方法又可分为静态测量与动态测量；按照决定测量精度的因素或条件是否相对稳定，测量方法还可分为等精度测量与不等精度测量等。

11.3.2 测量器具

测量器具也称计量器具，是可以单独地或与辅助设备一起，用来直接或间接确定被测对象量值的器具或装置。

（1）测量器具的分类

几何量测量器具通常分为实物量具、测量仪器、测量装置等。

① 实物量具。

实物量具是指具有固定形态，用来复现或提供给定量的一个或多个已知量值的测量器具。实物量具可分为单值量具（如量块、直角尺等）和多值量具（如线纹尺、多面棱体等）。

量具一般不带有可动的结构，但我国习惯上将百分尺、游标卡尺和百分表等简单的测量仪器也称为"通用量具"。

② 测量仪器。

测量仪器又称计量仪器，是指能将被测几何量的量值转换成可直接观测的示值或等效信息的测量器具。测量仪器按原始信号转换原理不同可分为以下几种。

a. 机械式量仪。指借助于机械方法实现原始信号转换的仪器，如百分表、千分表、扭簧比较仪、杠杆比较仪等。这种仪器结构较简单，性能稳定，使用方便。

b. 电动式量仪。指将原始信号转换为电量，以实现几何量测量的仪器，如电感测微仪、圆度仪、轮廓度仪。这类仪器精度高，易于实现测量和数据处理的自动化。

c. 光电式量仪。指利用光学方法实现原始信号的转换，或再利用光电元件转换为电量进行测量的仪器，如光电显微镜、光栅测长机、数显万能工具显微镜、激光准直仪等。这类仪器精度高，性能稳定。

d. 气动式量仪。指以压缩气体为介质，将被测量转换为气动系统流量或压力的变化，从而实现几何量测量的仪器，如浮标式气动测量仪、电子柱式气动测量仪等。气动量仪采用非接触测量，可测量的项目多，特别适用于机械式量仪难以解决的场合，如测量深孔内径、小孔内径、窄槽宽度等。

③ 测量装置。

测量装置是指为确定被测量值所必需的测量仪器和辅助设备的总体，如渐开线样板检定装置、发动机缸体多参数测量装置、连杆综合测量装置等。测量装置能够测量同一零件上较多的几何量和形状复杂的零件，有助于实现测量的自动化，提高测量效率。

(2) 测量器具的基本技术指标

测量器具的技术指标是选择和使用测量器具、研究和判断测量方法正确性的依据。测量器具的基本技术指标如下。

① 标称值和示值。

标注在量具上用以标明其特性或指导其使用的量值称为标称值。如刻在量块上的尺寸、标在千分尺上的分度值、测量范围等。由测量器具所指示的被测量值称为示值。

② 标尺间距和标尺的分度值。

测量器具标尺或刻度盘上两相邻刻线中心之间的距离或圆弧长度称为标尺间距。为了便于人眼观察和读数，一般测量器具的标尺间距为 $1\sim2.5$ mm。

测量器具标尺或刻度盘上每一刻线间隔所代表的量值称为分度值。分度值表示测量器具所能准确读出的被测量值的最小单位，如图 11-7 所示，机械比较仪的分度值为 $1\mu m$。

③ 示值范围和测量范围。

测量器具所能显示的被测量从起始值到终止值的范围称为示值范围。示值范围一般以被测量数值的起始值和终止值表示。

测量范围是在允许的误差限内，测量器具所能测量的被测量值的下限值至上限值的范围。例如图 11-7 所示机械比较仪的示值范围为 $\pm100\mu m$，而测量范围为 $0\sim180$ mm。采用绝对测量法的测量器具，如百分尺等，其示值范围和测量范围是一致的；采用相对测量法的测量器具，如机械比较仪等，其示值范围与标尺有关，而测量范围则取决于其结构。

④ 灵敏度和分辨力。

测量器具对被测量微小变化的响应能力称为灵敏度。若被测量的变化为 Δx，引起测量

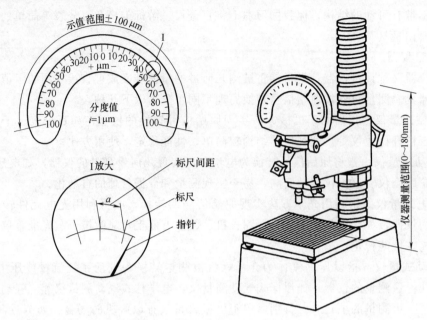

图 11-7　测量器具的基本技术指标

器具的响应变化为 ΔL，则灵敏度 S 为

$$S = \frac{\Delta L}{\Delta x}$$

当分子和分母为同一物理量时，灵敏度又称为放大倍数 K。以图 11-7 为例，被测量变化了分度值 i 时，即机械比较仪的测头上下移动了分度值 i 时，指针摆动了标尺间距 a，故放大倍数 K 为

$$K = \frac{a}{i}$$

分辨力是指使测量器具的示值产生可察觉变化时被测量值的最小变化量。对指示式测量器具，分辨力为分度值的一半；对数字显示式测量器具，分辨力为测量器具能够有效辨别最小量值的变化量，如 19JC 数显万能工具显微镜的分辨力为 $0.5\mu m$。

⑤ 测量力。

接触测量时，测量器具的测头与被测零件表面之间的接触力称为测量力。测量力太小会影响接触的可靠性，测量力太大会引起零件的弹性变形，影响测量精度。因此，绝大多数采用接触测量的测量器具都具有测量力稳定机构。

⑥ 回程误差。

在相同条件下，被测量值不变，测量器具行程方向不同时，两示值之差的绝对值称为回程误差，又称为滞后误差或空回。

回程误差是由测量器具中测量系统的间隙、变形和摩擦等原因引起的。为了减少回程误差的影响，应使测量器具的运动部件沿同一方向运动，即所谓单向测量。许多测量器具（如百分表、千分表等）则利用弹簧（游丝）消除齿轮机构的齿侧间隙。

⑦ 示值误差和修正值。

示值误差是指测量器具上的示值与被测量真值之间的代数差，是测量结果中的系统误差之一。一般情况下，示值误差越小，测量器具的精度就越高。

修正值是指为了消除或减少系统误差，用代数法加到未修正测量结果上的数值。修正值与示值误差大小相等，符号相反。

⑧ 测量重复性和测量不确定度。

测量重复性是指在相同的测量条件下，对同一被测量进行多次重复测量时，各测量结果之间的一致性。测量重复性反映了测得值中随机误差的大小，测量结果的差值越小，测量的重复性就越好，测量器具的精度也就越高。

测量不确定度是在测量结果中表达示值分散性的参数。由于测量误差的存在，测得值与真值总是有所偏离，这种偏离又是不确定的。表达测得值对真值偏离程度（分散性）的量化参数就是测量不确定度，即测量不确定度是表达被测量真值所处范围的定量估计。

11.4　测量误差及数据处理

11.4.1　测量误差的基本概念

测量误差是被测量的测得值与其真值之差。测量过程中，由于测量器具本身的误差以及测量方法、环境条件等因素的制约，导致测量过程不完善，使测得值与被测量真值之间存在一定的差异，这种差异称为测量误差 Δ，即

$$\Delta = x - x_0 \tag{11-1}$$

式中　x——测得值；

　　x_0——被测量的真值。

真值是被测量客观真实的量值，是当被测量能被完善的确定并能排除所有测量缺陷时，通过测量所得到的量值，即没有误差的测量所得到的测得值。但是任何测量过程都存在误差，因此从测量的角度来讲，真值是不可能确切获知的。

式（11-1）中的测量误差又称为绝对误差，绝对误差可以反映测得值偏离真值的程度，即测量精度的高低，这一结论仅适用于被测尺寸相同或相近的情况。若尺寸相差较大，可以采用相对误差来评定或比较。

相对误差 ε 是指绝对误差 Δ 与被测量真值 x_0 之比，常以百分数表示，即

$$\varepsilon = \frac{\Delta}{x_0} \approx \frac{\Delta}{x} \times 100\% \tag{11-2}$$

由以上分析可知，测量误差的存在将导致测得值具有不确定性。因此测量结果 x_0 应该以被测量与单位量的比值 x（测得值）和表达该测得值准确度的测量不确定度 U 来表示

$$x_0 = x \pm U \tag{11-3}$$

被测量的测量不确定度应与其设计要求的精度相适应。过大的测量不确定度会增加误收和误废的概率（将不合格品判定为合格品即为误收，将合格品判定为不合格品即为误废），从而无法满足产品的功能要求；过小的测量不确定度会增加测量费用，使产品成本提高。未给出测量不确定度的测量结果是没有意义的。

由此可见，分析产生测量误差的原因，采取减少测量误差的措施，正确估算测量不确定度的大小是十分重要的。

11.4.2 测量误差的来源

测量误差的来源主要有测量器具、测量方法、测量环境和测量人员等。

(1) 测量器具误差

测量器具的误差是指测量器具本身的内在误差，主要包括以下几个方面。

① 制造误差。

制造误差是指测量器具的各个零件在制造和装配调整时未达到理想状态所引起的误差。例如表盘的制造误差、装配偏心、光学系统的放大倍数误差、杠杆臂长误差、电子元器件参数误差等。

线纹尺、量块等代表标准量的标准器具在制造和使用时会存在误差，并将直接导致测量结果产生误差。标准器具的误差是测量误差的主要来源之一。例如测长仪在 $0\sim100\text{mm}$ 范围内的测量不确定度为 $2\mu\text{m}$，其中刻线尺的不确定度为 $1.5\mu\text{m}$。又如分度值为 0.001mm 的比较仪，在尺寸为 $25\sim40\text{mm}$ 范围内的测量不确定度为 $1\mu\text{m}$，其中调零量块（4 块 1 级量块）的测量不确定度为 $0.6\mu\text{m}$。

② 原理误差。

原理误差是指测量器具在设计时，使用近似的简化结构代替理论工作原理所造成的测量误差。例如机械杠杆比较仪中，测杆的直线位移与指针杠杆的角位移不成正比，而其标尺却采用等分刻度，以线性标尺代替非线性标尺会带来误差。

③ 阿贝误差。

阿贝误差是指在测量过程中由于量仪的结构或零件的放置违反阿贝原则所引起的测量误差。所谓阿贝原则就是指被测零件的尺寸线和测量器具中作为标准的刻度线重合或在同一直线上的原则。图 11-8（a）所示的阿贝比长仪符合阿贝原则，而图 11-8（b）所示的纵向比长仪则违背阿贝原则，造成的阿贝误差 $\Delta\approx S\varphi$。

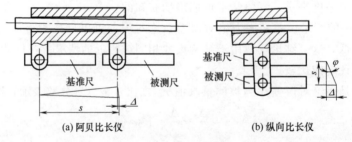

(a) 阿贝比长仪　　　　(b) 纵向比长仪

图 11-8　两种比长仪

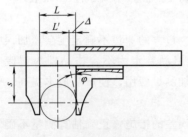

图 11-9　游标卡尺的阿贝误差

如图 11-9 所示，使用游标卡尺测量轴的直径时，作为基准的刻线尺与被测直径不在同一直线上，两者相距 s 平行放置，即不符合阿贝原则。当带有活动量爪的框架因主尺导引面的直线度误差或框架与主尺间的间隙而发生倾斜时，若倾斜角为 φ，则产生的测量误差 Δ 为

$$\Delta = L' - L = -s\tan\varphi \approx -s\varphi$$

若 $s=30\text{mm}$，$\varphi=0.0003\text{rad}$，则 $\Delta\approx-30\times0.0003=-0.009(\text{mm})=-9\ (\mu\text{m})$。

如图 11-10 所示，使用千分尺测量轴的直径时，作为基准的刻线轴线与被测直径在同一直线上，即符合阿贝原则。若丝杆与螺母的配合有间隙或测头测量面的平行度误差等因素影响，引起千分尺刻度轴线与测量轴线产生倾斜，倾斜角为 φ，就会产生测量误差 Δ

$$\Delta = L' - L = L\cos\varphi - L$$

由于倾斜角 φ 很小，将 $\cos\varphi$ 展开成级数后取前两项，可得 $\cos\varphi \approx 1 - \varphi^2/2$，则

$$\Delta = L' - L = L\cos\varphi - L \approx -L\frac{\varphi^2}{2}$$

若 $L = 30\mathrm{mm}$，$\varphi = 0.0003\mathrm{rad}$，则 $\Delta \approx -30 \times 0.0003^2/2 = -1.35 \times 10^{-6}$（mm）$= -1.35 \times 10^{-3}$（μm）。由此可见，千分尺的结构设计符合阿贝原则，导致的测量误差远远小于国家计量检定规程所要求的千分尺的示值误差，该测量误差可以忽略不计。

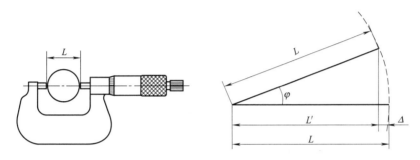

图 11-10　千分尺的测量符合阿贝原则

(2) 测量方法误差

测量方法误差是指由于测量方法不完善、零件安装或定位不合理、计算公式不准确等因素而产生的测量误差，主要包括以下几个方面。

① 对准误差。

对准有尺寸对准和读数对准两种。尺寸对准误差主要是由于定位不正确，从而导致测量方向偏离被测尺寸所造成的误差，如图 11-11（a）所示的测头偏移或图 11-11（b）所示的测量方向倾斜均会引起测量误差。

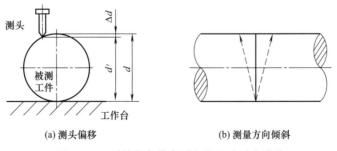

(a) 测头偏移　　　　　　　　　　(b) 测量方向倾斜

图 11-11　测量方向偏离引起的尺寸对准误差

对于采用指针或指标线对准刻度线进行读数的装置，对准误差主要是读数前将指标线与刻度线进行对准产生的误差，各种读数对准方式和对准误差如表 11-1 所示。

对准误差的大小主要取决于测量人员的技术水平。

表 11-1　各种读数对准方式和对准误差

对准方式	简图	在明视距离处的对准误差		对准方式	简图	在明视距离处的对准误差	
		角度值/(")	线值/μm			角度值/(")	线值/μm
单实线重合		± 60	75	双线线端对准		$\pm 5 \sim 10$	$7 \sim 12$
单线线端对准		$\pm 10 \sim 20$	$12 \sim 25$	双线对称跨单线		± 5	7

② 力变形误差。

采用接触测量时，为了保证接触可靠，必须给测头施加一定的测量力。测量力将使被测零件和测量器具的零部件产生弹性变形或其他状态的变化（如间隙、摩擦等），引起测量误差。在一般测量中，该因素引起的误差可以忽略，但是在精密测量、小尺寸测量、软材料测量时应予以分析、估算和修正。

(3) 测量环境误差

测量环境主要包括温度、湿度、气压、振动、噪声、电磁场、照明（引起视差）以及空气洁净程度等因素。在一般几何量测量过程中，温度是引起测量误差的最重要因素，其他因素只在精密测量中才予以考虑。

在几何量测量中，基准温度是 20℃。当测量温度偏离基准温度，或者测量器具与被测零件存在温差时，由于材料的线胀系数不同，都将产生测量误差 ΔL，其大小可按下式计算

$$\Delta L = L[\alpha_2(t_2 - 20) - \alpha_1(t_1 - 20)] \tag{11-4}$$

式中　L——被测长度，mm；

　α_1、α_2——分别为测量器具和被测零件的线胀系数，1/℃；

　t_1、t_2——分别为测量器具和被测零件的实际温度，℃。

在测量过程中，控制测量温度及其变动、保证测量器具与被测零件有足够的等温时间、选用与被测零件线胀系数相近的测量器具，是减少温度引起的测量误差、实现最小变形原则的有效措施。长度测量的精确程度在很大程度上取决于温度的测量与控制。对于高精度的长度测量，要求温度测量准确到 $0.1 \sim 0.5$℃。在长度基准的测量中，甚至要求温度测量准确到 $0.001 \sim 0.005$℃。

(4) 测量人员引起的误差

除全自动测量以外，测量总是离不开人的操作，因此，测量人员的工作责任心、技术熟练程度、生理原因及测量习惯等因素都可能造成测量误差。测量人员引起的误差主要有视差、估读误差、观测误差、调整误差以及前述的对准误差等。

11.4.3　测量误差的种类及其性质

如前所述，测量误差的来源是多方面的，根据其产生原因、出现规律及其对测量结果的影响不同，可分为三类：系统误差、随机误差和粗大误差。

(1) 系统误差

相同测量条件下，多次测量同一量值时，绝对值和符号保持不变，或当条件变化时，按某一确定规律变化的误差称为系统误差。前者称为定值系统误差，后者称为变值系统误差。

定值系统误差对每次测得值的影响都是相同的，例如在相对测量中，调整比较仪时所用量块的误差就会产生定值系统误差。变值系统误差对每次测得值的影响都是按一定规律变化的，例如在测量过程中，温度变化引起的测量误差，指示表的指针与分度盘的偏心所引起的示值误差等均为变值系统误差。

按照对系统误差的掌握程度不同，可将其分为已定系统误差和未定系统误差。已定系统误差的绝对值和符号已经确定，可以通过修正测得值予以消除或减小，即测得值中减去已知系统误差，如千分尺经校对发现的调零误差等。未定系统误差的绝对值和符号未能确定，例如量块按"级"使用时包含的制造误差。未定系统误差不易从测得值中消除，因而造成测得值偏离真值，所以要以测量不确定度给出估计。

系统误差的绝对值往往较大，是影响测量结果可靠性的主要因素。发现系统误差的主要方法是分析系统误差产生的原因，找出系统误差的数值或规律。

(2) 随机误差

相同测量条件下多次测量同一量值（得到的一系列测得值称为测量列）时，绝对值和符号以不可预知的方式变化的误差称为随机误差。这里的不可预知是指对于某一次测量，误差的出现无规律可循。但对于多次重复测量，随机误差与其他随机事件一样具有统计规律。

随机误差是由测量过程中的一些偶然性因素或不确定性因素造成的，例如温度波动、测量力不稳定、视差、测量器具传动机械中油膜引起的停滞等。

随机误差不可能完全消除，但可应用概率论与数理统计的方法估计出随机误差的大小，并以测量不确定度表示其在一定包含概率下的分布范围。

通过对大量的测试实验数据进行统计后发现，多数随机误差服从正态分布规律，其分布曲线如图 11-12 所示，图中横坐标 δ 表示随机误差，纵坐标 f 表示随机误差的概率密度。正态分布的随机误差具有以下特点。

① 对称性，即绝对值相等的正误差和负误差出现的次数大致相等。

② 单峰性，即绝对值小的误差比绝对值大的误差出现的次数多。

③ 有界性，即在一定测量条件下，误差的绝对值不会超出一定的界限。

④ 补偿性，即在同一测量条件下，误差的算术平均值随测量次数的增加而趋于零。

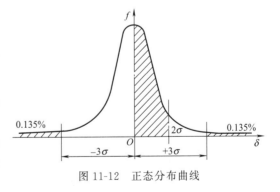

图 11-12　正态分布曲线

服从正态分布的随机误差，其概率密度 f 与随机误差 δ 的关系式为

$$f = \frac{1}{\sigma\sqrt{2\pi}} e^{-\frac{\delta^2}{2\sigma^2}} \tag{11-5}$$

式中　σ——标准差。

由式（11-5）可知，概率密度 f 的大小与随机误差 δ 和标准差 σ 有关。当 $\delta=0$ 时，概

率密度最大，且 $f_{\max}=\dfrac{1}{\sigma\sqrt{2\pi}}$，可见概率密度的最大值随标准差的不同而异，如图 11-13 所示，其中 $\sigma_1<\sigma_2<\sigma_3$。由于概率密度曲线下面的面积等于 1，因此标准差越小，曲线就越陡，随机误差的分布就越集中，测量精度就越高；反之，标准差越大，则曲线就越平坦，随机误差的分布就越分散，测量精度就越低。由此可见，标准差是反映测量列中测得值分散程度的一项指标，可以标准差作为评定含有随机误差时测量精度的指标。

若对被测量进行 n 次等精度重复测量，测量列的各个测得值分别为 x_1、x_2、$\cdots$、x_n，则标准差 σ 可由贝塞尔公式计算

$$\sigma=\sqrt{\dfrac{\sum\limits_{i=1}^{n}(x_i-\overline{x})^2}{n-1}}=\sqrt{\dfrac{\sum\limits_{i=1}^{n}v_i^{\,2}}{n-1}} \quad (11\text{-}6)$$

$$\overline{x}=\dfrac{\sum\limits_{i=1}^{n}x_i}{n}$$

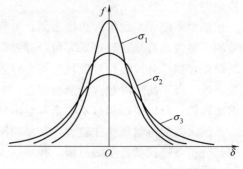

图 11-13　标准差对正态分布曲线形状的影响

式中　$\overline{x}$——测量列各个测得值的算术平均值；

　　　v_i——残余误差，简称残差，为各个测得值 x_i 与算术平均值 $\overline{x}$ 之差。

由概率论知识可知，正态分布曲线和横坐标轴之间所包含的面积等于所有随机误差出现的概率总和。若随机误差落在区间（$-\infty$，$+\infty$）之内，则其概率为

$$p=\int_{-\infty}^{+\infty}f\,\mathrm{d}\delta=\int_{-\infty}^{+\infty}\dfrac{1}{\sigma\sqrt{2\pi}}\mathrm{e}^{-\frac{\delta^2}{2\sigma^2}}\,\mathrm{d}\delta=1$$

随机误差落在区间 $[-\delta,\ +\delta]$ 之内的概率为

$$p=\int_{-\delta}^{+\delta}f\,\mathrm{d}\delta=\int_{-\delta}^{+\delta}\dfrac{1}{\sigma\sqrt{2\pi}}\mathrm{e}^{-\frac{\delta^2}{2\sigma^2}}\,\mathrm{d}\delta$$

如前所述，标准差 σ 可以作为评定含有随机误差时测量精度的指标，表 11-2 给出了随机误差 δ 分别等于 $\pm1\sigma$、$\pm2\sigma$ 和 $\pm3\sigma$ 时对应的概率。

表 11-2　随机误差取不同特殊值时对应的概率

δ 值	不超出 δ 的概率 $p/\%$	超出 δ 的概率 $p'=1-p/\%$
$\pm1\sigma$	68.26	31.74
$\pm2\sigma^{\,*}$	95.44	4.55
$\pm3\sigma^{\,*}$	99.73	0.27

* 这里 2、3 又称为包含因子，或称置信因子，以符号 k 表示。

应该指出，系统误差和随机误差的划分不是绝对的，它们在一定条件下可以互相转化。例如量块的制造误差对于量块生产厂家而言是随机误差，但如果以某一具体量块测量一批零件，则该量块的制造误差就属于系统误差。因此，应该认真分析误差的来源和测量过程，正确判断误差性质，采取相应的处理方法以减小误差的影响。

（3）粗大误差

粗大误差是指超出规定条件下预期的误差，即对测量结果产生明显歪曲的误差。粗大误差是由某种非正常的原因造成的，故又称为偶然误差。如读数错误、记录错误、突然振动或

温度突变等。含有粗大误差的测得值会显著偏离正常的测得值，正确的测量过程中，应该而且能够发现粗大误差，并将含有粗大误差的测量结果予以剔除。判断是否存在粗大误差的方法有很多，如 3σ 准则、狄克逊准则、格拉布斯准则、肖维勒准则等，下面仅就操作比较简便的 3σ 准则进行介绍。

3σ 准则又称拉依达准则，是指当一系列测得值按正态分布时，由于超出 $[-3\sigma，+3\sigma]$ 范围的误差出现的概率只有 0.27%，可以认为实际上不会发生，故认为超出 $\pm3\sigma$ 范围的测量结果含有粗大误差，并予以剔除。但这里所用的标准差 σ 应是理论值，或大量重复测量的统计值，故此准则仅适用于大量重复测量。若测量次数 n 不大（$n<50$），又未经大量重复测量确定其标准差值时，按此准则剔除粗大误差未必可靠。

正确的测量不应该包含粗大误差，所以在进行误差分析时，主要考虑系统误差和随机误差，并应剔除粗大误差。

11.4.4　测量精度

测量精度是指测量结果与真值的接近程度，它和测量误差从两个不同角度说明同一个问题，即测量误差越大，测量精度越低。为了反映系统误差和随机误差对测量结果的不同影响，测量精度可分为以下几类。

(1) 精密度

精密度是指相同测量条件下多次测得值的一致程度，反映的是测量结果中随机误差的影响。若随机误差小，则精密度高。

(2) 正确度

正确度是指多次测量结果的平均值与真值的接近程度，反映的是测量结果中系统误差的影响。若系统误差小，则正确度高。

(3) 准确度

准确度是指多次测量结果的一致性及与真值的接近程度，综合反映测量结果中系统误差和随机误差的影响。若系统误差和随机误差均小，则准确度高。

以图 11-14 打靶为例，可进一步理解测量精密度、正确度和准确度的概念。图 11-14（a）表示随机误差小，精密度高，但系统误差大，正确度低；图 11-14（b）反映系统误差小，正确度高，但随机误差大，精密度低；图 11-14（c）表示随机误差和系统误差都小，正确度均高；图 11-14（d）反映随机误差和系统误差都大，正确度均低。

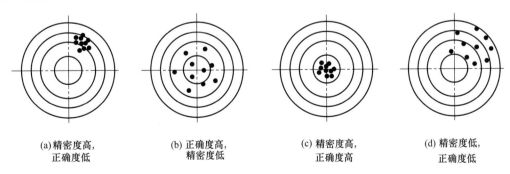

(a)精密度高，　　　(b)正确度高，　　　(c)精密度高，　　　(d)精密度低，
正确度低　　　　　精密度低　　　　　正确度高　　　　　正确度低

图 11-14　测量精度

11.4.5　测量不确定度

为了获得正确的测量结果，需要对已定系统误差进行修正，并剔除粗大误差，但测得值中仍含有随机误差和未定系统误差，从而使测量列中的多次测得值具有分散性，且偏离被测量的真值。因此需要估算和评定测得值的测量不确定度，以获得完整的测量结果。

测量不确定度简称不确定度，就是根据所用信息，表征赋予被测量值分散性的非负参数，也就是在一定包含概率下表征被测量的真值所处范围的估计。不确定度的表达形式有标准不确定度、合成标准不确定度和扩展不确定度。

(1) 标准不确定度

以标准差表示的不确定度称为标准不确定度。标准不确定度的评定可以采用统计分析测量列数据的方法，也可以采用非统计分析的方法。前者称为 A 类评定，后者称为 B 类评定。

① A 类评定。

标准不确定度的 A 类评定是指对测量列中的数据采用统计学的方法来评定，该方法规定了两种情况：若以测量列中的任一测得值作为测量结果，则标准不确定度 u_A 等于测量列的标准差 σ，即 $u_A = \sigma$。由式 (11-6) 可知

$$u_A = \sigma = \sqrt{\frac{\sum\limits_{i=1}^{n}(x_i - \overline{x})^2}{n-1}} = \sqrt{\frac{\sum\limits_{i=1}^{n}v_i^2}{n-1}}$$

若以 n 次测得值 x_i 的算术平均值 $\overline{x}$ 作为测量结果，则标准不确定度 u_A 等于平均值的标准差 $\sigma_{\overline{x}}$，其标准不确定度 u_A 可按下式计算

$$u_A = \sigma_{\overline{x}} = \frac{\sigma}{\sqrt{n}} \tag{11-7}$$

[**例 11-1**]　对某尺寸进行 9 次重复测量，测得值依次为 13.8mm、14.4mm、13.3mm、14.1mm、14.3mm、13.9mm、13.6mm、13.7mm、14.0mm，已知测量结果中不包含系统误差和粗大误差，试评定其不确定度。

解：根据条件可知，算术平均值 $\overline{x}$ 为

$$\overline{x} = \frac{13.8 + 14.4 + 13.3 + 14.1 + 14.3 + 13.9 + 13.6 + 13.7 + 14.0}{9} = 13.9 \, (\text{mm})$$

标准差的估算值为

$$\sigma = \sqrt{\frac{\sum\limits_{i=1}^{n}(x_i - \overline{x})^2}{n-1}} = \sqrt{\frac{(13.8 - 13.9)^2 + (14.4 - 13.9)^2 + (13.3 - 13.9)^2 +}{9-1}}$$

$$\sqrt{\frac{(14.1 - 13.9)^2 + (14.3 - 13.9)^2 + (13.9 - 13.9)^2 + (13.6 - 13.9)^2 +}{9-1}}$$

$$\sqrt{\frac{(13.7 - 13.9)^2 + (14.0 - 13.9)^2}{9-1}}$$

$$= 0.3 \, (\text{mm})$$

算术平均值 $\overline{x}$ 的标准差估算值为

$$\sigma_{\overline{x}} = \frac{\sigma}{\sqrt{n}} = \frac{0.3}{\sqrt{9}} = 0.1 (\text{mm})$$

若以 9 次测得值中的任一个作为测量结果，则标准不确定度 $u_A = \sigma = 0.3\text{mm}$；若以 9 次测得值的算术平均值 13.9mm 作为测量结果，则标准不确定度 $u_A = \sigma_{\overline{x}} = 0.1\text{mm}$。

由概率和统计理论可知，随机变量期望值的最佳估计是多次测得值的算术平均值，[例 11-1] 也表明，以测量列的算术平均值作为测量结果可提高测量精度。

② B 类评定。

实际所进行的多数测量工作不能或无需进行多次重复测量，则其不确定度只能采用非统计分析的方法进行评定，称为 B 类评定。

B 类评定需要依据有关的资料做出科学的判断，这些资料的来源包括以前的测量数据、测量器具的产品说明书、检定证书、技术手册等。从现有资料对不确定度进行 B 类评定时，必须知道所用数据的包含概率，不同的包含概率表示不确定度数值为标准差的不同倍数。B 类评定的标准不确定度 u_B 可按下式计算

$$u_B = \frac{a}{k} \tag{11-8}$$

式中　a——被测量可能值区间的半宽度；

　　　k——包含因子，或称置信因子。

对于常见的正态分布，包含概率 p 与包含因子 k 的关系如表 11-3 所示。

表 11-3　正态分布时包含概率 p 与包含因子 k 的关系

包含概率 p/%	68.26	90	95	95.44	99	99.73
包含因子 k	1	1.645	1.96	2	2.576	3

例如由产品说明书查得某测量器具的不确定度为 $6\mu\text{m}$，包含概率为 99.73%。由表 11-3 可知，正态分布时 3 倍标准差的包含概率为 99.73%，因此采用 B 类评定时，该测量器具的标准不确定度 $u_B = 6/3 = 2 (\mu\text{m})$。

(2) 合成标准不确定度

合成标准不确定度就是对影响测量结果的多个误差源所产生的各个不确定度分量进行合成的结果。例如图 11-5 所示使用比较仪测量轴的直径，按级使用量块时，其尺寸具有标准不确定度，比较仪的示值具有标准不确定度，对测量结果的影响应该是两者的合成。又如图 11-6 所示利用弓高弦长法间接测量圆弧样板的半径 R 时，弓高 h 和弦长 b 的测量值均具有标准不确定度，都会对测量结果产生影响。

① 直接测量的合成标准不确定度。

直接测量时，若影响测量结果的多个误差源之间不相关，则合成标准不确定度 u_c 与各误差源的标准不确定度关系为

$$u_c = \sqrt{\sum_{i=1}^{N} u_i^2} \tag{11-9}$$

式中　u_i——各误差源的标准不确定度；

　　　N——影响测量结果的误差源个数。

例如使用游标卡尺测量零件的长度，影响测量结果的不确定度来源包括游标卡尺不准、

温度影响等，此时需根据式（11-9）计算合成标准不确定度。

② 间接测量的合成标准不确定度。

间接测量时，被测量 y 和各测得量 x_i 构成的函数关系为

$$y = f(x_1, x_2, \cdots, x_i, \cdots, x_n)$$

在上述函数关系中，不同的测得量 x_i 对被测量 y 的影响程度是不同的，这种影响程度可以用该函数对某测得量 x_i 的偏导数 c_i 表示，c_i 称为灵敏系数，是一个有符号的量值。

$$c_i = f'(x_i) = \frac{\partial f}{\partial x_i} \tag{11-10}$$

当各测得量 x_i 相互独立时，被测量 y 的合成标准不确定度 u_c 可按下式计算

$$u_c = \sqrt{\sum_{i=1}^{N} c_i^2 u_i^2} \tag{11-11}$$

式中　u_i——各测得量 x_i 的标准不确定度。

由式（11-9）和式（11-11）可知，在测量过程中，形成测量尺寸链的环节越多，被测量的不确定度越大，因此，应尽可能减少测量链的环节数，以保证测量精度，称之为最短测量链原则。

[例 11-2]　如图 11-15 所示，通过测量零件上的尺寸 h 和孔径 D 以获得尺寸 L，现测得 $h = 46.26\text{mm}$，$D = 30.08\text{mm}$。若测量 h 和 D 时的标准不确定度分别为 $u(h) = 20\mu\text{m}$，$u(D) = 40\mu\text{m}$，试评定尺寸 L 的不确定度。

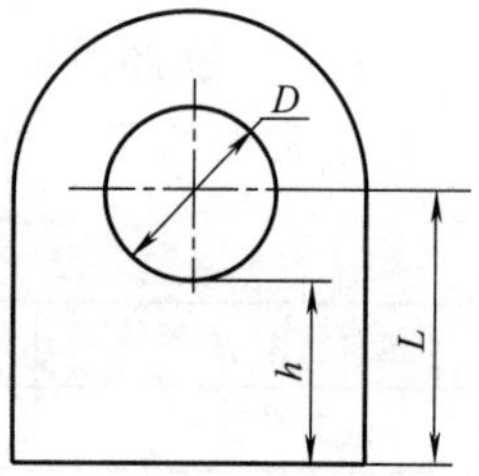

解： 由图 11-15 可知

$$L = h + \frac{D}{2} = 46.26 + 0.5 \times 30.08 = 61.30 \text{(mm)}$$

则灵敏系数分别为

图 11-15　孔中心距的间接测量

$$c_h = \frac{\partial L}{\partial h} = 1, \quad c_D = \frac{\partial L}{\partial D} = 0.5$$

根据式（11-11）可知 L 的合成标准不确定度为

$$u_c = \sqrt{\sum_{i=1}^{N} c_i^2 u_i^2} = \sqrt{c_h^2 u(h)^2 + c_D^2 u(D)^2} = \sqrt{1^2 \times 0.02^2 + 0.5^2 \times 0.04^2} = 0.03 \text{(mm)}$$

(3) 扩展不确定度

标准差所对应的包含概率不高，在正态分布情况下仅为 68.27%。为了提高测量结果的包含概率，可将合成标准不确定度 u_c 乘以包含因子 k，便可得到扩展不确定度 U，即

$$U = k u_c \tag{11-12}$$

包含因子 k 是一个大于 1 的数，一般取 2 或 3。由表 11-3 可知，对于正态分布，当包含因子取 2 时，扩展不确定度对应的包含概率为 95.44%；当包含因子取 3 时，扩展不确定度对应的包含概率为 99.73%。

根据 [例 11-2] 的计算结果可知：当包含因子 $k = 2$ 时，尺寸 L 的扩展不确定度 $U = 2 \times 0.03 = 0.06$ （mm）；当包含因子 $k = 3$ 时，尺寸 L 的扩展不确定度 $U = 3 \times 0.03 = 0.09$ （mm）。

11.4.6　测量结果

在一定的测量条件下，按规定的方法剔除含有粗大误差的测得值，修正系统误差，确定了测量不确定度以后，就可以对测量结果做出完整的表述。

完整的测量结果应该给出被测量的估计值及其不确定度，以及有关的信息。这里的不确定度可以采用合成标准不确定度，但通常情况下采用扩展不确定度，且包含因子一般取 2。下面以［例 11-2］来说明测量结果的表述。

若采用合成标准不确定度，则测量结果常按以下两种形式表述：

$$L=61.30\text{mm};合成标准不确定度\ u_c=0.03\text{mm}$$
$$L=61.30(0.03)\text{mm}$$

在第二种表述形式中，括号内的数是合成标准不确定度的值，且与前面的数值有相同的计量单位。

若采用扩展不确定度，则测量结果常按以下两种形式表述：

$$L=(61.30\pm0.06)\text{mm};k=2$$
$$L=61.30\text{mm},U=0.06\text{mm};k=2$$

11.5　合格性判断

根据测量不确定度的含义可知，测量结果的完整表述给出了被测量的真值在一定包含概率下可能出现的区间。由于测量结果存在着不可避免的不确定性，当进行测量结果的合格性判断时，也就具有了不确定性。

对被测量进行合格性判断时，上规范限（USL）和下规范限（LSL）相当于对被测量规定的两个界限值（例如尺寸公差的最大、最小极限尺寸，上、下极限偏差等）。由 USL 和 LSL 限定的规范区相当于尺寸公差带。理论上要求被测量的真值 y_0 处于规范区内方为合格，即

$$\text{LSL}<y_0<\text{USL}$$

但是真值只能用测量结果 y 和扩展不确定度 U 表达为 $y\pm U$ 的区间，所以应该将规范区从上、下规范限分别内缩 U 值，作为测量结果的合格区；从上、下规范限分别外延 U 值，作为不合格区，从而确保合格性判断的可靠性。上、下规范限两侧 $\pm U$ 的范围为不确定区。合格性判断时，扩展不确定度的大小需要根据测量方法和包含概率商定。

合格区为：　　　　$\text{LSL}+U<y<\text{USL}-U$

　　或　　　$\text{LSL}<y-U$ 且 $y+U<\text{USL}$

不合格区为：　　$y<\text{LSL}-U$ 或 $\text{USL}+U<y$

　　或　　　$y+U<\text{LSL}$ 或 $\text{USL}<y-U$

不确定区为：　　$\text{LSL}-U<y<\text{LSL}+U$ 或 $\text{USL}-U<y<\text{USL}+U$

　　或　　　$y-U<\text{LSL}<y+U$ 或 $y-U<\text{USL}<y+U$

合格区、不合格区及不确定区与上、下规范限和扩展不确定度的关系如图 11-16 所示。

在实际应用中，当供需双方没有特别协议时，应按上述条件做出合格性判断，供方应只

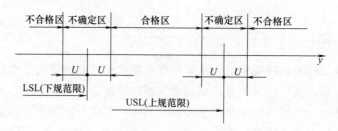

图 11-16　合格性判断

交付处于合格区内的零件，需方只能拒收处于不合格区内的零件。

如果将不确定区内的被测量判断为合格，就有可能将不合格品判定为合格品，即产生误收；如果将不确定区内的被测量判断为不合格，就有可能将合格品判定为不合格品，即产生误废。

测量精度越高，测量结果中的不确定度越小，测量成本就越高，而误收或误废的可能性就越小；测量精度越低，测量结果中的不确定度越大，测量成本就越低，而误收或误废的可能性就越大。因此应根据被测量的精度高低、误收或误废成本、测量成本综合选择适当的测量精度。一般情况下，测量不确定度占被测量精度（公差）的 $1/10\sim1/3$。

习　题

一、思考题

1. 测量、检验和检定的目的有何不同？

2. 测量的实质是什么？一个完整的测量过程应包括哪四个要素？

3. 我国法定计量单位中长度的基本单位是什么？长度基本单位的定义是什么？

4. 什么是量值传递与溯源？长度基准如何传递？

5. 量块分"级"与分"等"的依据什么？按"级"使用与按"等"使用的尺寸有何不同？哪一个测量精度更高？

6. 几何量测量方法中，绝对测量与相对测量有何区别？直接测量与间接测量有何区别？试举例说明。

7. 实物量具和测量仪器的主要区别是什么？

8. 计量器具的基本技术性能指标中，标尺示值范围与测量范围有何区别？标尺间距、标尺分度值和灵敏度三者有何联系与区别？示值误差与测量重复性有何区别？

9. 测量误差按特点和性质可分为哪三类？试说明三类测量误差各自的特性、产生的主要原因、可用什么方法发现、消除或减小这三类测量误差？

10. 服从正态分布的随机误差有哪四个特性？随机误差的评定指标是什么？

11. 测量精度如何分类？它们与测量误差有何联系？

12. 测量不确定度有哪几种表达形式？标准不确定度的 A 类评定与 B 类评定有何不同？

13. 如何进行直接测量和间接测量不确定度的合成？何谓扩展不确定度？

14. 进行等精度测量时，怎样表示单次测量和多次重复测量的测量结果？

15. 如何进行合格性判断？

二、练习题

1. 试从 83 块一套的 1 级量块中选择合适的量块（不超过 4 块）组成尺寸 70.834mm，并计算量块组的尺寸极限偏差。

2. 用两种方法分别测量 60mm 和 200mm 两段长度，前者测量的绝对误差为 +0.03mm，后者测量的绝对误差为 -0.06mm，试确定两者测量精度的高低。

3. 用测量范围是 50～75mm 的外径千分尺测量轴径，若先测量 50mm 校对棒时，其读数为 +50.02mm。测量工件轴径时读数为 59.95mm，试确定其系统误差值和经修正后的测得值。

4. 在某仪器上对轴尺寸进行 10 次等精度测量，得到数据如下：30.008mm、30.004mm、30.008mm、30.010mm、30.007mm、30.008mm、30.007mm、30.006mm、30.008mm、30.005mm。若已知在测量过程中不存在系统误差和粗大误差，试分别以单次测得值及 10 次测得值的算术平均值表示测量结果。

5. 在某仪器上对一轴颈进行等精度测量，测量列中单次测量的标准差为 0.001mm。

① 若测量 1 次，测得值为 30.025mm，试写出测量结果；

② 若重复测量 4 次，测得值分别为 30.026mm、30.023mm、30.024mm、30.025mm，试写出测量结果；

③ 若要使测量的扩展不确定度不大于 0.001mm（包含概率为 99.73%），问至少要以几次重复测量的平均值作为测量结果？

6. 在相同条件下，对某轴同一部位的直径重复测量 14 次，各次测得值分别为 10.429mm、10.435mm、10.432mm、10.427mm、10.428mm、10.430mm、10.434mm、10.428mm、10.431mm、10.430mm、10.429mm、10.432mm、10.429mm、10.429mm，若测量值中的定值系统误差为 +0.01mm，试判断测量结果中是否包含粗大误差，并以算术平均值表达测量结果。

7. 在立式光学比较仪上用 50mm 的 1 级量块对公称值为 50mm 的一段长度进行测量。仪器的标准不确定度为 0.5μm，测量时从仪器标尺读得示值为 -1.5μm，试给出测量结果。

8. 在室温为 15℃ 的条件下测量公称尺寸为 φ100mm、温度为 35℃ 的轴的直径。若测量器具和被测轴的线胀系数均为 $11.5 \times 10^{-6}℃^{-1}$，试求由于温度因素引起的测量误差，并对测量结果进行修正。

9. 习题图 11-1 中孔中心距 L 有如下三种测量方案：

① 测量孔径 D_1、D_2 和两孔内侧间的距离尺寸 L_1；

② 测量孔径 D_1、D_2 和两孔外侧间的距离尺寸 L_2；

③ 测量 L_1 和 L_2。

若测量 D_1、D_2、L_1、L_2 时的标准不确定度分别为 $u_{D_1} = u_{D_2} = 5\mu m$，$u_{L_1} = 7\mu m$，$u_{L_2} = 10\mu m$，试判断哪种测量方案的准确度最高？

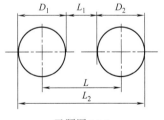

习题图 11-1

第12章
几何量检测技术

12.1 概述

为了判定被测零件的几何精度是否满足设计要求，需要使用计量器具对被测量进行检测。本章介绍工业生产中典型几何量的检测方法。

几何量检测方法有很多，根据所使用的测量器具不同，可分为平台检测和量仪检测。

12.1.1 平台检测

平台检测是利用通用量具、基准量具和其他辅助工具（简称辅具）对零件几何参数进行测量的方法。由于多在作为测量基准的平台上进行操作，也称为手工检测。

平台检测所用量具和辅具容易制造，成本低，对环境条件要求不高，适合车间条件下使用。如果测量方案合理、量具具有足够的精度且操作者技术熟练，则可以达到相当高的测量精度。但由于平台检测时间较长，数据处理比较烦琐，有时需要增加若干辅助测量基准面，如果处理失当，会引起一定的测量误差，降低测量精度。

(1) 常用测量工具

平台检测常用的通用量具包括卡尺、千分尺、指示表、直尺、塞尺等，基准量具包括量块、角度块、直角尺等，辅助工具包括平板、V形块、芯轴、圆柱、圆球等。下面主要介绍平台检测中最常用的测量工具。

① 平板。

平板也叫平台，在测量时作为基座使用，其工作表面作为测量基准平面。平板应具有足够的刚度和精度保持性。常用的平板有铸铁平板和岩石平板，铸铁平板由灰口铁或合金铸铁制成，其精度由高到低分为000、00、0、1、2和3级；岩石平板由花岗岩、辉绿岩等制成，其精度由高到低分为000、00、0和1级。铸铁平板的规格及其精度见附表12-1。

② 指示表。

指示表是生产现场常用的测量仪器，在平台测量中用于测量和显示被测尺寸和标准尺寸的差值。按其分度值可以分为百分表（分度值为0.01mm）和千分表（分度值为0.001mm、0.002mm或0.005mm）。常用的指示表有机械式指示表和数显指示表等，机械式指示表按工作原理可分为钟表式、杠杆式和扭簧式等多种，它们是利用齿轮、杠杆机构或扭转片簧原理将测杆的微量直线位移放大转换为指针的角位移。图12-1为常见指示表的外形，指示表的主要精度参数见附表12-2。

(a) 钟表式百分表　　(b) 杠杆式千分表　　(c) 扭簧式千分表　　(d) 数显指示表　　(e) 数显深度表

图 12-1　指示表

③ 直尺、塞尺、直角尺和方箱。

在平台测量中，直尺用作标准直线或标准平面。根据平台测量的需要，可以使用平尺、刀口尺、三棱尺和四棱尺等。塞尺也称厚薄规，用于检查和测量间隙的大小，可配合直角尺检验垂直度等。直角尺和方箱主要用作标准直角使用。

按工作角的极限偏差大小不同，直角尺分为 0、1、2、3 级四个精度等级。0 级直角尺精度最高，用于检定精密量具，1 级用于精密工具制造，2 级和 3 级用于一般机械制造。

刀口尺、三棱尺、塞尺、直角尺和方箱的外形结构如图 12-2 所示。

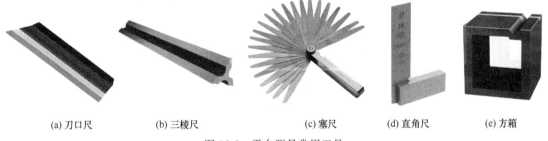

(a) 刀口尺　　　　(b) 三棱尺　　　　　(c) 塞尺　　　　(d) 直角尺　　　(e) 方箱

图 12-2　平台测量常用工具

(2) 平台检测方法

平台检测最常用的是间接测量和比较（微差）测量。

间接测量即测量与被测量有关的其他几何量，通过函数关系计算被测量的量值。图 12-3 所示为在平台上间接测量样板角度 α，将被测角度样板放在平板上，使两个直径 d 相同的圆柱以及尺寸为 a 的量块与样板接触，测出尺寸 M_1 和 M_2，则角度样板的角度 α 为

$$\alpha = \arcsin\left(\frac{M_2 - M_1}{a + d}\right) \tag{12-1}$$

平台上测量尺寸一般为比较测量法，即把被测尺寸与标准尺寸相比较，测得被测尺寸与标准尺寸之间的差值，从而计算出被测尺寸。

平台比较测量法有两种：指示表法和光隙法，如图 12-4 所示。指示表法是用百分表、千分表和电感测微仪等指示式量具测量被测尺寸和基准尺寸的差值。当用光隙法检测时，在标准件和被测工件之间放置一检验平尺（或刀口尺等），根据检验平尺与被测工件之间透光

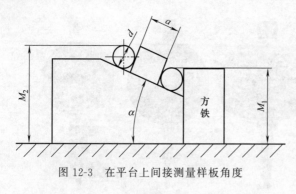

图 12-3　在平台上间接测量样板角度

缝隙的大小、形状与位置，确定被测尺寸和标准尺寸之间的差值，并计算出被测尺寸。

　　使用光隙法进行比较测量时，若光隙较大，可以用塞尺塞；当光隙较小时，可以用图 12-5 所示的标准光隙比较。对极小的光隙，可根据颜色估计其大小：光隙为 $0.5\mu m$ 时即可透光；光隙为 $0.8\mu m$ 左右时呈蓝色；光隙为 $1.25\sim$ $1.75\mu m$ 时呈红色；光隙超过 $2\sim2.5\mu m$ 时呈白色。

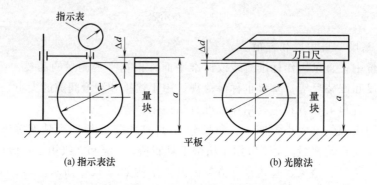

(a) 指示表法　　　　　　　　　　(b) 光隙法

图 12-4　在平台上用比较法测量

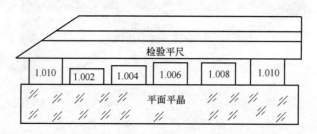

图 12-5　标准光隙

　　标准光隙是在一定条件下形成的，测量时的实际光隙只有与同样条件下形成的标准光隙相比较，才能够保证足够的测量准确度。

12.1.2　量仪检测

　　量仪检测是使用测量仪器对被测对象的单个特征参数或多个特征参数进行测量。被测几何参数可以是单一特征参数，也可以是综合特征参数。例如用表面粗糙度检查仪测量表面粗糙度参数、用圆度测量仪检查圆度误差、用齿轮双面啮合综合测量仪测量径向综合偏差等。

　　测量仪器可分为通用量仪和专用量仪。通用量仪应用范围广，如工具显微镜可在其测量范围内测量零件的长度和角度等；专用量仪则是专门为测量某类零件或某些参数而设计的测量仪器，如测量齿轮的渐开线测量仪，测量轴承径向游隙的游隙测量仪等。下面简要介绍几种常用的通用量仪。

（1）投影仪

投影仪是通过光学系统，将被测工件轮廓或表面形状以精确的放大率投影于仪器投影屏上，然后对轮廓影像进行测量的仪器。投影方法可以是透光法，或者是反射法。

投影仪适合各种中小型零件的轮廓或表面测量，如曲线、仪器仪表零件测量等。

（2）比较仪

比较仪是相对（微差）测量使用的仪器，分为机械比较仪、光学比较仪和电感比较仪。机械比较仪由测量台架和指示表（常用扭簧式千分表）组成；光学比较仪也称为光学计，其工作原理是由自准直光管和正切杠杆机构组合而成；电感比较仪采用电感式传感器将位移信号转变为电信号，经放大转换为可观测的信号。

光学比较仪分为立式光学比较仪和卧式光学比较仪。立式光学比较仪用于测量外尺寸，卧式光学比较仪可以测量外尺寸和内尺寸。分度值为 0.001mm 的立式光学比较仪可以检定 5 等量块，分度值为 0.0002mm 的超级光学比较仪可以检定 3 等量块。

比较仪测量前，需先用标准件将仪器的示值调整为零，然后放置工件，测出被测尺寸与标准量的差值。比较仪的主要精度参数见附表 12-2。

（3）工具显微镜

工具显微镜是一种多用途的光学机械式的两坐标测量仪器，主要用于测量中小型工件的长度、角度、形状和坐标尺寸。由于工具显微镜操作方便、附件多、用途广、精度高，故在生产实际中得到广泛使用。

工具显微镜分为小型、大型、万能和重型四种类型。万能工具显微镜的分度值为 0.001mm，且测量范围大，坐标定位精度高，配备附件多。如用光学分度头和光学分度台，可以进行极坐标系及圆柱坐标系的测量，可以测量螺旋线、渐开线等。

（4）三坐标测量机

三坐标测量机（简称 CMM）是 20 世纪 60 年代发展起来的一种以精密机械为基础，综合运用电子、计算机、光栅或激光等先进技术的高效、综合测量仪器。其原理是通过测得被测工件几何要素的 X、Y、Z 三维坐标值，并进行相应的数据处理，得到被测几何要素的特征值。由于使用计算机进行控制、采样和数据处理，可以运用误差补偿技术，使其测量达到很高的精度。

用三坐标测量机进行测量具有较大的万能性，不管多么复杂的几何表面和几何形状，只要测量机测头能够瞄准到的地方，就可得到各点的坐标值，由计算机完成数据处理。测量时，不要求工件严格与测量机坐标方向一致，可以通过测量工件的若干点后算出二者的相对坐标，并在测量中进行修正，省略了工件找正的时间，提高了检测效率。

目前，三坐标测量机已被广泛应用于机械、电子、汽车、国防、航空等行业之中，被誉为综合测量中心。在现代自动化生产中，三坐标测量机直接进入生产线进行在线检测，可以对每个零件的每道工序进行精度检查，并采取相应工艺对策，减少废品的产生。

12.2　长度尺寸检测

在几何量检测中，长度尺寸是最基本、最重要的检测参数，其中最多的是孔、轴直径和一般长度的测量。

12.2.1 长度尺寸的检测方法

长度尺寸的检测方法主要有绝对测量法、相对测量法、间接测量法等。

(1) 绝对测量法

对于精度要求不高的尺寸，通常采用卡尺、千分尺测量；当零件的尺寸精度要求较高时，可选用测长仪、测长机、万能工具显微镜等进行测量，还可用三坐标测量机测量。相同精度的孔比轴测量要困难，特别是小孔、深孔和盲孔，需采用专用仪器或特殊的测量方法。

卡尺和千分尺是生产现场常用的测量仪器，主要作用是测量长度、厚度、深度、高度、直径等尺寸。常用的卡尺有游标卡尺、高度游标尺、深度游标尺、带表卡尺、数显卡尺等，如图 12-6 所示。常用的千分尺有外径千分尺、内径千分尺、杠杆（微米）千分尺、数显千分尺等，如图 12-7 所示。千分尺和游标卡尺的不确定度见附表 12-3。

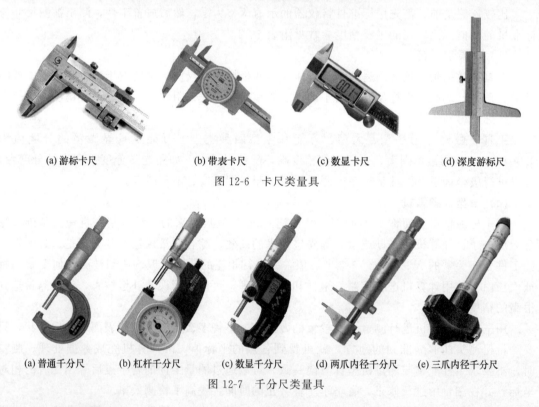

| (a) 游标卡尺 | (b) 带表卡尺 | (c) 数显卡尺 | (d) 深度游标尺 |

图 12-6 卡尺类量具

| (a) 普通千分尺 | (b) 杠杆千分尺 | (c) 数显千分尺 | (d) 两爪内径千分尺 | (e) 三爪内径千分尺 |

图 12-7 千分尺类量具

(2) 相对测量法

对精度要求较高的尺寸，大都采用比较仪进行相对（微差）测量。使用比较仪测量时，首先应根据被测量的基本尺寸 L 组成量块组（内尺寸可用标准圆环），然后以量块组调整量仪示值零位，若实际被测尺寸相对于量块组尺寸存在偏差，就可以从量仪的标尺上读取该偏差的数值 Δx，则实际被测尺寸为 $L_a = L + \Delta x$。

生产现场一般用机械比较仪和内径指示表（见图 12-8）测量外尺寸和内尺寸。光学比较仪（光学计）是计量室常用的仪器，图 12-9（a）是目镜式立式光学计的外形，图 12-9（b）是投影式立式光学计的外形，卧式光学计主要用于测量内尺寸。

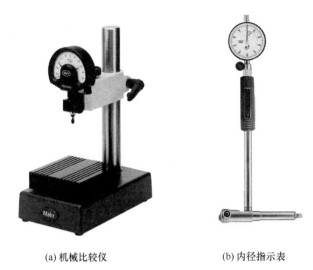

(a) 机械比较仪　　　　　　　(b) 内径指示表

图 12-8　机械比较仪和内径指示表

　　图 12-9（c）是立式光学计的光杠杆原理。从物镜焦点 C 发出的光线，经物镜后变成一束平行光，投射到平面反射镜 P 上，若反射镜 P 垂直于物镜主光轴，则反射回来的光束由原光路回到焦点 C，像点 C' 与焦点 C 重合。如果被测尺寸变动，使测杆产生微小的直线位移 s，推动反射镜 P 绕支点 O 转动一个角度 α，则反射光束与入射光束间的夹角为 2α，经物镜后光束汇聚于像点 C''，从而使刻线尺影像产生位移 l，其数值可从仪器的标尺上读出。

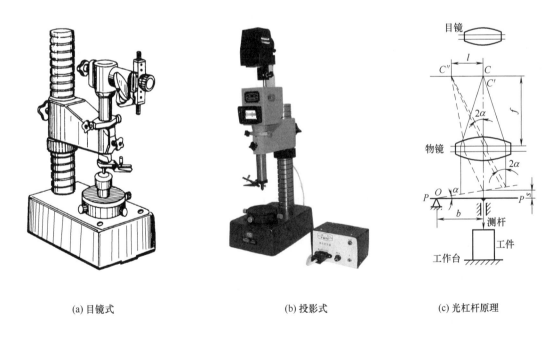

(a) 目镜式　　　　　　　　　(b) 投影式　　　　　　　　　(c) 光杠杆原理

图 12-9　立式光学计及其测量原理

（3）间接测量法

　　间接测量法主要用于难以直接测量的尺寸，通常用平台测量器进行测量。具有简便易行的特点，能够在不具备条件的情况下测量许多特殊尺寸。

图 12-10（a）所示工件的交点 A 至底边的尺寸 x 可以用如图 12-10（b）所示方法间接测量。把被测工件的基面放在测量平板上，利用半径为 R 的圆柱、方铁、量块、刀口尺测出尺寸 M，则被测尺寸 x 为

$$x = M - R - \overline{AB} = M - R\left[1 + \cot\left(45° - \frac{\alpha}{2}\right)\right] \tag{12-2}$$

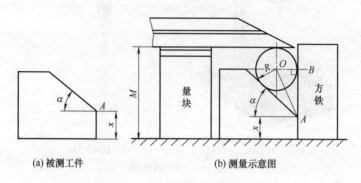

(a) 被测工件   (b) 测量示意图

图 12-10　平面交点尺寸的间接测量

12.2.2　验收极限的确定

(1) 误收和误废的概念

当采用普通计量器具测量零件尺寸时，由于存在测量误差，测得尺寸可能大于或小于被测尺寸的真值。如果以最大和最小极限尺寸作为验收极限，则位于极限尺寸附近的测得值将会产生误判，即把位于公差带以外的废品判为合格品，或把位于公差带内的合格品判为废品，前者称为误收，后者称为误废。

如图 12-11 所示的轴公差带，测得尺寸 d_{a1} 位于公差带之外，应判为废品，但由于存在测量误差（一般为正态分布），该尺寸的真实值可能位于 AB 之间的阴影部分，该阴影部分即为该尺寸误废的概率。同样判为合格尺寸的 d_{a2} 的真实尺寸可能在 CD 之间的阴影部分，该阴影部分即为该尺寸误收的概率。

(2) 验收原则及验收极限的确定

国家标准规定的验收原则是：所用验收方法只接收位于规定的尺寸极限内的工件。

由于计量器具和测量系统都存在误差，任何测量都不能测出真值。另外普通计量器具只用于测量尺寸，不测量工件上的形状误差。同时考虑到在车间实际情况下，通常工件的形状误差取决于加工设备及工艺装备的精度，工件合格与否只按一次测量来判断，对于温度、压陷效应等误差以及计量器具和标准仪器的系统误差均不进行修正，任何测量都存在误判。因此，国家标准对验收极限的确定规定了以下两种方式。

① 内缩方式：即验收极限从被测零件的极限尺寸向公差带内移动一个安全裕度 A，如图 12-12（a）所

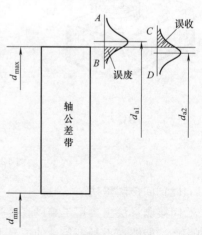

图 12-11　误收与误废

示。A 值按工件公差的 1/10 确定，因此：

$$上验收极限＝最大极限尺寸－安全裕度$$

$$下验收极限＝最小极限尺寸＋安全裕度$$

② 不内缩方式：验收极限等于被测零件的极限尺寸，即 $A＝0$，如图 12-12（b）所示。

选择验收极限方式时，应综合考虑被测工件的精度要求、加工后尺寸的分布特性和工艺能力等因素。对于采用包容要求的尺寸、公差等级较高的尺寸，其验收极限采用双侧内缩的方式；当工艺能力指数 $C_p \geqslant 1$ 时，其验收极限可以采用不内缩的方式，但对于采用包容要求的尺寸，应采用单侧内缩的方式，如图 12-12（c）所示，即在其最大极限尺寸一侧内缩；对于偏态分布的尺寸，其验收极限采用单侧内缩的方式，即仅在尺寸偏向的一侧内缩；对于非配合尺寸和一般公差要求的尺寸，其验收极限采用不内缩的方式。

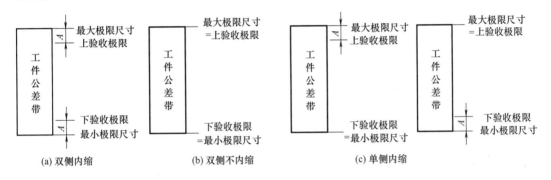

图 12-12　验收极限的确定方式

安全裕度 A 的大小应从加工和检测两个方面综合考虑决定。A 值大时，可选用精度低的测量器具，但减少了生产公差，因而加工经济性差；A 值小时，需要使用精度高的测量器具，测量费用高，但加工经济性好。综合两方面因素，标准规定 A 值取工件公差 T 的 1/10。

12.2.3　计量器具的选择

选用计量器具的首要因素是保证所需的测量精度，因此标准规定按测量不确定度允许值 u_1 选择计量器具。选择时，应使所选用的计量器具的测量不确定度 u_1' 小于或等于测量不确定度允许值 u_1。

计量器具的测量不确定度允许值 u_1 按测量不确定度 u 与工件公差的比值分档，IT6～IT11 分为Ⅰ、Ⅱ、Ⅲ档，IT12～IT18 分为Ⅰ、Ⅱ档。Ⅰ、Ⅱ、Ⅲ档的测量不确定度 u 分别为工件公差的 1/10、1/6 和 1/4，计量器具的测量不确定度允许值 u_1 约为 u 的 0.9 倍。

计量器具的测量不确定度允许值 u_1 列于附表 12-4，比较仪的不确定度数值列于附表 12-2，千分尺和游标卡尺的不确定度数值列于附表 12-3。

［例 12-1］ 试确定 $\phi 140H10$ 的验收极限，并选择相应的计量器具。

解： 根据 $T_D＝0.16\text{mm}$ 可知 $A＝0.016\text{mm}$，查附表 12-4，按Ⅰ档确定计量器具的测量不确定度允许值 $u_1＝0.015\text{mm}$，则

$$上验收极限＝D_{\max}－A＝140＋0.16－0.016＝140.144（\text{mm}）$$

$$下验收极限＝D_{\min}＋A＝140＋0.016＝140.016（\text{mm}）$$

验收极限如图 12-13 所示。查附表 12-3，选择不确定度 $u_1'=0.013\mathrm{mm}$ 的内径千分尺可满足测量要求（$u'<u_1$）。

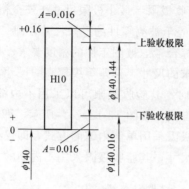

图 12-13　$\phi140\mathrm{H}10$ 的验收极限

12.3　表面粗糙度检测

表面粗糙度可以采用目测检验、比较检验或专用量仪进行测量。对于精度很低、不需要精确检查粗糙度的表面，可以用目测法检验；如果用目测不能够做出判断时，可采用表面粗糙度标准样板通过视觉法或触觉法进行比较检验；对于精度较高的重要表面，则应采用仪器进行测量。

12.3.1　一般规则

用仪器进行测量时，要选定正确的测量方向，当没有特别注明方向时，应在横向轮廓上进行测量，即垂直于加工纹理方向。若加工纹理方向难以确定，则应在多个方向上测量，并以较大测得值的方向作为测量方向。

测量表面粗糙度时，为了排除表面波纹度对测量结果的影响，应根据被测面粗糙程度选择适当的取样长度 l_{r} 和评定长度 l_{n}，并根据参数的定义在各个取样长度上计算测量结果。取样长度和评定长度的选用见附表 3-1。

当设计给定的表面粗糙度幅度参数上限值按 16％规则判断其合格性时，则同一表面所有实测值中超过设计给定限值的个数不超过总数的 16％，则该表面合格。当设计给定的表面粗糙度幅度参数上限值按最大规则判断其合格性时，同一表面所有实测值均不能够超过设计给定值，否则该表面不合格。

12.3.2　表面粗糙度的检测方法

表面粗糙度的检测分为样板比较法、光切法、干涉法、针描法、激光反射法、印模法、激光全息法和三维几何表面测量法等。

（1）样板比较法

样板比较法是凭视觉或触觉将被测表面与已知其评定参数值的表面粗糙度样板进行比

较，来判断被测表面粗糙度的方法。当被测表面较粗糙时，用目测比较；当被测表面较光滑时，可借助于放大镜比较；当被测表面非常光滑时，可借助于比较显微镜或立体显微镜进行比较，以提高检测精度。

用样板比较法检验时，被测表面应具有和比较样块相同的加工方法、几何形状、色泽和材料，这样才能保证评定结果的可靠。进行批量加工时，可以先加工出一个合格零件，并精确测出其表面粗糙度参数值，以它作为比较样块检验其他零件。

样板比较法检验简便易行，常在生产实践中使用，适合生产现场评定较粗糙的表面。此方法的判断准确程度与检验人员的技术熟练程度有关。

用样板比较法检验结果有争议时，需用仪器测量作为仲裁。

(2) 光切法

光切法是利用"光切原理"测量表面粗糙度的方法，所用测量仪器称为光切显微镜，如图 12-14（a）所示。

光切原理如图 12-14（b）所示。由光源发出的光线经狭缝和物镜后形成一平行光束，此光束以与被测表面成 45° 夹角的方向射向被测表面，形成一窄长光带。光带边缘的形状，即光束与工件表面的交线，也就是工件在 45° 截面上的轮廓形状，此轮廓曲线分别在波峰 S 点和波谷 S' 点被反射，通过物镜成像在分化板上的 a 和 a' 点，其峰、谷影像高度差为 N，由仪器的测微装置中的十字线分别瞄准峰、谷点，即可读出此值，如图 12-14（c）所示。经计算可得到评定参数 Rz 的数值。

光切显微镜适用于测量 $Rz = 0.8 \sim 80 \mu m$ 的表面。

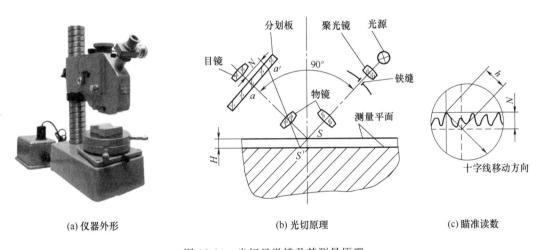

(a) 仪器外形　　　　　　　　　(b) 光切原理　　　　　　　　　(c) 瞄准读数

图 12-14　光切显微镜及其测量原理

(3) 干涉法

干涉法是利用光波干涉原理测量表面粗糙度的方法。根据干涉法设计制造的仪器称为干涉显微镜，如图 12-15（a）所示。

图 12-15（c）为干涉显微镜的基本光路系统，由光源发出的光线经反射镜反射向上，至半透半反分光镜后分成两束。一束向上射至被测表面 P 返回，另一束向左射至参考镜 R 返回。此两束光线会合后形成一组干涉条纹，如图 12-15（b）所示。干涉条纹的弯曲程度反映了被测表面的状况，由仪器的测微装置对放大了的干涉条纹进行测量，经计算得到评定参数 Rz 的数值。其测量范围为 $0.03 \sim 1 \mu m$。

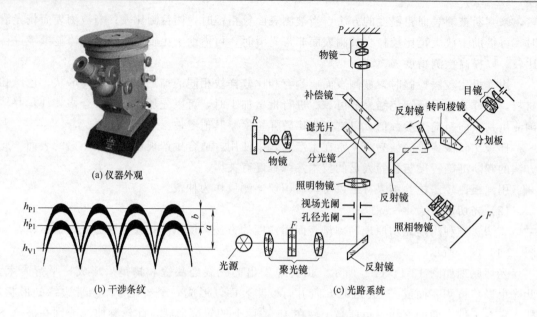

(a) 仪器外观

(b) 干涉条纹

(c) 光路系统

图 12-15 干涉显微镜及其测量原理

(4) 针描法

针描法是利用仪器的触针在被测表面上轻轻划过,被测表面的微观不平轮廓将使触针作垂直方向的位移,再通过传感器将位移量转换成电量的变化,经信号放大后送入计算机,处理计算后显示出被测表面粗糙度的评定参数值,也可绘制出被测表面轮廓的误差图形。图12-16 (a) 为用针描法测量表面粗糙度的电感式轮廓仪外形,图 12-16 (b) 为其原理。

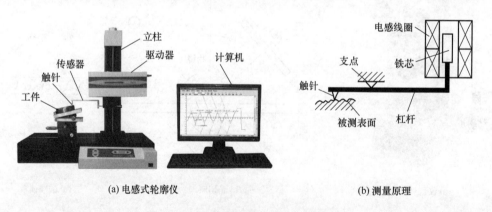

(a) 电感式轮廓仪

(b) 测量原理

图 12-16 电感式轮廓仪及其测量原理

按针描法原理设计制造的表面粗糙度测量仪器通常有一个曲率半径很小(通常为2、5、$10\mu m$)的金刚石触针与被测表面接触,静态测量力的标称值为 0.00075N。根据转换原理的不同,轮廓仪有电感式、电容式、压电式等几种。轮廓仪可测量轮廓的幅度参数、间距参数和混合参数。测量 Ra 值的范围为 $0.025\sim6.3\mu m$。

此外,还有光学触针轮廓仪,它采用透镜聚焦的微小光点代替金刚石针尖,表面轮廓的高度变化通过检测焦点误差来实现。该方法也称为光学探针法,属于非接触测量,用于测量如光盘、半导体基片、化学样品等易被划伤的表面。

轮廓仪测量速度快、操作方便、显示直观,还可测量多种形状的工件表面,如轴、孔、球面、沟槽等。它被广泛应用于生产和科研领域。国家标准已将组成表面结构的原始轮廓、粗糙度轮廓和波纹度轮廓统一用轮廓法由相应的滤波器进行区分和评定，并统一评定参数及其定义，所以，轮廓仪不仅是测量表面粗糙度的仪器，而且是测量表面结构各组成成分（原始轮廓、粗糙度轮廓和波纹度轮廓）的主要仪器。

(5) 激光反射法

激光反射法是近几年出现的一种新的表面粗糙度检测方法。其基本原理是：激光束以一定的角度照射到被测表面，除一部分光被吸收以外，大部分被反射和散射。反射光与散射光的强度及其分布与被照射表面的微观不平度状况有关。通常，反射光较为集中，形成明亮的光斑，散射光则分布在光斑周围形成较弱的光带。较为光洁的表面，光斑较强、光带较弱且宽度较小；较为粗糙的表面，则光斑较弱，光带较强且宽度较大。

激光反射法是一种比较测量的方法，需要用一套与被测表面形状、加工方法、材料相同的标准样块对仪器进行校准。该方法使用简便，可以用于在线测量，使用微型测头可以测量内表面的表面粗糙度。测量参数 Ra 范围为 $0.025\sim3.2\mu m$。

(6) 印模法

印模法是用塑性材料制成的印模块将被测表面的轮廓形状复制下来，再对印模进行测量的间接方法。常用的印模材料有川蜡、石蜡、赛璐珞、低熔点合金等，其强度、硬度一般不高，所以多用非接触测量仪器进行测量。由于印模材料不可能完全填满被测表面的谷底，取下印模时又会使波峰被削平，因此印模的幅度参数值通常比被测表面的幅度参数实际值小，应根据实验结果进行修正。

印模法主要用于大型零件的内表面粗糙度的测量，可以测量 $Ra>0.05\mu m$ 的表面。

12.4 角度和锥度检测

角度和锥度的检测方法很多，现介绍几种常用的检测方法。

12.4.1 比较测量法

比较测量法的实质是将定值角度量具与被测角度或锥度相比较，用光隙法或涂色法估计出被测角度或锥度的偏差，或判断被检角度或锥度是否在公差范围内。此法常用的角度量具有角度量块、角度样板、角尺、圆锥量规等。

角度量块是角度检测中的标准量具，其精度分 1 级和 2 级两种，1 级角度量块工作角的偏差不超过 $\pm10''$，2 级不超过 $\pm30''$，测量面的平面度误差不应超过 $0.3\mu m$。角度量块主要用于检定和调整测角仪器和量具、校对角度样板，也可以直接用于检验高精度的工件，可以单独使用，也可利用角度量块附件组合使用，测量范围为 $10°\sim350°$。与被测工件比较时，可利用光隙法估计工件的角度偏差。

角度样板是根据被测角度的理论值设计的标准样板，通常用光隙的大小和位置检查被测角度的合格性。主要用于检查倒棱、斜面及刀具的几何角度。也可根据需要设计角度极限样板，即用通端样板和止端样板控制实际角度。

角尺的公称角度为 $90°$，故常称直角尺，用于检验工件的直角偏差时，是借助目测光隙或塞尺来确定偏差的大小。

圆锥量规可以检验内、外锥面的锥度和直径偏差，检验内锥面用圆锥塞规，检验外锥面用圆锥环规。检验圆锥角偏差时，在外圆锥（塞规或工件）表面上涂 3～4 条极薄的显示剂，然后把量规与被测圆锥对研（来回旋转应小于 $180°$），根据工件或量规上的着色或擦掉的痕迹即可判断圆锥角的合格与否。此外在量规的基准端部刻有间距为 m 的两条刻线（或凹缺口），用以检查圆锥的直径偏差和基面距偏差，被测圆锥的基准平面位于量规的两条刻线之间方为合格，如图 12-17 所示。

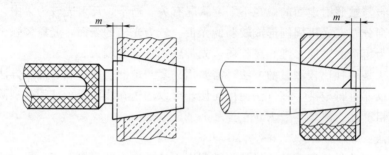

图 12-17　用圆锥量规检验圆锥角偏差及直径偏差

12.4.2　直接测量法

直接测量法是使用通用测角仪器直接测出被测角度。对精度要求不高的工件角度，常用万能角度尺测量。对于高精度的工件角度，则需用光学分度头或测角仪进行测量，也可用万能工具显微镜和光学经纬仪测量。更高精度的角度基准，如多面棱体的工作角，则需用多齿分度盘进行检定。

（1）万能角度尺测量

万能角度尺（见图 12-18）结构简单，使用方便，广泛用于测量精度要求不高的工件的内、外角度。万能角度尺采用游标原理读数，分度值为 $5'$ 和 $2'$，测量不确定度不超过 $2'$。通过直角尺、直尺和游标主尺的不同组合，能够测量 $0°\sim320°$ 范围内的任意角度。

（2）光学分度头测量

光学分度头是一种通用的高精度角度量仪，按读数方式不同可以分为目镜式、投影式和数字式三种，其结构基本相同。图 12-19（a）是光学分度头的外形，图 12-19（b）是光学分度头的传动系统和测量原理。

光学分度头主要用于测量工件的中心角及其分度误差，如分度盘、花键、齿轮及在圆周上分布的孔或槽的中心角等。

光学分度头常用的附件有凸轮测量装置（阿贝头）、螺纹导程测量装置、杠杆式测微表和接触式光学瞄准器等，利用附件可以扩展其使用范围。

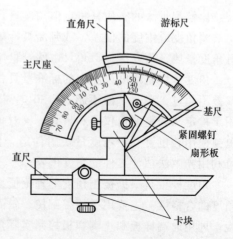

图 12-18　万能角度尺

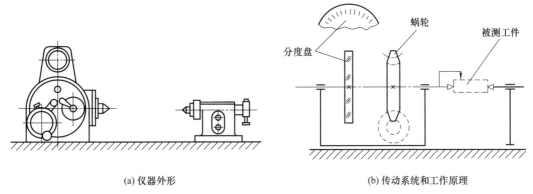

(a) 仪器外形　　　　　　　　　　　(b) 传动系统和工作原理

图 12-19　光学分度头

(3) 测角仪测量

测角仪是一种用于测量两个反光平面间夹角的高精度仪器，如测量角度块、棱体和光学器件的夹角等。

用测角仪测量高精度角度的工作原理如图 12-20 所示，将被测工件放在仪器的工作台上，转动工作台，用望远镜瞄准被测角的 AB 工作面，记下读数 M_1；再转动工作台，使望远镜对准被测角的 AC 工作面，记下读数 M_2，则被测角度 $\alpha = 180° - |M_1 - M_2|$。

12.4.3　间接测量法

间接测量法是指测量与被测角度有函数关系的线性尺寸，然后计算出被测角度或锥度的实际值。通常使用指示表、正弦规、滚柱或钢球等在平台上进行测量或用通用仪器测量。

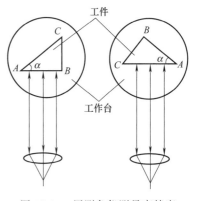

图 12-20　用测角仪测量高精度
角度的工作原理

(1) 圆柱或圆球测量

借助圆柱或圆球，采用间接测量方法可以对角度样板角、燕尾角、V 形槽夹角及内外圆锥角进行测量，下面介绍测量圆锥角的方法。

参看图 12-21 (a)，测量外锥角时，先使用直径相同的两个圆柱与锥体小端接触，测出尺寸 M_1；然后用尺寸为 a 的量块将圆柱垫高，测出尺寸 M_2，则被测锥体锥角 α 为

$$\alpha = 2\arctan \frac{M_2 - M_1}{a} \tag{12-3}$$

参看图 12-21 (b)，测量内锥角时，将两个不等直径分别为 d 和 D 的圆球先后放入锥孔内，测出尺寸 M_1 和 M_2，则被测锥体的锥角 α 为

$$\alpha = 2\arcsin\left(\frac{D - d}{2M_1 + 2M_2 + d - D}\right) \tag{12-4}$$

(2) 正弦尺测量

正弦尺是常用的测量角度和锥度的计量器具，分为宽型和窄型两种，每种类型又按两圆柱中心距 L 分为 100mm 和 200mm 两种，用于测量公称锥角小于 30° 的锥度。图 12-22 所示

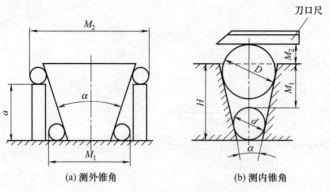

图 12-21 用圆柱和圆球测量圆锥角

是一种用正弦尺测量外锥角的典型方法。

测量前，首先按下式计算量块组的高度

$$h = L\sin\alpha$$

式中 α——圆锥角的公称尺寸；

L——正弦规两圆柱中心距。

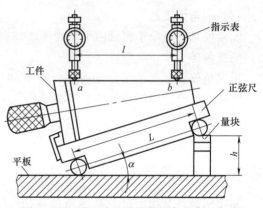

将被测圆锥安装在正弦尺上，并将量块组垫在圆柱下面，然后用指示表测量圆锥上母线 a、b 点的示值 n_a 和 n_b。如果被测的圆锥角 α 恰好等于公称值，则指示表在 a、b 两点的示值相同，即锥体上母线平行于平板的工作面；如被测角 α 有偏差，则 a、b 两点示值不相同，设两点的示值之差为 $n = n_a - n_b$，n 对测量长度 l 之比即为锥度偏差 ΔC，即

图 12-22 用正弦尺测量外锥角的典型方法

$$\Delta C = \frac{n}{l}\,(\mathrm{rad}) \tag{12-5}$$

如换算成锥角偏差，可按下式近似计算

$$\Delta\alpha = \Delta C \times 2 \times 10^5 = 2 \times 10^5\,\frac{n}{l}\,(\mathrm{s}) \tag{12-6}$$

(3) 坐标法测量

凡有坐标测量装置的仪器，均可用坐标法测量零件的锥角。

图 12-23（a）所示是在工具显微镜上借助测量刀对工件进行外锥体锥角测量。将被测工件安装在仪器顶尖上，由工具显微镜的横向读数装置分别测出大端和小端的直径 D 和 d，由纵向读数装置测出相距尺寸 L。图 12-23（b）所示是在工具显微镜上用光学灵敏杠杆测量内锥体锥角。将被测工件安置在工作台上，在小端用光学灵敏杠杆测得直径 d，再将测头用量块沿垂直方向向上调整距离 L，在大端测得直径 D。两种方法测量的锥角 α 均按下式计算

$$\alpha = 2\arctan\left(\frac{D-d}{2L}\right) \tag{12-7}$$

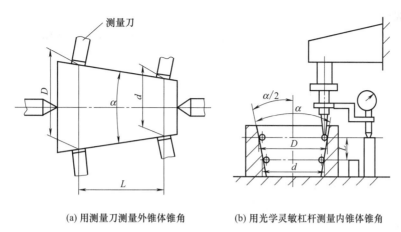

(a) 用测量刀测量外锥体锥角   (b) 用光学灵敏杠杆测量内锥体锥角

图 12-23   工具显微镜测量锥角

12.5 几何误差检测

几何误差的项目较多，同一项目又有不同的检测原理和检测方法。为了统一概念，取得准确性和经济性相统一的效果，国家标准对几何误差的检测原则、检测仪器及检测方法、数据处理与误差的评定等都做了原则性规定。

几何误差的检测方法很多，以下仅介绍生产中常用的检测方法。

12.5.1 几何误差的检测原则

虽然几何误差的检测方法很多，但从检测原理上，可以将常用的几何误差检测方法概括为以下五种检测原则。

(1) 与理想要素比较原则

将实际被测要素与相应的理想要素作比较，在比较过程中获得数据，根据这些数据来评定几何误差。如将实际被测直线与模拟理想直线的刀口尺的刀刃相比较，根据光隙的大小来确定该直线的直线度误差值。

(2) 测量坐标值原则

通过测量被测要素上各点的坐标值来评定被测要素的几何误差。如利用直角坐标系测量孔中心的纵横坐标值，经过计算后确定其位置误差值。

(3) 测量特征参数原则

通过测量实际被测要素上的特征参数，评定有关几何误差。特征参数是指能近似反映有关几何误差的参数。如用两点法测量回转表面的横截面的实际直径，并以最大与最小直径之差的一半作为该截面的圆度误差。

(4) 测量跳动原则

跳动公差是按照特定的检测方法定义的项目，因此属于该原则的检测方法主要用于圆跳动和全跳动的检测。例如，用 V 形块模拟体现基准轴线，当被测要素绕基准轴线回转时，用指示器即可测出其跳动误差。

(5) 边界控制原则

检测实际被测要素是否超越边界，以判断零件是否合格。该原则常用于采用相关要求的场合，一般用光滑极限量规或功能量规来检验。

12.5.2 几何要素的体现

(1) 被测要素的体现

测量几何误差时，难以测遍整个被测要素来取得无限多测点的数据，从测量的可行性和经济性出发，通常采用两种方法体现被测要素。一是用有限测点（提取要素）体现被测要素，即测量一定数量的离散点来代替整个实际要素，这种方法适用于组成（轮廓）要素，通常采用均匀布点的方法。二是用模拟的方法体现被测要素，例如测量孔中心线的方向、位置误差时，用与该孔呈无间隙配合的芯轴轴线模拟体现实际孔的轴线，如图 12-24 所示。这种方法主要用于导出（中心）要素。

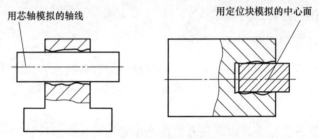

图 12-24　模拟法体现实际被测要素

(2) 基准的建立和体现

由于实际基准要素都有误差，因此，必须根据实际基准要素建立理想基准要素（基准）。当基准为组成（轮廓）要素时，规定以其最小包容区域的体外要素作为理想基准要素，该原则称为体外原则。如图 12-25（a）所示，由实际轮廓面 A 建立基准时，基准平面应是包容实际平面且距离为最小的两平行平面中的体外平面。当基准为导出（中心）要素时，规定以其最小包容区域的中心要素作为理想基准要素，该原则称为中心原则。如图 12-25（b）所示，由实际轴线 B 建立基准时，基准轴线应是其圆柱面最小包容区域的轴线。

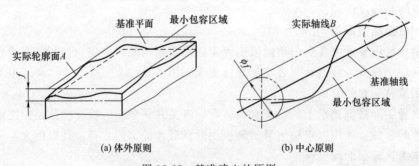

(a) 体外原则　　　　　　　　(b) 中心原则

图 12-25　基准建立的原则

当采用多基准时，第一基准为单一最小包容区域的体外平面（或轴线），由第二或第三实际基准要素建立基准时，应以相应的定向或定位最小包容区域的体外要素或中心要素作为关联基准。

按上述原则确定理想基准要素（基准）后，在实际测量中，还需要用适当的方法予以体现。体现基准要素的常用方法有模拟法、直接法和分析法等几种。

模拟法是以具有足够精度的表面与实际基准要素相接触来体现基准。例如以平板表面体现单基准平面，如图 12-26 （a） 所示。以 V 形块体现外圆柱表面的轴线基准，如图 12-26 （b） 所示。模拟法体现基准的精度取决于模拟表面的精度和实际基准要素的状况。

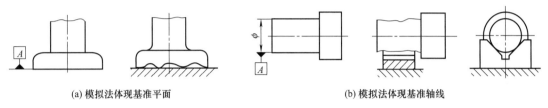

(a) 模拟法体现基准平面　　　　　　　　　　　(b) 模拟法体现基准轴线

图 12-26　模拟法体现基准

直接法是以实际基准要素直接作为基准。例如用两点法测量两平行平面之间的局部实际尺寸，以其最大差值作为平行度误差值。显然，用直接法体现基准，将把实际基准要素的几何误差代入测量结果中，因此实际基准要素应具有足够的精度。

分析法是根据对实际基准要素的测量结果，按基准建立的原则确定基准的位置。分析法比较麻烦，一般在高精度测量或为工艺分析时采用。

12.5.3　几何误差的检测方法

(1) 形状误差的测量

① 直线度和平面度误差测量。

直线度和平面度误差的测量方法基本相同，一般都采用与理想要素比较的测量原理。如用刀口尺通过光隙法测量直线度，用光学平晶通过干涉法测量平面度等。对尺寸不大的零件，可以将其支承在平板上，用指示表沿被测表面均匀间隔测量其示值，如图 12-27 所示，并经过计算确定误差值。而对于尺寸较大的直线或平面，通常用水平仪或自准直仪测量。下面介绍用自准直仪测量直线度和平面度的方法。

自准直仪是按自准直原理测量小角度的精密测量仪器，由准直平行光管（自准直仪）和平面反射镜组成。图 12-28 所示是用自准直仪测量直线度误差的方法，将自准直仪放在固定位置，测量过程中保持不变。将带有反射镜的桥板放在被测直线上，并调整光轴与被测直线大致平行（调整仪器使反射镜位于被测直线两端时，均可从仪器目镜中看到一亮十字光标）。然后依次移动桥板（首尾相接），从仪器上读取相应示值，这些示值表示相邻两点连线对光轴的倾角，将其换算成统一的坐标值，处理后即可求出直线度误差。

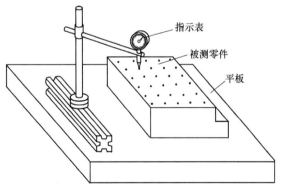

图 12-27　用指示表测量平面度误差的方法

用自准直仪测量平面度误差的方法与测量直线度误差的方法相同，如图 12-29 所示。将

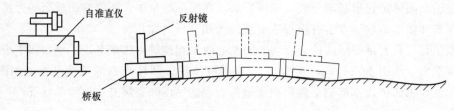

图 12-28　用自准直仪测量直线度误差的方法

自准直仪固定在平面外的某一位置，反射镜放在被测平面上，调整自准直仪使其与被测平面平行，按一定的布点和方向逐段测量，将测得结果换算成统一的坐标值，处理后即可求出平面度误差。

② 圆度和圆柱度误差测量。

圆度误差通常用圆度仪、分度头或在 V 形块进行测量。

圆度仪是用半径法测量圆度误差的专用仪器，它是将被测横截面的实际圆与仪器的精密主轴回转产生的理想圆进行比较的测量方法。圆度仪一般配备数据记录和处理装置，能够自动处理测得数据，计算被测截面的圆度误差。按其结构形式可分为转轴式和转台式。

转轴式圆度仪在测量过程中，其被测工件不动，仪器主轴与测头和传感器一起回转，如图 12-30（a）所示。测量时，测头与被测轮廓接触并随轮廓半径变化做径向移动，反映出被测轮廓的半径变动量。由于零件固定不动，因此适合测量较大的零件。

转台式圆度仪在测量过程中，其测头和传感器不动，被测工件安置在回转工作台上并随之一起回转，如图 12-30（b）所示。这种仪器适合测量小型零件。

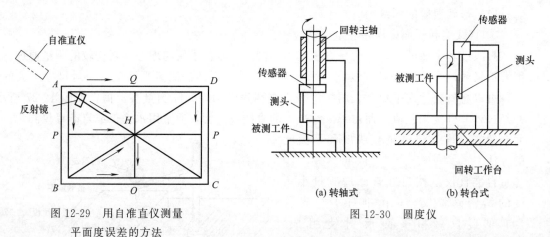

图 12-29　用自准直仪测量
平面度误差的方法

图 12-30　圆度仪
(a) 转轴式　(b) 转台式

图 12-31 所示为在 V 形块上用三点法测量圆度误差，图 12-31（a）为对称顶式测量，图 12-31（b）为非对称顶式测量，图 12-31（c）为鞍式测量。测量时被测零件在 V 形块中旋转一周，读出指示表的最大与最小示值之差 Δ，再除以反应系数 F，即可求出圆度误差 $f_\circ = \Delta/F$。

反应系数可根据被测零件的棱边数 n，V 形块夹角 α 和测量偏角 β 从有关手册中查出。当零件的棱边未知时，应采用两点法和三点法组合测量，或用不同 α 角的 V 形块组合测量。

圆柱度误差可以在带有垂直坐标的圆度仪上进行测量，通过测量不同截面的圆度误差，

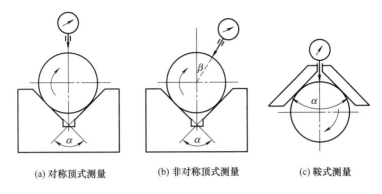

(a) 对称顶式测量　　　　(b) 非对称顶式测量　　　　(c) 鞍式测量

图 12-31　三点法测量圆度误差

经计算机处理后得出圆柱度误差值。

(2) 方向误差的测量

方向误差通常都在平台上利用指示表、方箱、直角尺、塞尺和水平仪等器具进行测量。下面介绍平行度误差和垂直度误差的测量方法。

① 平行度误差测量。

图 12-32（a）所示为测量零件上表面对下表面的平行度误差。将零件放在测量平板上，用平板模拟体现基准平面。在整个被测表面上，按规定的测量线进行测量，指示器的最大与最小读数之差即为平行度误差。

图 12-32（b）所示为测量零件 A 面对 B 面的平行度误差（宽度方向忽略不计，即认为是线对线平行度）。用水平仪沿箭头所示方向分别对被测要素和基准要素进行测量，通过数据处理求出平行度误差。

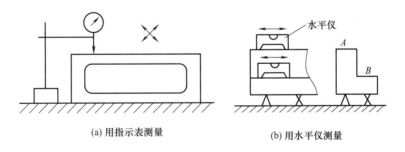

(a) 用指示表测量　　　　　　(b) 用水平仪测量

图 12-32　平行度误差测量

② 垂直度误差测量。

图 12-33（a）所示为测量零件侧表面对下表面的垂直度误差。将零件放在测量平板上，用平板模拟体现基准平面。将直角尺靠近被测表面，观察直角尺与被测表面间的缝隙，并用塞尺进行测量。

图 12-33（b）所示为测量大型平面的垂直度误差。用水平仪沿箭头所示方向分别对被测要素和基准要素进行测量，通过数据处理求出垂直度误差。

(3) 位置误差的测量

① 同轴度误差检测。

同轴度误差通常根据零件的大小、结构特点和设计要求采用不同的方法进行检测，如用

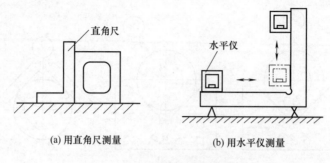

(a) 用直角尺测量　　　　(b) 用水平仪测量

图 12-33　垂直度误差测量

圆度仪、三坐标测量机、平台测量、功能量规检验等。

图 12-34 所示是在平台上用等高打表法测量同轴度误差，两芯轴与孔呈无间隙配合，用芯轴轴线模拟体现被测基准孔轴线。调整基准芯轴，使其与平板平行，用指示表在被测芯轴两端的 A、B 点（靠近孔端面）测量，指示器相对基准轴线的差值分别为 f_{Ax} 和 f_{Bx}。然后将被测零件翻转 90°，用同样的方法测取 f_{Ay} 和 f_{By}。这样 A、B 两点的同轴度误差分别为

$$f_A = 2\sqrt{f_{Ax}^2 + f_{Ay}^2} \tag{12-8}$$

$$f_B = 2\sqrt{f_{Bx}^2 + f_{By}^2} \tag{12-9}$$

取其中的最大值作为该零件的同轴度误差。

当被测要素和基准要素采用最大实体要求时，可以用同轴度量规进行检测，量规定位部分和检测部分应同时通过，则其同轴度误差合格。

② 对称度误差检测。

对称度误差大多在平台上进行测量，大批量生产中也常用功能量规检验。

图 12-35 所示为在平台上用指示表测量键槽中心面对基准轴线的对称度误差。被测零件 2 放置在 V 形块 1 上，用 V 形块体现基准轴线。用定位块 3（或量块）模拟体

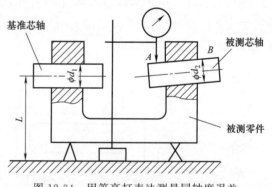

图 12-34　用等高打表法测量同轴度误差

现键槽中心平面。将指示器的测头与定位块的顶面接触并沿工件径向移动，微转工件使指示器示值不变，即定位块的径向线与平板平行，并用指示表测量定位块两端 A、B 两点的示值。然后将工件旋转 180°，用同样的方法测量 A' 和 B' 点的示值，即可计算出对称度误差。

③ 位置度误差检测。

位置度误差一般在坐标类测量仪上进行测量，测得被测要素的实际坐标值后，通过计算确定其位置度误差。小型零件可用工具显微镜测量，大型零件应采用三坐标测量机测量。在大批量生产中，多用成套的组合量规进行检验。

（4）跳动误差的测量

跳动误差是以测量方法定义的，因此测量方法较为直观。图 12-36 为用跳动仪测量圆跳动误差的方法，用两个顶尖的公共轴线模拟体现基准孔轴线。零件绕基准轴线旋转一周，位

置固定的指示器的最大与最小示值之差即为径向（或端面）圆跳动误差。当测量径向（或端面）全跳动误差时，指示器相对零件还应该沿轴向（或径向）移动。

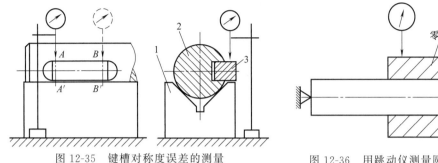

图 12-35　键槽对称度误差的测量

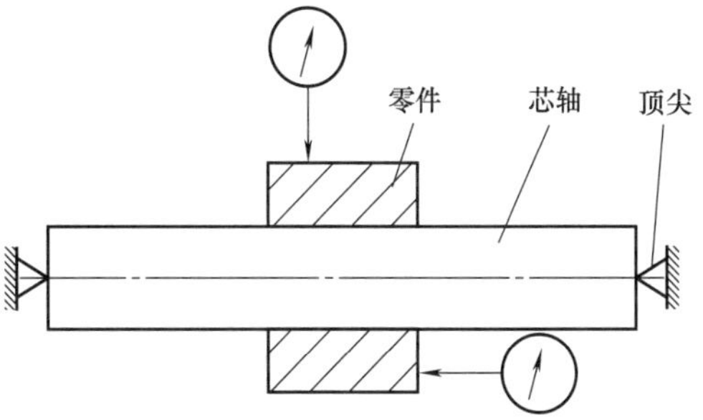

图 12-36　用跳动仪测量圆跳动误差的方法

12.5.4　几何误差的评定

用以上所述的方法从被测要素上测得原始数据后，在多数情况下，需要对这些数据进行计算处理，并按相应的评定准则确定其误差值。

（1）形状误差评定

形状误差是被测实际要素对其理想要素的最大变动量，用包容实际被测要素的最小区域的宽度或直径表示。由于形状公差带的方向和位置可以浮动，所以形状误差的最小包容区可随实际被测要素的不同方位而变化，因而确定其最小包容区域时计算过程就比较复杂。在不影响检验结果的情况下，允许采用近似的评定方法进行数据处理和形状误差计算。但这些近似的评定方法求出的误差一般大于最小包容区域法，当测量结果引起争议时，应按最小包容区域法仲裁。

1）给定平面内的直线度误差评定

给定平面内直线度误差的评定方法除最小包容区域法以外，还有两端点连线法和最小二乘法两种近似评定方法。

① 最小包容区域法：在给定平面内，由两平行直线包容实际被测要素时，形成高低相间（高—低—高或低—高—低）至少三点接触，即为最小包容区域，称其为"相间准则"，如图 12-37 所示，包容区的宽度即为直线度误差 f，其直线度误差的评定方法如图 12-38（a）所示。

② 两端点连线法：根据实测数据作出被测要素的误差图形，并将两端点连一直线，按两端点连线的方向作两平行直线包容误差图形，且具有最小距离，则此两平行包容直线沿纵坐标方向的距离即为直线度误差值，如图 12-38（b）所示。

③ 最小二乘法：根据实测数据确定被测要素误差图形的最小二乘直线，再按最小二乘直线的方向作两平行直线包容误差图形，且具有最小距离，则此两平行包容直线沿纵坐标方向的距离即为直线度误差值，如图 12-38（c）所示。

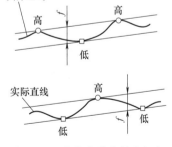

图 12-37　直线度误差最小包容区域判别准则

[例 12-2] 用自准直仪测量某导轨的直线度，依次测得各点读数 a_i 为 -20、$+10$、-30、-30、$+30$、$+10$、-30、-20（格），根据桥板跨距确定分度值为 $0.5\mu m$/格，试分别按最小包容区域法、两端点连线法和最小二乘法评定其直线度误差值。

解： 自准直仪是以仪器光直线为基准，测量后一点相对于前一点的高度差，所以应先将各测点的读数换算到同一坐标系。因此，可取被测导轨的起始点（第 0 点）为原点，即其纵坐标值 $z_0=0$，则其余各点的坐标值可按 $z_i = z_{i-1} + a_i$ 进行累积后得到，如表 12-1 所示。按各测点的坐标值 z_i 及相应的点序 x_i 作出误差图形，如图 12-38（a）所示。

表 12-1 直线度误差评定

点序 x_i	0	1	2	3	4	5	6	7	8
读数 a_i（格）		-20	$+10$	-30	-30	$+30$	$+10$	-30	-20
坐标值 $z_i = z_{i-1} + a_i$（格）	0	-20	-10	-40	-70	-40	-30	-60	-80

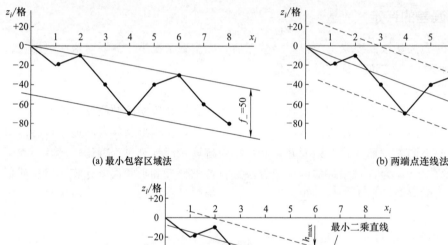

图 12-38 直线度误差的评定方法

按最小包容区域法评定，则直线度误差值为：$f_- = 50$ 格 $= 25\mu m$。

按两端点连线法评定的直线度误差值为：$f_- = 60$ 格 $= 30\mu m$。

按最小二乘法评定，求得最小二乘直线的截距 $a = -7$，斜率 $q = -8$，如图 12-38（c）所示。其直线度误差为 $f_- = h_{max} - h_{min}$。

第 4 点对最小二乘直线的距离：$h_{min} = z_4 - (-7 - 8x_4) = -70 - (-7 - 8 \times 4) = -31$（格）。

第 6 点对最小二乘直线的距离：$h_{max} = z_6 - (-7 - 8x_6) = -30 - (-7 - 8 \times 6) = +25$（格）。

则按最小二乘法评定的直线度误差值为

$$f_- = h_{max} - h_{min} = (+25) - (-31) = 56 （格） = 28 （\mu m）$$

2）平面度误差的评定

① 最小包容区域法：由两平行平面包容实际被测要素时，形成至少四点或三点接触，且满足下列准则之一，即为最小包容区域，两包容平面之间的距离即为平面度误差 $f_\square$。

三角形准则：三个等值最高（低）点与一包容平面接触，一个最低（高）点与另一包容平面接触，且该点的投影位于三个最高（低）点所形成的三角形内，如图 12-39（a）所示。

交叉准则：两个等值最高点和两个等值最低点分别与两个包容平面接触，并且最高点的连线与最低点的连线在空间呈交叉状，如图 12-39（b）所示。

直线准则：两个等值最高（低）点与一包容平面接触，一个最低（高）点与另一包容平面接触，且该点的投影位于两个高（低）点的连线上，如图 12-39（c）所示。

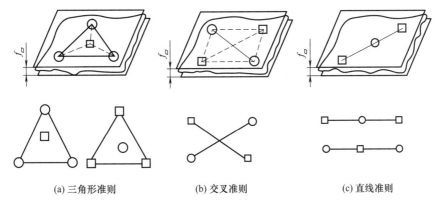

(a) 三角形准则　　　　　(b) 交叉准则　　　　　(c) 直线准则

图 12-39　平面度最小区域的判别准则

② 对角线平面法：以通过实际被测表面上一条对角线且平行于另一条对角线的平面作为评定基面，并以实际被测表面对此评定基面的最大变动作为平面度误差值。

③ 三远点平面法：以通过实际被测表面上相距较远的三点的平面作为评定基面，并以实际被测表面对此评定基面的最大变动作为平面度误差值。

④ 最小二乘法：以实际被测表面的最小二乘平面作为评定基面，并以实际被测表面对此评定基面的最大变动作为平面度误差值。最小二乘平面是使实际被测表面上各点至该平面的距离的平方和为最小的平面。该方法的数据处理较为复杂，一般要用计算机处理。

以上四种评定方法都需要将实际被测表面上各点对测量基准平面的坐标值转换为至与评定方法相应的评定基面的坐标值，即需要进行坐标变换。

处理平面度误差时，通常采用旋转变换法，设被测平面绕 x 轴的单位旋转量（即相邻两测得值的旋转量）为 P，绕 y 轴的单位旋转量为 Q，则各测得值的旋转量见图 12-40。

[**例 12-3**]　用水平仪按图 12-41（a）所示的布线方式测得均布的 9 个点，共 8 个读数，试评定其平面度误差值。

解： 按测量方向将各读数顺序累积，并取定起始点 a_0 的坐标值为 0，可得图 12-41（b）所示各测点的坐标值。

按最小包容区域法评定时，首先分析估计

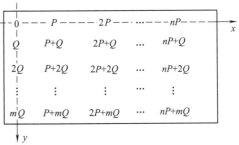

图 12-40　各测得值的旋转量

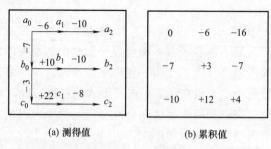

(a) 测得值　　　　　　　　(b) 累积值

图 12-41　原始数据

被测表面近似马鞍形，可能实现最小包容区域的交叉准则。试选 0 和 +12 为最高点，−10 和 −16 为最低点，见图 12-42 （a），则有

$$0+0=+12+(P+2Q)$$
$$-10+2Q=-16+2P$$

解得：$P=-2$，$Q=-5$。由此得各点的旋转量如图 12-42 （b）所示。将图 12-42 （a）与图 12-42 （b）对应点的数值相加，即得经坐标变换后的各点坐标值，如图 12-42 （c）所示，则平面度误差为

$$f_\square=0-(-20)=20(\mu m)$$

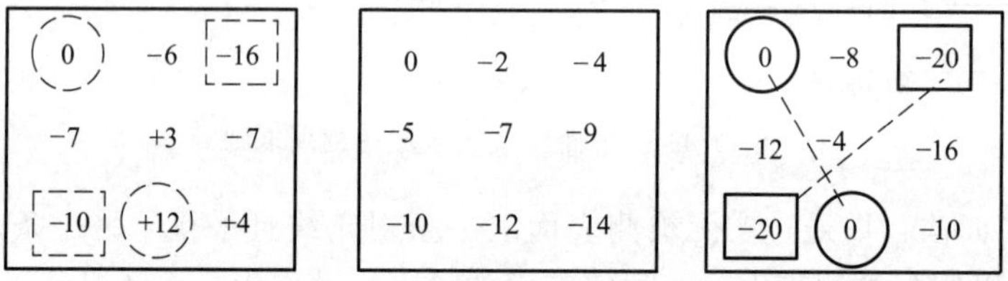

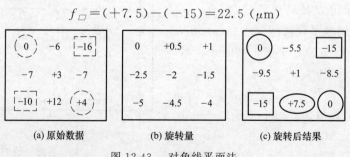

(a) 原始数据　　　　　　(b) 旋转量　　　　　　(c) 旋转后结果

图 12-42　最小包容区域法

用对角线平面法评定时，经坐标变换后应使两对角线上两对角点的坐标值相等，由图 12-43 （a）可知

$$0+0=+4+(2P+2Q)$$
$$-10+2Q=-16+2P$$

解得：$P=+0.5$，$Q=-2.5$。由此得各点的旋转量如图 12-43 （b）所示。将图 12-43 （a）与图 12-43 （b）对应点的数值相加，即得经坐标变换后的各点坐标值，如图 12-43 （c）所示，则平面度误差为

$$f_\square=(+7.5)-(-15)=22.5\ (\mu m)$$

0	−6	−16		0	+0.5	+1		0	−5.5	−15
−7	+3	−7		−2.5	−2	−1.5		−9.5	+1	−8.5
−10	+12	+4		−5	−4.5	−4		−15	+7.5	0

(a) 原始数据　　　　　　(b) 旋转量　　　　　　(c) 旋转后结果

图 12-43　对角线平面法

用三远点平面法评定时，若选定图 12-43（a）所示 -6、-10、+4 三点确定的平面作为评定基面，则经坐标变换后此三点的坐标值应相等，由图 12-44（a）可知

$$-6+P=-10+2Q=+4+(2P+2Q)$$

解得：$P=-7$，$Q=-1.5$。由此得各点的旋转量如图 12-44（b）所示。将图 12-44（a）与图 12-44（b）对应点的数值相加，即得经坐标变换后的各点坐标值，如图 12-44（c）所示，则平面度误差为

$$f_\square=(+2)-(-30)=32\ (\mu m)$$

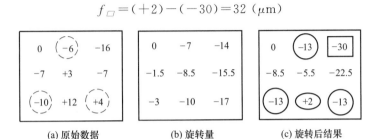

(a) 原始数据　　　　　(b) 旋转量　　　　　(c) 旋转后结果

图 12-44　三远点平面法

比较以上三种评定方法可以看出，最小包容区域法符合平面度误差的定义，评定结果为唯一最小，但是判别准则的选定往往需要经过多次试算；三远点平面法的评定结果受选点的影响，评定结果不唯一；对角线平面法的选点是确定的，评定结果具有唯一性，因此应用较广。

3）圆度误差的评定

① 最小区域圆法：由两同心圆包容实际被测要素时，形成内外相间至少四点接触，又称"相间准则"，则两同心圆的半径差即为圆度误差，如图 12-45（a）所示。

② 最小外接圆法：作实测轮廓曲线的最小外接圆，并作与该圆同心的内切圆，两者的半径差即为圆度误差，如图 12-45（b）所示，此法适用于外表面。

③ 最大内接圆法：作实测轮廓曲线的最大内接圆，并作与该圆同心的外切圆，两者的半径差即为圆度误差，如图 12-45（c）所示，此法适用于内表面。

④最小二乘圆法：作实测轮廓曲线的最小二乘圆，并作与该圆同心的外切圆和内切圆，外切圆和内切圆的半径差即为圆度误差，如图 12-45（d）所示，此法计算较为复杂，通常在计算机上进行数据处理。

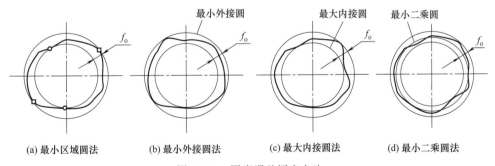

(a) 最小区域圆法　　　(b) 最小外接圆法　　　(c) 最大内接圆法　　　(d) 最小二乘圆法

图 12-45　圆度误差评定方法

（2）方向和位置误差评定

测量方向误差时，由于理想被测要素对基准有确定的方向要求，在确定基准的方向后，

即可相应地确定实际被测要素的定向最小包容区域，从而确定其方向误差值，而与基准的位置无关。

在位置误差的测量中，由于理想被测要素对基准有确定的位置（距离和方向）要求，所以在建立基准时，必须严格按照体外原则或中心原则确定基准的位置，从而正确做出实际被测要素的定位最小包容区域，以确定其位置误差值。

[**例 12-4**] 在一次定位条件下，用水平仪分别测量图 12-46（a）所示被测要素和基准要素，各测点的水平仪读数及其相应的累积坐标值如表 12-2 所示，若水平仪的分度值为 0.01mm/格，试确定其平行度误差值。

解： 按各测点的累积坐标值绘制被测要素和基准要素的误差图形，如图 12-46（b）所示。

表 12-2 分析法建立基准举例

点序 x_i		0	1	2	3	4	5	6
基准要素	读数 a_i（格）		-2	$+4$	$+2$	-2	$+1$	0
	累积 z_i（格）	0	-2	$+2$	$+4$	$+2$	$+3$	$+3$
被测要素	读数 a_i（格）		$+5$	$+2$	0	$+8$	-2	$+2$
	读数 z_i（格）	0	$+5$	$+7$	$+7$	$+15$	$+13$	$+15$

先对基准要素的误差图形作最小包容区域，并按体外原则确定基准 A。再对被测要素的误差图形作定向最小包容区域，其宽度即为平行度误差值：$f_{/\!/} = 11$ 格 $= 0.11$mm。

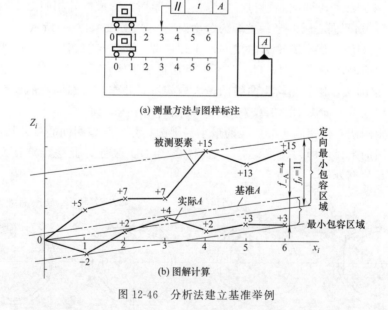

(a) 测量方法与图样标注

(b) 图解计算

图 12-46 分析法建立基准举例

12.6 螺纹检测

普通螺纹属于多参数要素，其检测方法分为单项测量和综合检验两种。尤其是对内螺纹，单项测量比较困难，在生产中大部分是用螺纹塞规进行综合检验。

12.6.1　单项测量

单项测量是对螺纹的各参数，如中径、螺距、牙型半角等分别进行测量，主要用于单件、小批量生产的精密螺纹，如螺纹量规、测微螺杆等。在加工过程中，为分析工艺因素对加工精度的影响，也要进行单项测量。单项测量常用的计量器具有工具显微镜、螺纹量针等。

(1)　用工具显微镜测量螺纹几何参数

在工具显微镜上可以对螺纹的中径、螺距和牙形半角进行测量。精度不高的螺纹可用大型工具显微镜［见图 12-47（a）］测量，高精度螺纹通常用万能工具显微镜［见图 12-47（b）］进行测量，两种仪器的测量原理相同。

工具显微镜主要用于测量外螺纹，其测量方法有影像法、轴切法和干涉法。

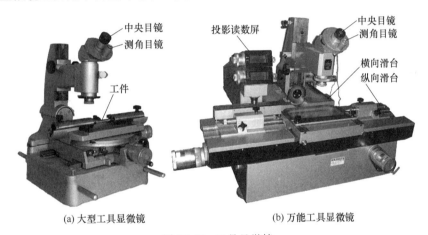

(a) 大型工具显微镜　　　　(b) 万能工具显微镜

图 12-47　工具显微镜

① 影像法。

影像法是测量外螺纹几何参数时，将被测螺纹放在仪器工作台的 V 形块上或安装在仪器顶针之间，通过光学系统将螺纹牙型轮廓放大成像在目镜的分划板上，用中央目镜中米字线的中间虚线瞄准轮廓进行测量的一种方法，如图 12-48 所示。测量中径和螺距时用压线法瞄准（$A-A$ 与轮廓重合），测量牙型半角用对线法瞄准（$A-A$ 与轮廓留出一狭小光缝）。

如图 12-49 所示，测量中径时，用压线法分别瞄准 Ⅰ、Ⅱ 位置的牙侧轮廓，并从读数目镜或投影屏上进行横向坐标读数，两次读数之差即为螺纹的实际中径；测量螺距时，用压线法分别瞄准 Ⅰ、Ⅴ 位置的牙侧轮廓（轴向为 n 个螺距），并分别读出纵向坐标的两次读数，其差值即为螺纹的 n 个实际螺距；测量牙型半角时，用对线法瞄准 Ⅰ、Ⅱ 位置的牙侧轮廓，从测角目镜中直接读出两侧实际牙型半角 $(\alpha/2)_\mathrm{I}$ 和 $(\alpha/2)_\mathrm{II}$。

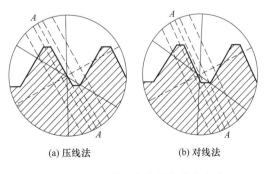

(a) 压线法　　　(b) 对线法

图 12-48　目镜中米字线的瞄准方法

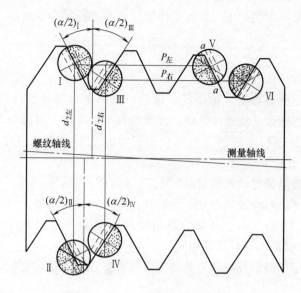

图 12-49 影像法测量螺纹参数原理

为了消除测量时被测工件的安装误差（主要是两顶尖中心连线与被测螺纹轴线不重合造成的误差），需在螺牙的另一侧再次进行测量，即由位置Ⅲ和Ⅳ再测量一次中径，由位置Ⅲ和Ⅵ再测量一次螺距，在位置Ⅲ和Ⅳ再分别测量一次牙型半角。然后分别取相应的平均值作为测量结果。

$$中径：d_2 = \frac{d_{2左} + d_{2右}}{2} \qquad\qquad 螺距：\quad P = \frac{P_左 + P_右}{2}$$

$$右半角：\left(\frac{\alpha}{2}\right)_右 = \frac{(\alpha/2)_Ⅰ + (\alpha/2)_Ⅳ}{2} \qquad 左半角：\left(\frac{\alpha}{2}\right)_左 = \frac{(\alpha/2)_Ⅱ + (\alpha/2)_Ⅲ}{2n}$$

② 轴切法。

轴切法是利用万能工具显微镜的附件——量刀，在被测螺纹的轴向截面上进行测量。所用量刀如图 12-50（a）所示，其上刻有一条平行于刀刃的细线。测量时采用反射照明，使量刀刀刃在被测螺纹的水平轴向截面上与螺牙侧面接触，再用中央目镜中米字中间虚线 $A—A$ 旁边的一条虚线瞄准量刀上的刻线，如图 12-50（b）所示，其读数方法与影像法完全相同。该方法可测量中径、螺距和牙型半角，适用于测量直径大于 3mm 的外螺纹。

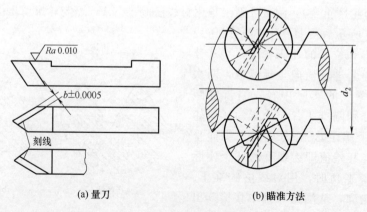

图 12-50 轴切法测量螺纹

③ 干涉法。

干涉法是在仪器照明光路的适当位置上设置一个如图 12-51 （a） 所示的小孔光阑，使在距被测螺纹影像一定距离处形成干涉条纹，条纹的形状与被测轮廓一致，然后以干涉条纹代替被测螺纹轮廓进行测量，如图 12-51 （b） 所示。由于干涉条纹比被测螺纹轮廓边缘清晰，提高了压线对准精度。该方法可测量中径、螺距和牙型半角，但测量中径时应根据干涉条纹的宽度对测量结果进行修正。

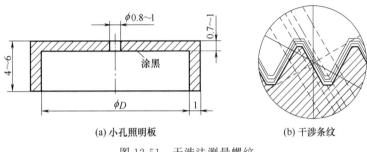

(a) 小孔照明板　　　　　　　　　　(b) 干涉条纹

图 12-51　干涉法测量螺纹

(2) 用三针法测量螺纹单一中径

三针法可测量外螺纹单一中径，属于间接测量。它是用 3 根直径相等的精密圆柱形量针按图 12-52 （a） 所示放在外螺纹的沟槽中，然后用通用量仪测量出尺寸 M。根据被测螺纹的螺距 P、牙型半角 $\alpha/2$ 及量针直径 d_0 与 M 值的几何关系，计算出被测螺纹的单一中径 d_{2s}，即

$$d_{2s}=M-d_0\left[1+\frac{1}{\sin\dfrac{\alpha}{2}}\right]+\frac{P}{2}\cot\frac{\alpha}{2} \tag{12-10}$$

当 $\alpha/2=30°$ 时，$d_{2s}=M-3d_0+0.866P$。

当 $\alpha/2=15°$ 时，$d_{2s}=M-4.8637d_0+1.866P$。

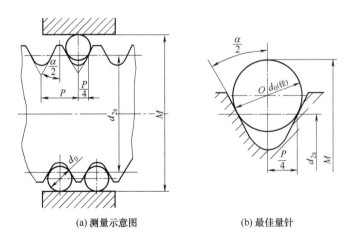

(a) 测量示意图　　　　　　　　　　(b) 最佳量针

图 12-52　三针法测量螺纹单一中径

由式 （12-10） 可知，影响单一中径测量精度的因素有 M 的测量误差、量针直径 d_0 的尺寸偏差和形状误差、螺距偏差和牙型半角偏差。为避免牙型半角偏差对测量结果的影响，应按螺距 P 和螺纹牙型半角 $\alpha/2$ 选择量针，以使量针与被测螺纹的牙侧恰好在中径处接触，

称为最佳量针直径，如图 12-52（b）所示，其计算公式为

$$d_{0(佳)} = \frac{P}{2\cos(\alpha/2)} \tag{12-11}$$

12.6.2 综合检验

对大批量生产的普通螺纹，一般用螺纹量规综合检验被测螺纹各个几何参数偏差的综合结果。螺纹量规需成对使用，通端螺纹量规检验被测螺纹的作用中径（含底径），止端螺纹量规检验被测螺纹的单一中径。同时还要用光滑极限量规检验被测螺纹顶径的实际尺寸。

检验内螺纹的量规称为螺纹塞规，检验外螺纹的量规称为螺纹环规。

图 12-53 是用螺纹塞规和光滑塞规检验内螺纹的方法。通端螺纹塞规模拟被测螺纹的最大实体牙型，检验被测螺纹的作用中径是否超出其最大实体牙型的中径，并同时检验被测螺纹底径的实际尺寸是否超出其最大实体尺寸。因此，通规应具有完整的牙型，并且其螺纹的长度应等于被测螺纹的旋合长度。止端螺纹量规用来检验被测螺纹的单一中径是否超出其最小实体牙型的中径，因此，止规采用截短牙型，并且只有 2～3 个螺距的螺纹长度，以减少牙侧角偏差和螺距误差对检验结果的影响。

用螺纹量规检验时，若通规能够旋合通过被测螺纹，则认为旋合合格，否则不合格。如果止规不能旋入或不能完全旋入被测螺纹（只允许与被测螺纹两端旋合，旋合量不得超过两个螺距），则认为连接强度合格，否则不合格。光滑塞规用于检验顶径的实际尺寸是否合格。

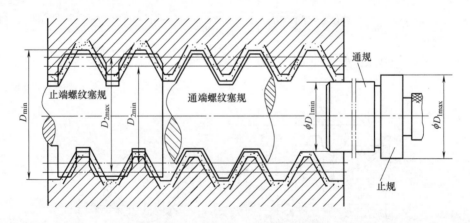

图 12-53　用螺纹塞规和光滑塞规检验内螺纹的方法

12.7　圆柱齿轮检测

为了保证齿轮传动质量和进行齿轮加工精度的工艺分析，需要对齿轮几何参数偏差进行测量。如前所述，齿轮偏差分为同侧齿面偏差和双侧齿面偏差，由于齿轮工作时为单面啮合，因此同侧齿面偏差更能反映出齿轮的质量高低。但双侧齿面偏差检测方便，生产中也广泛应用。此外，为了评定齿轮副的侧隙，还应对齿厚或公法线长度进行检测。

12. 7. 1　齿轮同侧齿面偏差的测量

(1) 齿距偏差的测量

各种齿距偏差（F_p、F_{pk}、f_{pt}）的测量原理是相同的，可以分为相对测量和绝对测量两种，将测量所得数据按不同处理方法处理即可得到相应的偏差值。

① 相对测量法。

齿距偏差相对测量法的基本原理是以被测齿轮的任一齿距作为基准齿距，把仪器的指示表调整为零，然后依次测得各齿距对基准齿距的偏差，即相对齿距偏差。再按齿距偏差的圆周封闭的原理，计算确定单个齿距极限偏差 f_{pt}、齿距累积偏差 F_{pk} 和齿距累积总偏差 F_p。

相对法测量齿距通常用齿顶圆或齿轮基准孔定位，如用于测量中等精度齿轮的手持式齿距（周节）测量仪以齿顶圆定位，如图 12-54 所示；用于测量高精度齿轮的半自动齿距偏差测量仪、万能测齿仪等则以齿轮基准孔定位。

图 12-55 是在万能测齿仪上用相对测量法测量齿距偏差的原理。被测齿轮借助于重锤的作用，使被测齿面紧靠在固定测头上。活动测头靠弹簧力的作用与另一被测齿面始终保持良好的接触。活动测头的位置可由测微表读出。固定测头与活动测头作为整体可以相对于被测齿轮做径向移动，以便顺序变换不同的齿距进行测量，并能正确地径向定位。以任意一个齿距作为基准，将测微表调零，然后逐齿测量各齿距相对基准齿距的偏差 ΔP_i，测得数据可用计算法或图解法处理。下面结合 [例 12-5] 介绍计算法的处理步骤。

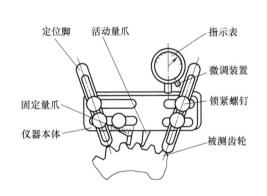

图 12-54　手持式齿距测量仪

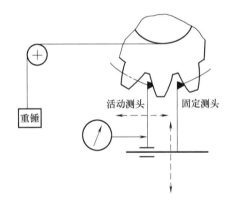

图 12-55　万能测齿仪测量齿距偏差原理

[**例 12-5**]　用相对测量法测得齿距读数如表 12-3 所示，试计算各项齿距偏差。

解：① 计算相对齿距偏差平均值：$\Delta \overline{P} = \sum \Delta P_i / z$。

② 计算单个齿距极限偏差：$f_{pti} = \Delta P_i - \Delta \overline{P}$，取各齿距偏差中绝对值最大者作为该齿轮的单个齿距极限偏差 f_{pt}。注意含有正、负号。

③ 将各齿距偏差依次累加，得齿距累积总偏差 F_{pi}，其最大与最小累加值之差，即为齿距累积总偏差 F_p。

④ 将相邻 k 个齿距偏差相加，得 k 个齿距累积偏差 F_{pki}，取绝对值最大者作为该齿轮的 k 个齿距累积偏差 F_{pk}，注意含有正、负号。

表 12-3　相对测量法齿距偏差计算示例　　　　　　　　　　　μm

齿序 i	相对齿距偏差 ΔP_i	单个齿距极限偏差 f_{pti}	齿距累积总偏差 F_{pi}	$k=3$ 个齿距累积偏差 F_{pki}	计 算 结 果
1	0	+1	+1	+18	相对齿距偏差平均值：
2	+15	(+16)	(+17)	+23	$\Delta\overline{P}=\sum\Delta P_i/z=-8/8=-1$
3	−8	−7	+10	+10	单个齿距极限偏差：
4	−5	−4	+6	+4	$f_{pt}=+16$
5	−10	−9	−3	+20	齿距累积总偏差：
6	−15	−14	(−17)	(−27)	$F_p=(+17)-(-17)=34$
7	+10	+11	−6	−12	k 个齿距累积偏差($k=3$)：
8	+5	+6	0	+3	$F_{pk}=-27$

② 绝对测量法。

齿距偏差绝对测量法是利用分度装置（如分度盘、分度头等）和测微仪直接测出被测齿轮各轮齿的实际位置对其理论位置的偏差，经计算后求出单个齿距极限偏差 f_{pt}、齿距累积偏差 F_{pk} 和齿距累积总偏差 F_p。

齿距偏差绝对测量的基本原理如图 12-56 所示。测量时应使齿轮基准轴线与分度装置的轴线同轴且同步转动，测头的径向位置（分度圆附近）在各齿面上应保持不变。若用测微仪（指示表）定位，每齿测量均应转动分度装置使指示表对零，从分度装置的读数显微镜上读出各齿距角的累积值；若用分度装置定位，每齿测量均应使分度装置转过一个公称齿距角（$360°/z$），从指示表上读出齿距偏差的累积值。现采用后一种方法测量一齿轮，其读数及数据处理结果见表 12-4。

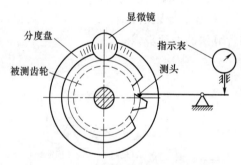

图 12-56　齿距偏差绝对测量的基本原理

对于精密读数齿轮、齿轮刀具（插齿刀、剃齿刀）及分度齿轮（或蜗轮），F_p 和 f_{pt} 通常是必测项目，因此近年来已研制成半自动和自动齿距检查仪、齿轮测量中心等，以满足生产发展的需要。

[**例 12-6**]　用绝对测量法测齿距，测得读数见表 12-4，试计算齿距偏差。

解：计算步骤及结果见表 12-4。

表 12-4　绝对测量法齿距偏差计算示例　　　　　　　　　　　μm

齿距序号	定位齿距角	绝对读数（累积值）	单个齿距偏差	齿距序号	定位齿距角	绝对读数（累积值）	单个齿距偏差
1	36°	−0.5	−0.5	6	216°	0	−2.5
2	72°	+2.0	+2.5	7	252°	(−4.5)	(−4.5)
3	108°	+3.5	+1.5	8	288°	−3.0	+1.5
4	144°	(+4.0)	+0.5	9	324°	−3.5	−0.5
5	180°	+2.5	−1.5	10	360°	0	+3.5

测量结果：$F_p=(+4)-(-4.5)=8.5\mu m$　　　　　$f_{pt}=-4.5\mu m$

(2) 齿廓偏差的测量

中等模数齿轮的齿廓偏差可在专用的单盘式或万能式渐开线检查仪上测量，小模数齿轮的齿廓偏差则可在投影仪或万能工具显微镜上测量。

图 12-57 （a）是单盘式渐开线检查仪的外形，其测量原理如图 12-57 （b）所示，它是采用被测齿廓与理论渐开线齿廓相比较的方法测量的。根据被测齿轮基圆直径精确制造的基圆盘与被测齿轮同轴安装，调整仪器使直尺与基圆盘相切，测量头固定在直尺上方，借弹簧力与齿面接触，且测点正处于直尺与基圆的切平面上。当直尺相对于基圆盘做纯滚动时，直尺工作面上任一点相对于基圆盘的轨迹即为理论渐开线，测头测点相对于运动的基圆盘的轨迹也为理论渐开线。若被测齿轮的齿廓没有误差，在直尺与基圆盘纯滚动的过程中，测头测点与被测齿廓无相对运动，指示表始终指在零位。齿廓偏差可由指示表读出或由记录器记录齿廓迹线。

单盘式渐开线检查仪需要配以与被测齿轮基圆直径相同的基圆盘，适宜于测量成批生产中低于 6 级精度齿轮的齿廓偏差。万能式渐开线检查仪只有一个固定的基圆盘，它可通过缩放机构改变工作基圆的直径，以满足不同基圆直径齿轮的测量需要，可以测量 4 级以下高精度齿轮的齿廓偏差。但该仪器结构复杂、价格昂贵，多在工厂计量室中使用。

以被测齿轮的理论展开长度作为横坐标，以实际齿廓对理论齿廓的偏离作为纵坐标，可得到渐开线检查仪记录的齿廓测量曲线（齿廓迹线），如图 12-57 （c）所示，理论渐开线在齿廓迹线图上表现为一条平行于横坐标的直线。在齿廓计值范围内建立平均齿廓，即实际齿廓迹线的最小二乘中线，则可对齿廓总偏差 F_α、齿廓形状偏差 $f_{f\alpha}$ 和齿廓倾斜偏差 $f_{H\alpha}$ 进行评定。

在万能工具显微镜上，可以用极坐标法测量齿廓偏差，常用于测量 6 级精度以下的齿轮，但测量效率低。小模数齿轮通常用投影仪把齿廓放大后进行测量，但测量精度较低。对于高精度的齿轮、蜗轮及齿轮刀具的齿廓偏差，可用齿轮测量中心进行测量。

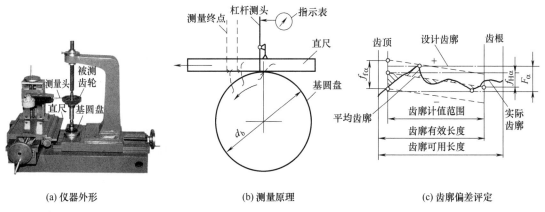

(a) 仪器外形　　　　　(b) 测量原理　　　　　(c) 齿廓偏差评定

图 12-57　渐开线齿廓偏差的测量与评定

(3) 螺旋线偏差的测量

螺旋线偏差是实际螺旋线与设计螺旋线之间的差值，在端面基圆切线方向上测量。对于直齿圆柱齿轮，由于螺旋角为 0°，其螺旋线是平行于齿轮轴线的直线。

直齿轮螺旋线偏差的测量较为简单。将被测齿轮装在芯轴上并支承在等高的顶尖或 V 形块上，在齿槽内放入 $d=1.68m$（m 为模数）的精密圆柱，然后用指示表测量小圆柱两端的高度差（需在齿轮相隔 90°的位置上分别进行测量），并通过折算即可确定其螺旋线偏差。

斜齿轮螺旋线偏差通常用螺旋线测量仪测量。螺旋线测量仪的工作原理如图 12-58（a）所示。移动纵向滑架，通过滑块和导尺推动横向滑架，进一步经两条钢带（钢带两端分别固定在横向滑架和圆盘上）带动圆盘转动。再由带动器使装有被测齿轮的芯轴转动，从而使安装在纵向滑架上的测头与被测齿轮形成一条理想的螺旋线。当被测齿轮的实际螺旋线有误差时，可由测头测出，并显示或记录绘制出螺旋线迹线。通过转动分度盘可以改变导尺的角度 β，以测量不同螺旋角的被测齿轮。

螺旋线检查仪记录的曲线是螺旋线迹线，螺旋线迹线图以被测齿轮的理论螺旋线方向作为横坐标，以实际螺旋线对理论螺旋线的偏离作为纵坐标，如图 12-58（b）所示，理论螺旋线迹线在图上表现为一条平行于横坐标的直线。在螺旋线计值范围内建立平均螺旋线迹线，即螺旋线迹线的最小二乘中线，可评定螺旋线总偏差 F_β、螺旋线形状偏差 $f_{f\beta}$ 和螺旋线倾斜极限偏差 $f_{H\beta}$。

螺旋线偏差测量仪结构较为复杂，一般都在计量室使用。对于专业生产齿轮的厂家，目前大都采用齿轮测量中心测量螺旋线偏差。

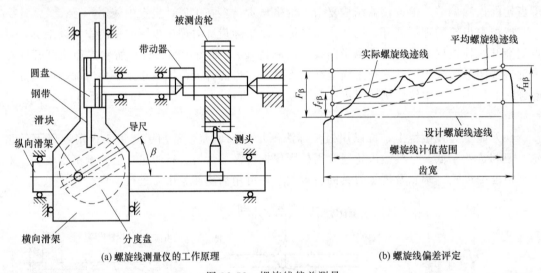

(a) 螺旋线测量仪的工作原理   (b) 螺旋线偏差评定

图 12-58　螺旋线偏差测量

(4) 切向综合偏差测量

切向综合偏差测量是在单面啮合综合测量仪（单啮仪）上进行的。检测时，被测齿轮在公称中心距下与测量齿轮（或测量蜗杆）单面啮合，在确保单侧齿面接触的情况下测量其转角的变化，绘制转角偏差曲线图。

单啮仪有机械式、光栅式及磁分度式等多种形式，目前应用较多的是光栅式。转角偏差曲线上的最大幅度值即为切向综合总偏差 F_i'，曲线在一个齿距范围内的最大变动为一齿切向综合偏差 f_i'。

12.7.2　齿轮双侧齿面偏差的测量

齿轮双侧齿面偏差包括径向综合偏差和径向跳动，测量时测头与左右齿面同时接触，主要反映齿轮的径向误差。

(1) 径向综合偏差测量

径向综合偏差测量是在双面啮合综合测量仪（双啮仪）上进行的，检测时，通过测量双啮仪中心距变动来确定径向综合总偏差 F_i'' 和一齿径向综合偏差 f_i''。该仪器也可用来检查齿面的接触斑点。

双啮仪的结构较简单，测量效率高。双面啮合综合测量的缺点是与齿轮工作状态不相符，其测量结果是轮齿两齿面偏差的综合反映，且只能反映齿轮的径向偏差。

(2) 齿轮径向跳动测量

齿轮径向跳动 F_r 通常在图 12-59（a）所示的专用径向跳动检查仪上测量。被测齿轮支承在仪器的两顶尖之间，转动齿轮，使球形（或锥形）测头相继放入每个齿槽内，从指示表上读取相应的示值，其最大与最小示值之差即为齿轮径向跳动。为使测头在齿高中部附近与齿面接触，对于齿形角 $\alpha = 20°$ 的圆柱齿轮，应取球形测头的直径 $d = 1.68m$。

也可以用普通顶尖座和千分表、圆棒、表架组合测量径向跳动，如图 12-59（b）所示。但该法效率较低，适用于单件、小批量生产。

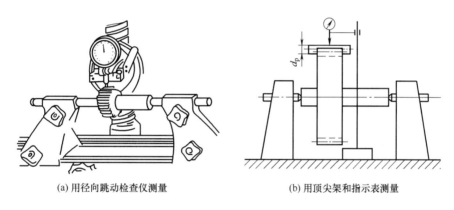

(a) 用径向跳动检查仪测量　　　　　　　　(b) 用顶尖架和指示表测量

图 12-59　齿轮径向跳动测量

12.7.3　齿轮公法线长度和齿厚的测量

(1) 公法线长度测量

公法线长度可用公法线千分尺、公法线指示卡规等进行测量，如图 12-60 所示。测量公法线长度时，要求量具的两测量面与被测齿轮的齿面在分度圆附近相切。对于齿形角 $\alpha = 20°$ 的齿轮，可按 $k = z/9 + 0.5$ 选择跨齿数。

在被测齿轮圆周上均匀分布的位置上测得相应的公法线长度值（通常测量 6 条以上），每个实测的公法线长度值与其公称值之差为被测的公法线长度偏差，偏差值中绝对值最大的即为该齿轮的公法线长度偏差值。

(2) 齿厚测量

齿厚偏差 E_{sn} 是在分度圆柱面上，实际齿厚 S_{na} 与公称齿厚 S_n 之差。对于斜齿轮，则是指法向齿厚。

由于测量弧齿厚比较困难，通常都是测量弦齿厚，并以弦齿厚偏差代替弧齿厚偏差。

通常用齿厚游标卡尺（见图 10-14）或光学式齿厚卡尺以齿顶圆为基准测量齿厚，由于

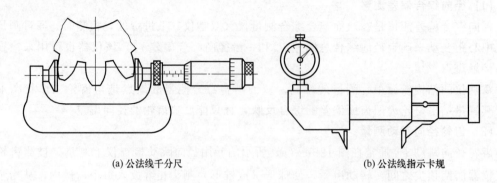

(a) 公法线千分尺　　　　　　　　　　　(b) 公法线指示卡规

图 12-60　公法线长度测量

其定位精度不高，所以多用于测量中等精度以下的齿轮；对中等精度以上的齿轮，可测量公法线长度偏差代替齿厚偏差。

精度要求高或齿轮的模数较小时，可在万能工具显微镜上采用影像法测量弦齿厚。测量时可以用齿轮齿顶圆为基准，也可以用中心孔为基准。

12.8　数字化测量仪器简介

随着科学技术的发展，几何量测量技术已从传统的机械原理、几何光学原理发展到更多新技术（如激光、光栅、感应同步器、CCD 器件等）的应用。尤其是计算机技术的应用，使测量仪器迈向数字化、智能化，如各种数显量具、三坐标测量机、数字式对刀仪、智能双啮仪、齿轮测量中心等已得到广泛应用。数字化测量技术是数字化制造技术的一个重要的、不可或缺的组成部分，数字化测量仪器的不断丰富和发展，为提高产品质量和检测效率起到了有力的保证。下面介绍生产中两种典型的数字化测量仪器。

12.8.1　三坐标测量机

(1) 三坐标测量机的类型

三坐标测量机按测量范围不同可分为大型、中型和小型三种类型。大型三坐标测量机主要用于检测大型零部件，如飞机机身、汽车车体、航天器等；中型三坐标测量机在机械制造业中应用最为广泛，适合一般机械零部件的检测；小型三坐标测量机一般用于电子工业和小型机械工件的检测。

按结构形式不同，三坐标测量机可分为悬臂式、龙门式、桥式、镗式和关节臂式等，如图 12-61 所示。悬臂式测量机小巧、紧凑，工作面开阔，装卸工件方便，但悬臂结构容易变形；龙门式测量机的特点是当龙门移动或工作台移动时，装卸工件方便，操作性能好，适用于小型测量机；桥式测量机的刚性强，变形小，X、Y、Z 的行程都可增大，适用于大中型测量机；坐标镗式或卧式镗式是在坐标镗床或卧式镗床的基础上发展起来的，测量准确度高，但结构复杂；关节臂式测量机灵活轻便、易携带，适合于检测无法搬动的大型工件。

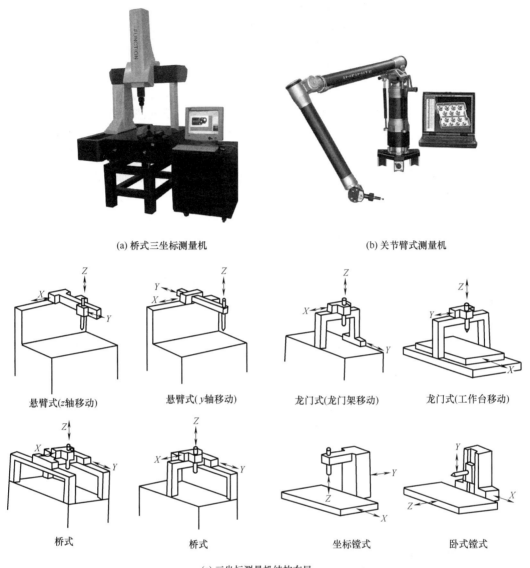

(a) 桥式三坐标测量机　　　　　　　　(b) 关节臂式测量机

悬臂式(z轴移动)　　悬臂式(y轴移动)　　龙门式(龙门架移动)　　龙门式(工作台移动)

桥式　　　　　　桥式　　　　　坐标镗式　　　　卧式镗式

(c) 三坐标测量机结构布局

图 12-61　三坐标测量机类型

(2) 三坐标测量机的组成

三坐标测量机是典型的机电一体化设备,它由机械系统、测量系统和软件系统组成。

① 机械系统。

机械系统由框架结构、直线运动滑台、工作台、驱动装置和平衡部件等组成。其核心是保证三个方向的精密位移,目前大多数测量机都采用气浮导轨,它具有精度高、无爬行、运动灵活等特点。三个方向均装有标准尺用以度量位移值,测头装在 Z 方向端部,用来测量被测零件表面尺寸变化。

② 测量系统。

三坐标测量机测量系统的主要部件是测量头和标准器。测量头种类很多,大致可归纳为以下几种类型。

a. 机械接触式测量头,又称硬测头。它没有传感系统,只是一个纯机械式接触头。典型的有圆锥测头、圆柱测头、球形测头等，这类测头目前极少应用。

b. 光学非接触测头，是采用激光器和新型光电器件（如光电位置敏感器件 PSD 等），按激光三角法测距原理设计的非接触测量头。特别适用于测量软、薄、脆的工件以及在航空、航天、汽车、模具等行业中对自由曲面的高速测量。

c. 电气式测量头，是现代三坐标测量机主要采用的测量头，包括电气接触式测头和电气式动态测头。前者又称软测头（静态测头），测头的测端与被测件接触后可做偏移，由传感器输出位移量信号。这种测头不但用于瞄准，还可用于测微；后者在向工件表面触碰的运动过程中，在与工件接触的瞬间进行测量采样，故称为动态测头，也称触发式测头。它不能以接触状态停留在工件旁，因而只能对工件表面做离散的逐点测量，而不能做连续的扫描测量。在测量曲线、曲面时，应使用静态测头做扫描测量。

三坐标测量机标准器的种类较多。机械类有刻线标尺、精密丝杠、精密齿条等；光学类有光栅等；电类有感应同步器、磁栅、编码器等。目前光栅、磁栅类应用较多。

③ 软件系统。

三坐标测量机由计算机来采集数据，通过运算输出所需的测量结果，其软件系统的功能直接影响到测量机的功能。三坐标测量机的软件系统主要包括测量软件、系统调试软件和系统工作软件。

测量软件具有多种类型的数据处理程序，以满足各种工程需要，所以也称为测量软件包。测量软件包可分为通用测量软件包和专用测量软件包。通用测量软件包主要是指针对点、线、面、圆、圆柱、圆锥、球等基本几何元素及其几何误差进行测量的软件包。专用测量软件包是指坐标测量机生产厂家针对用户要求开发的各类测量软件包，如齿轮、凸轮轴、螺纹、汽车车身、发动机叶片等专用测量软件。

系统调试软件用于调试测量机及其控制系统，包括用于检查系统故障并自动显示故障类别的自检及故障分析软件包，用于按检测结果对测量机误差进行修正的误差补偿软件包，用于系统参数识别和控制参数优化的软件包以及精度测试和验收的软件包等。

系统工作软件属于测量系统必须配置的用于协调和辅助性质的工作软件，如测头管理软件、数控运行软件、系统监控软件、数据文件管理软件和联网通信软件等。

(3) 三坐标测量机的测量方法

不同的测量机有不同的测量方法，选取测头的数目也不同。但其中有一些方法是共同的。

① 测量前的准备。

测量前的准备工作主要有以下两点。

a. 选择测头和校验基准件。在零件测量前，需根据被测零件的形状，选择适当的测头组合使用。测定各测针的球径和测针间的相互位置，并选择校验基准件，相应地使用不同的校验方法和程序。

b. 坐标变换。在三坐标测量机中存在三种坐标系：测头坐标系、测量机坐标系和工件坐标系。从三坐标测量机测长系统采集到的测量数据是相对于测量机坐标系的，但工件的要求是标注在工件坐标系中的，两者需要统一。在三坐标测量机中，可以通过软件将测量机坐标数据通过旋转和平移转换到工件坐标系中，相当于建立一个"虚拟"的与工件坐标系重合的测量坐标系。这个虚拟的坐标系由软件生成，可随工件位置而变，故称为柔性坐标系。

② 参数计算。

参数计算可根据工件表面各测点的坐标值，用解析几何的方法计算各种几何参数值，如两点间距离、圆的直径、圆心的坐标和直线的方向等。对于几何误差评定，应用比较普遍的是最小二乘法和最小区域法。有的几何误差的数据处理，如圆柱度的评定，只能是近似计算。

③ 自动测量。

自动测量适用于成批零件的重复测量，测量时先对一个零件测量一次，计算机将测量过程（如测头的移动轨迹、测量点坐标、程序调用等）存储到计算机中，然后通过数控伺服机构控制测量机，按程序自动对其余零件进行测量，由计算机计算得到有关测量结果，即自学习功能。

12.8.2　齿轮测量中心

由于现代机械传动对齿轮精度要求不断提高，传统的机械式测量仪器已不能满足需要。1970 年 Fellows 公司在芝加哥机床展览会上第一次展出四轴计算机数字控制（CNC）齿轮测量机，它是齿轮测量中心的起源。20 世纪 80 年代，随着计算机技术的发展，CNC 齿轮测量中心在国际上迅速发展起来，80 年代后期国外产品开始进入我国。与传统的机械式齿轮量仪相比，CNC 齿轮测量中心测量精度高、速度快、功能强，不仅能测量齿轮，还可以测量复杂刀具、蜗轮、蜗杆、凸轮、曲轴等复杂工件。工件在一次装夹后便可以自动完成多项参数的测量，解决了许多评定指标用传统方法检测精度低、效率低的技术难题。下面结合国产 JD 型齿轮测量中心，介绍仪器的基本组成、测量原理和测量方法。

（1）齿轮测量中心的组成

齿轮测量中心由机械部分、电气系统和软件系统组成。

机械部分由基座、精密回转轴系、切向滑座、测量立柱、工件立柱等部分组成，如图 12-62 所示。由于测量中心可实现四轴联动，即 c 轴转动和 x、y、z 轴的直线移动，为保证测量精度，仪器的基座采用花岗石，能够提供较高的承载能力和很强的热稳定性。轴系采用

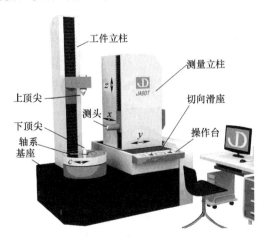

(a) 仪器外形　　　　　　　　　　　　　　(b) 测量示意图

图 12-62　齿轮测量中心

密珠轴系，保证主轴的回转精度。切向滑座和测量立柱之间装有精密循环滚珠导轨，保证测量立柱沿工件切向（x 向）运动的直线度要求，测量立柱上安装的精密滚珠导轨保证测头沿工件径向（y 向）和轴向（z 向）运动的直线度要求。测量时工件安装在工件立柱的上下顶尖之间。

电气系统包括运动系统、反馈系统、控制系统、传感器、采集系统等。主轴采用 DDR 电机直接驱动技术，具有输出转矩大、惯量高、低速性能好、动态响应能力快等优点。直线运动轴采用直线电机驱动技术，具有变速范围大、加速性能好、速度及方向控制方便、噪声低、无传动磨损等优点。仪器采用数字式测量传感测头，测量分辨率小于 0.0001mm，具有测量精度高、量程大、线性误差小、测杆更换方便、测力自动换向和误操作保护等特点。

软件系统包括控制软件和处理软件，按功能模块不同可分为以下几种。

① 人机操作界面模块：包括数据输入、测量对象选择、系统设置、数据计算、参数入库等。

② 测量控制模块：包括系统复位、测头校正、系统自检、操作提示，过程显示等。

③ 运动控制模块：与闭环数控系统相配合，实现多轴联动。

④ 数据采集模块：包括实时数据采集、A/D 转换、接口驱动、数据传输、数据保存等。

⑤ 误差评值软件模块：按齿轮误差评定标准进行误差评值，处理测量结果（包括曲线和数值）。

⑥ 测量结果输出模块：由打印机输出标准格式的测量结果报告单。

(2) 测量原理

齿轮测量中心可用来测量各项齿距偏差、齿廓偏差和螺旋线偏差。根据渐开线的展成原理，理论渐开线上任意一点的法线均与齿轮基圆相切，该点至基圆切点之间的距离即为齿面的法向展开长度。实际展开长度与理论展开长度之差即为渐开线齿廓偏差。因此齿轮测量中心采用法向极坐标测量原理，实际上是圆柱（极）坐标测量机。

测量时计算机根据被测工件的参数控制各坐标轴运动，使测头相对于被测工件产生所要求的测量运动。测量齿距偏差时，测头沿 y 轴（向）逐齿进入齿槽，在齿高中部与同侧齿面接触测量；测量齿廓偏差时，伴随齿轮转动，测头沿基圆切线方向，即 x 轴移动；测量螺旋线偏差时，齿轮旋转，测头沿 z 轴同步移动。在测头沿工件表面运动的过程中，计算机连续采集测头的测量值和同一时刻各坐标轴的实际位置，这些数据记录了被测齿面的实际形状，由计算机完成与理论齿面的比较，从而得出测量结果。

(3) 测量方法

齿轮测量中心测量工件的基本流程如下。

① 将被测齿轮安装在仪器两顶尖之间，并使其与主轴同步旋转。

② 启动软件，输入被测齿轮的主要参数，如模数、齿数、压力角、螺旋角、齿宽、变位系数、齿顶圆直径等。

③ 软件会根据齿轮的参数建立齿轮的模型，之后通过控制系统控制测量中心运动，完成齿轮的测量数据的采样。

④ 采样完成后，根据采样数据，借助误差评值软件进行数据处理，得到齿轮的各单项偏差值。

习　　题

一、思考题

1. 平台检查和量仪检测的适用场合有何不同？

2. 长度尺寸检测的主要方法有哪些？试结合实例予以说明。

3. 什么是误收和误废？它们会对测量结果带来何种影响？

4. 验收极限有哪两种确定方式？应如何选择？

5. 测量表面粗糙度时，评定长度和取样长度的作用是什么？

6. 表面粗糙度的主要测量方法有哪些？

7. 角度和锥度的主要检查方法有哪些？试举例说明。

8. 测量几何误差时，如何体现被测要素和基准要素？

9. 试述几何误差的五种检测原则，举例说明其应用。

10. 直线度、平面度和圆度误差的主要测量方法有哪些？

11. 直线度误差的评定方法有几种？如何判别最小包容区域？

12. 平面度误差的评定方法有几种？其最小包容区域的判别准则有哪些？

13. 圆度误差的评定方法有几种？如何判别最小包容区域？

14. 方向和位置误差的最小包容区域与基准之间有何关系？

15. 螺纹的测量方法有哪些？为什么要测量螺纹的单个几何参数？螺纹中径的测量有哪些方法？

16. 用工具显微镜测量螺纹几何参数偏差时，如何消除螺纹的安装误差？

17. 用相对法测量齿距偏差时，为何可以用任一齿距调整仪器零位？

18. 单盘式渐开线检查仪适合哪些条件下使用？

19. 简述螺旋线偏差测量时工件和测量头的运动规律。

20. 简述三坐标测量机和齿轮测量中心的组成与应用。

二、练习题

1. 试确定测量 $\phi25g8$ 轴时的验收极限（双边内缩方案），并选择计量器具。

2. $\phi50H8$ 孔尺寸加工后呈偏态分布（偏向最大实体尺寸），试确定其验收极限，并选择相应的计量器具。

3. 在立式光学比较仪上测量 $\phi20f6\left(^{-0.020}_{-0.033}\right)$ 的轴颈，用标称尺寸为 30mm 的量块将仪器调零后，测量轴颈时的示值为 $-25\mu m$，若量块实际尺寸为 30.002mm，试求被测轴颈的实际尺寸。

4. 按图 12-28 所示用自准直仪测量某导轨的直线度误差，依次测得各点读数，如习题表 12-1 所示。根据桥板跨距确定分度值为 $0.5\mu m/$ 格，试分别按最小包容区域法和两端点连线法评定其直线度误差值。

习题表 12-1

点序	0	1	2	3	4	5
读数/格		−12	+24	+24	−18	+12

5. 按习题图 12-1（a）所示方法在基准平板上用指示表测量被测平板的平面度误差，9 个测量点的读数（μm）如习题图 12-1（b）所示，试分别用对角线平面法和最小包容区域法

评定其平面度误差值。

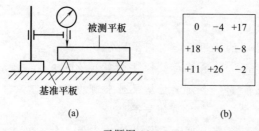

习题图 12-1

6. 按习题图 12-2 所示方法依次测得 A、B 两平面上各测点的读数，如习题表 12-2 所示。试按最小包容区域法分别评定 A、B 两平面的直线度误差值和 A 平面对 B 平面的平行度误差值。

习题表 12-2

点序		0	1	2	3	4
读数/μm	A	+4	+4	−2	−2	−2
	B	0	−2	+11	+9	+10

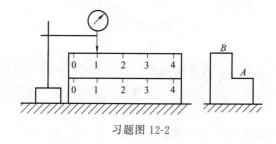

习题图 12-2

7. 如习题图 12-3 所示，使用两对不同直径的光滑圆柱（直径分别为 D 和 d）夹住被测圆锥，用通用计量器具测得尺寸 m 和 M，试确定被测圆锥角 α。

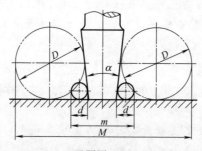

习题图 12-3

8. 在万能工具显微镜上测量 T60×12—8 丝杠 10 个螺牙的螺距，各螺牙的同名牙侧的轴向位置读数如习题表 12-3 所示，试计算该丝杠的单个螺距偏差和螺距累积偏差。若单个螺距极限偏差为 ±12μm，螺距累积极限偏差为 ±55μm，试判断其合格性。

习题表 12-3

牙侧序号/i	0	1	2	3	4	5	6	7	8	9	10
读数/mm	60.012	72.015	84.020	96.015	108.013	120.016	132.019	144.009	156.004	168.002	180.007

9. 某直齿圆柱齿轮的公法线公称长度 $W_k = 15.04mm$，公法线长度极限偏差 $E_{bns} = -0.01mm$，$E_{bni} = -0.03mm$，若在齿轮一周内均布测得 4 条公法线长度，其数值分别为 15.02mm、15.01mm、15.03mm、15.05mm，试计算它们的公法线长度偏差 E_{bn}，并判断其合格性。

10. 某运动精度、平稳性精度和接触精度均为 7 级的直齿圆柱齿轮的模数 $m = 5mm$，齿数 $z = 12$，标准压力角 $\alpha = 20°$。该齿轮加工后用双测头式齿距比较仪按相对法测量其各个右齿面的齿距偏差，即先按某一齿距将量仪指示表调零，然后依次测量其余齿距对基准齿距的偏差，测量数据如习题表 12-4 所示。试确定该齿轮的齿距累积总偏差和单个齿距偏差，并判断其合格性。

习题表 12-4

齿序/i	1	2	3	4	5	6	7	8	9	10	11	12
齿距相对偏差/μm	0	+6	+9	−3	−9	+15	+9	+12	0	+9	+9	−3

11. 在光学分度头上用绝对法测量某齿轮（$z = 12$）左齿面的齿距偏差，测量数据如习题表 12-5 所示。试计算齿距累积总偏差和单个齿距偏差。若该齿轮齿距累积总公差为 $33\mu m$，单个齿距极限偏差为 $\pm 11\mu m$，试判断它们的合格性。

习题表 12-5

齿序/i	1	2	3	4	5	6	7	8	9	10	11	12
定位齿距角	30°	60°	90°	120°	150°	180°	210°	240°	270°	300°	330°	360°
绝对读数/μm	+6	+10	+16	+20	+16	+6	−1	−6	−8	−10	−4	0

第13章
量规设计

13.1 概述

量规是一种专用量具，用来定性检验零件的合格性。用量规检验工件时，只能判断工件合格与否，而不能获得工件实际尺寸的具体数值。在大批量生产中使用量规检验，能够提高检验效率。

在实际生产中，可以选用标准量规或自行设计非标准量规。设计量规时，需要根据被测工件的验收合格条件、标准规范、实际经验、检验工况等要求，对量规检验方案、结构、材料、工艺、制造精度、使用精度、维修维护、标记等做出详细规定。

已有相关标准规范的量规，可以根据标准规定，按照标准结构和参数进行设计，也可以根据使用的具体条件和要求，参照相关标准进行变通设计；没有相关标准规范的量规，如特殊的非标准量规，可以参照测量检验的基本原理、规范以及近似的量规进行设计。

量规检验技术在生产中得到了广泛的应用，如检验单一尺寸的高度、深度、长度量规，检验角度的角度量规，检验锥度的锥度量规，检验孔、轴的光滑极限量规，检验几何误差的功能量规，检验螺纹的螺纹量规，此外还有花键量规、弹簧量规等。本章只介绍光滑极限量规和功能量规的设计原理和方法。

13.2 光滑极限量规

13.2.1 光滑极限量规的设计原理

(1) 光滑极限量规概述

光滑极限量规是检验光滑工件尺寸的一种量具。其原理是用模拟装配状态的方法来对工件的合格性做检验。检验孔用的光滑极限量规称为塞规，检验轴用的光滑极限量规称为环规或卡规，如图 13-1 所示。

光滑极限量规有通规（或通端）和止规（或止端）两种。检验时通规应通过合格的零件，因此孔用量规的通规尺寸为孔的最小极限尺寸 D_{min}，轴用量规的通规尺寸为轴的最大极限尺寸 d_{max}，即通规的尺寸就是孔或轴的最大实体尺寸（D_M 和 d_M）。

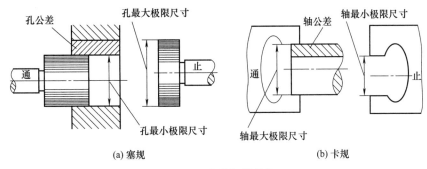

图 13-1　光滑极限量规

止规在检验时则不应通过合格品的零件，因此孔用量规的止规尺寸为孔的最大极限尺寸 D_{max}，轴用量规的止规尺寸为轴的最小极限尺寸 d_{min}，即止规尺寸就是孔或轴的最小实体尺寸（D_L 和 d_L）。

在制造工作量规时，因为轴用工作量规（环规或卡规）的测量比较困难，使用过程中这种量规又易于磨损和变形，所以必须用校对量规对其进行检验和校对；而孔用量规（通常为塞规）是轴状的外尺寸，便于用通用计量仪器进行检验，所以孔用量规没有校对量规。

对工作量规通规和止规的最大极限尺寸没有设置校对量规，这是因为工作量规的公差值很小，校对量规的公差值更小。若工作量规的最大极限尺寸再设置校对量规，不仅增加制造成本，还会增大新工作量规的误检率。

检验孔轴实际尺寸的光滑极限量规的种类、名称、代号及用途见表 13-1。

表 13-1　检验孔轴实际尺寸的光滑极限量规

种类	名称	代号	用途
工作量规	通规	T	检验工件的实际尺寸是否超出最大实体尺寸
	止规	Z	检验工件的实际尺寸是否超出最小实体尺寸
检验量规	校—通	TT	检验轴用工作通规的实际尺寸是否超出最小极限尺寸
	校—止	ZT	检验轴用工作止规的实际尺寸是否超出最小极限尺寸
	校—损	TS	检验使用中的轴用工作通规的实际尺寸是否超出磨损极限尺寸

(2) 光滑极限量规设计原则

局部实际尺寸合格的零件，由于形状误差的存在，也不能完全保证配合性质。为确保孔和轴能满足装配要求的性能，光滑极限量规设计应遵循泰勒原则。

泰勒原则是指工件的体外作用尺寸不允许超过最大实体尺寸；任何部位的实际尺寸不允许超过最小实体尺寸，可表示为

对于孔　　　　　　　　$D_{fe} \geqslant D_{min}$　且　$D_a \leqslant D_{max}$

对于轴　　　　　　　　$d_{fe} \leqslant d_{max}$　且　$d_a \geqslant d_{min}$

如何才能满足泰勒原则对尺寸的要求呢？由于通规的尺寸就是孔或轴的最大实体尺寸，将通规做成一个完整的圆柱形，若被检孔被通规通过，则说明该孔的体外作用尺寸 $D_{fe} \geqslant D_{min}$；若被检轴被通规通过，则说明该轴的体外作用尺寸 $d_{fe} \leqslant d_{max}$。将止规做成不全形的，若被检孔被止规不通过，则说明该孔的实际尺寸 $D_a \leqslant D_{max}$，被检轴被止规不通过，则说明该轴的局部尺寸 $d_a \geqslant d_{min}$。这样用通规和止规联合使用来检验工件，就可知被检工件

的体外作用尺寸和局部尺寸是否在极限尺寸范围内，从而可按泰勒原则判断出工件是否合格。

由于通规用来控制工件的体外作用尺寸，止规用来控制工件的局部实际尺寸，因此符合泰勒原则的量规形状应为：通规的测量面应是与孔或轴形状相对应的完整表面（即全形量规），且量规长度等于配合长度；止规的测量面应是点状的（即不全形量规）。

如果量规的尺寸和形状背离泰勒原则，将会造成误判，如图 13-2 所示。在图 13-2（a）中被检孔的最大实际尺寸 D_{amax} 已经超出了最大极限尺寸（D_{max}），为不合格品，应被止规通过。但由于孔的最小实际尺寸 D_{amin} 小于最大极限尺寸（D_{max}），所以全形止规不能通过该不合格品，结果造成误收；在图 13-2（b）中被检孔的体外作用尺寸 D_{fe} 小于最小极限尺寸（D_{min}），为不合格品，应不被通规通过。但其 $D_{amax} > D_{min}$ 不全形通规能通过该不合格品造成误收。

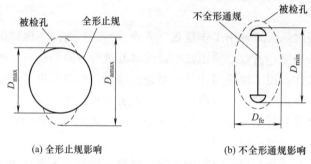

(a) 全形止规影响　　　　　　　　　　(b) 不全形通规影响

图 13-2　量规形状背离泰勒原则对测量结果的影响

在实际生产中，由于量规的制造和使用等方面的原因，光滑极限量规常常偏离泰勒原则。标准规定，允许在被检工件的形状误差不影响配合性质的条件下，使用偏离泰勒原则的量规。如为了量规的标准化，量规厂供应的标准通规的长度常不等于工件的配合长度，对大尺寸的孔和轴通常使用非全形的塞规（或杆规）和卡规检验，以代替笨重的全形通规；由于环规不能检验曲轴，允许通规用卡规；为了减少磨损，止规也可不用点接触工件，一般制成小平面、圆柱面或球面；检验小孔时，止规常常制成全形塞规。

为尽量避免在使用偏离泰勒原则的量规检验时造成的误判，操作时一定要注意。如使用非全形的通端塞规时，应在被检孔的全长上沿圆周的几个位置上检验；使用卡规时，应在被检轴的配合长度内的几个部位并围绕被检轴的圆周的几个位置上检验。

13.2.2　光滑极限量规的公差带和公差值

量规是一种精密检验工具，制造量规和制造工件一样不可避免地会产生误差，故必须规定制造公差。量规制造公差的大小决定了量规制造的难易程度。

根据量规精度设计原则，光滑极限量规的工作量规与校对量规的公差带图如图 13-3 所示。可见，为了不发生误收，量规公差带全部安置在被检验工件的尺寸公差带内。工作止规的最大实体尺寸等于被检验工件的最小实体尺寸，工作通规的磨损极限尺寸等于被检验工件的最大实体尺寸。

轴用工作量规的三种校对量规中，"校—通"和"校—止"分别模拟通规和止规的最大实体尺寸，防止工作量规使用时因变形而使尺寸过小。工作通规和工作止规应该分别被"校—通"和"校—止"所通过。所以，"校—通"称为工作通规的校对通规，"校—止"称为工作止规的校对通规。"校—损"控制工作通规的磨损，防止工作通规使用时因磨损而使尺寸过大，不能被"校—损"所通过的工作量规可以继续使用。

　　与工作量规公差带安置的原则相同，校对量规公差带也全部安置在被检验的工作量规的公差带内，以保证不会把尺寸超出制造公差带或磨损极限的工作量规检验成可以继续使用的量规。而且，由图 13-3 可见，"校—通"和"校—止"两校对量规的最小实体尺寸分别等于工作通规和工作止规的最大实体尺寸，"校—损"的最大实体尺寸等于工作通规的磨损极限尺寸。

　　孔和轴的工作量规的制造公差 T 和制造公差带中心到被检验工件最大实体尺寸之间的距离 Z（称为位置参数）见附表 13-1。各种校对量规的制造公差 T_p 等于被检验的轴用工作量规制造公差的一半（$T_p = T/2$）。

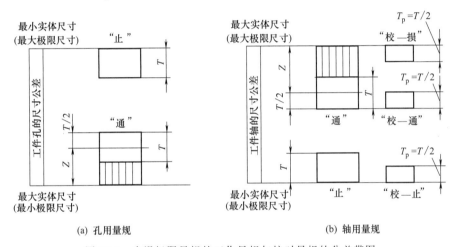

(a) 孔用量规　　　　　　　　　　(b) 轴用量规

图 13-3　光滑极限量规的工作量规与校对量规的公差带图

13.2.3　光滑极限量规设计举例

　　[**例 13-1**]　设计检验 $\phi18H8/f7$ 的孔与轴用的量规。

　　解:　① 根据 GB/T 1800.1—2009 查出孔与轴的上、下极限偏差。

$$ES = +0.027mm，EI = 0$$

$$es = -0.016mm，ei = -0.034mm$$

　　② 根据附表 13-1 查出量规的尺寸公差 T 和位置参数 Z 值，并确定量规的形状公差和校对量规的制造公差。

　　塞规：制造公差 $T_1 = 0.0028mm$，位置参数 $Z_1 = 0.004mm$。形状公差 $T_1/2 = 0.0014mm$。

　　卡规：制造公差 $T_2 = 0.002mm$，位置参数 $Z_2 = 0.0028mm$。形状公差 $T_2/2 = 0.001mm$。

　　校对量规制造公差：$T_p = T_2/2 = 0.001mm$。

　　③ 计算量规的极限偏差及工作部分的极限尺寸。

　　a. $\phi18H8$ 孔用塞规。

　　通规（T）：上极限偏差 $= EI + Z_1 + T_1/2 = +0.0054$（mm）

$$下极限偏差＝EI＋Z_1－T_1/2＝＋0.0026（mm）$$

$$磨损极限＝EI＝0$$

故通规工作部分的极限尺寸为 $\phi 18^{+0.0054}_{+0.0026}$ mm。

止规（Z）：上极限偏差＝ES＝＋0.027（mm）

下极限偏差＝$ES－T_1$＝＋0.0242（mm）

故止规工作部分的极限尺寸为 $\phi 18^{+0.027}_{+0.0242}$ mm。

b. $\phi 18f7$ 轴用卡规。

通规（T）：上极限偏差＝$es－Z_2＋T_2/2$＝－0.0178（mm）

下极限偏差＝$es－Z_2－T_2/2$＝－0.0198（mm）

磨损极限＝es＝－0.016（mm）

故通规工作部分的极限尺寸为 $\phi 18^{-0.0178}_{-0.0198}$ mm。

止规（Z）：上极限偏差＝$ei＋T_2$＝－0.032（mm）

下极限偏差＝ei＝－0.034（mm）

故止规工作部分的极限尺寸为 $\phi 18^{-0.032}_{-0.034}$ mm。

c. 轴用卡规的校对量规。

"校通—通"量规（TT）：

上极限偏差＝$es－Z_2－T_2/2＋T_\text{p}$

　　　＝－0.0188（mm）

下极限偏差＝$es－Z_2－T_2/2$

　　　＝－0.0198（mm）

故"校通—通"量规工作部分的极限尺寸为 $\phi 18^{-0.0188}_{-0.0198}$ mm。

"校通—损"量规（TS）：

上极限偏差＝es＝－0.016（mm）

下极限偏差＝$es－T_\text{p}$＝－0.017（mm）

故"校通—损"量规工作部分的极限尺寸为 $\phi 18^{-0.016}_{-0.017}$ mm。

"校止—通"量规（ZT）：

上极限偏差＝$ei＋T_\text{p}$＝－0.033（mm）

下极限偏差＝ei＝－0.034（mm）

故"校止—通"量规工作部分的极限尺寸为 $\phi 18^{-0.033}_{-0.034}$ mm。

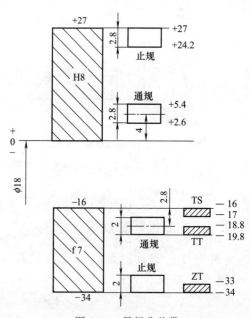

图 13-4　量规公差带

④ 绘制 $\phi 18H8/f7$ 孔与轴量规公差带，如图 13-4 所示。

13.3　功能量规

当被测导出要素的几何公差采用最大实体要求（注出符号Ⓜ），或可逆最大实体要求（注出符号Ⓜ Ⓡ）时，表示其相应的实际轮廓应遵守最大实体实效边界，即在规定长度内，其体外作用尺寸不得超出最大实体实效尺寸。

当基准要素代号后注有符号Ⓜ时，表示最大实体要求应用于基准导出要素，基准的实际轮廓应遵守相应的边界（最大实体实效边界或最大实体边界）。

功能量规是根据被测要素和基准要素应遵守的边界设计的、模拟装配的通过性量规。能被量规通过的要素，其实际轮廓一定不超出相应的边界。

功能量规的检验方式分为依次检验和共同检验，用不同的功能量规先后检验基准要素的几何误差和（或）尺寸及被测要素的方向或位置误差的检验方式称为依次检验；用同一功能量规同时检验被测要素的方向或位置误差及其基准要素的形状误差和（或）尺寸的检验方式称为共同检验。依次检验主要用于工序检验，共同检验主要用于最终检验。

13.3.1 功能量规的结构形式

功能量规的结构有四种形式：整体型、组合型、插入型和活动型，如图 13-5 所示。

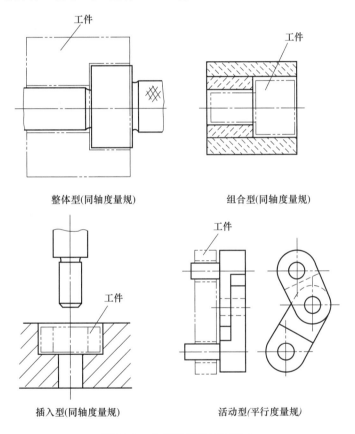

整体型(同轴度量规)　　　　　　组合型(同轴度量规)

插入型(同轴度量规)　　　　　　活动型(平行度量规)

图 13-5　功能量规的结构形式

功能量规的工作部位包括检验部位、定位部位和导向部位，如图 13-6 所示。

(1) 检验部位

检验部位是功能量规上用于模拟被测要素边界的部位。检验部位的尺寸、形状、方向和位置应与被测要素的边界（最大实体实效边界）的尺寸、形状、方向和位置相同。

(2) 定位部位

定位部位是功能量规上用于模拟基准或其边界的部位。若基准要素为导出要素，且最大实体要求未应用于基准要素，则定位部位的尺寸、形状、方向和位置应由其相应的实际轮廓确定，并保证定位部位相对于其实际轮廓不能浮动。

若基准要素为导出要素，且最大实体要求应用于基准要素时，定位部位的尺寸、形状、方向和位置应与其边界的尺寸、形状、方向和位置相同。

若基准要素为组成要素，则定位部位的尺寸、形状、方向和位置应与体现实际基准要素的理想要素的尺寸、形状、方向和位置相同。

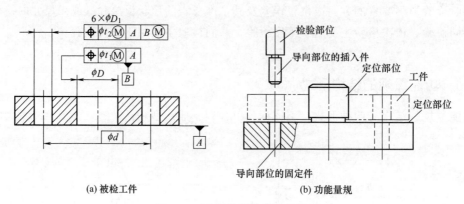

图 13-6　功能量规的工作部位

(3) 导向部位

导向部位是在检验时引导功能量规的检验部位和（或）定位部位进入被测要素和（或）基准要素的部位。导向部位的形状、方向和位置应与检验部位或定位部位的形状、方向和位置相同。对无台阶式插入型功能量规，导向部位的尺寸与检验部位或定位部位相同；台阶式插入型功能量规插入件的导向部位的尺寸由设计者自行确定，但应标准化。

13.3.2　功能量规的尺寸与公差

功能量规的尺寸与公差的代号见表 13-2。

功能量规各工作部位的工作尺寸计算公式见表 13-3。

表 13-2　功能量规的尺寸与公差的代号

序号	代号	含　义
1	T_D、T_d	被测或基准内、外要素的尺寸公差
2	t	被测要素或基准要素的几何公差
3	T_t	被测要素或基准要素的边界综合公差
4	T_I、T_L、T_G	功能量规检验部位、定位部位、导向部位的尺寸公差
5	W_I、W_L、W_G	功能量规检验部位、定位部位、导向部位的允许磨损量
6	S_{min}	插入型功能量规导向部位的最小间隙
7	t_I、t_L	功能量规检验部位、定位部位的方向或位置公差
8	t_G	插入型或活动型功能量规导向部位固定件的方向或定位公差
9	t'_G	插入型或活动型功能量规导向部位的台阶形插入件的同轴度或对称度公差
10	E_I	功能量规检验部位的基本偏差

续表

序号	代号	含　义
11	T_I、T_L、T_G d_I、d_L、d_G	功能量规检验部位、定位部位、导向部位内、外要素的尺寸
12	T_{IB}、T_{LB}、T_{GB} d_{IB}、d_{LB}、d_{GB}	功能量规检验部位、定位部位、导向部位内、外要素的基本尺寸
13	T_{IW}、T_{LW}、T_{GW} d_{IW}、d_{LW}、d_{GW}	功能量规检验部位、定位部位、导向部位内、外要素的磨损极限尺寸

表 13-3　功能量规各工作部位的工作尺寸计算公式

工作部位		工作部位为外尺寸要素	工作部位为内尺寸要素
检验部位（或共同检验时的定位部位）		$d_{IB}=D_{MMVC}$（或 D_{MMC}） $d_I=(d_{IB}+F_I)_{-T_I}^{\ \ 0}$ $d_{IW}=(d_{IB}+F_I)-(T_I+W_I)$	$D_{IB}=d_{MMVC}$（或 d_{MMC}） $D_I=(D_{IB}-F_I)_{0}^{+T_I}$ $D_{IW}=(D_{IB}-F_I)+(T_I+W_I)$
定位部位（依次检验）		$d_{LB}=D_{MMC}$（或 D_{MMVC}） $d_L=(d_{LB})_{-T_L}^{\ \ 0}$ $d_{LW}=d_{LB}-(T_L+W_L)$	$D_{LB}=d_{MMC}$（或 d_{MMVC}） $D_L=(D_{LB})_{0}^{+T_L}$ $D_{LW}=D_{LB}+(T_L+W_L)$
导向部位	台阶式	$d_{GB}=D_{GB}$ $d_G=(d_{GB}-S_{min})_{-T_G}^{\ \ 0}$ $d_{GW}=(d_{GB}-S_{min})-(T_G+W_G)$	D_{GB} 由设计者给定 $D_G=(D_{GB})_{0}^{+T_G}$ $D_{GW}=D_{GB}+(T_G+W_G)$
	无台阶式	$d_{GB}=D_{LM}$（或 D_{IM}） $d_G=(d_{GB}-S_{min})_{-T_G}^{\ \ 0}$ $d_{GW}=(d_{GB}-S_{min})-(T_G+W_G)$	$D_{GB}=d_{LM}$（或 d_{IM}） $D_G=(D_{GB}+S_{min})_{0}^{+T_G}$ $D_{GW}=(D_{GB}+S_{min})+(T_G+W_G)$

按照量规精度设计准则，为了防止误收，功能量规检验部位的公差带也应与光滑极限量规一样，安置在被测要素的公差带以内。

检验部位的尺寸公差带位置如图 13-7（a）所示。

依次检验时，定位部位的尺寸公差带位置如图 13-7（b）所示。共同检验时，定位部位的公差带与检验部位的尺寸公差带相同，如图 13-7（a）所示。

插入型功能量规的台阶式导向部位的尺寸公差带位置如图 13-7（c）所示。

插入型功能量规的无台阶式导向部位的尺寸公差带位置如图 13-7（d）所示。

功能量规各工作部位的公差值见附表 13-2，检验部位的基本偏差数值见附表 13-3。

13.3.3　功能量规设计举例

功能量规的设计计算通常按下列步骤确定。

① 按被测零件的结构及被测要素和基准要素的技术要求确定量规的结构（选择固定式量规或活动式量规，确定相应的检验部位、定位部位和导向部位）。

② 选择检验方式（共同检验或依次检验）。

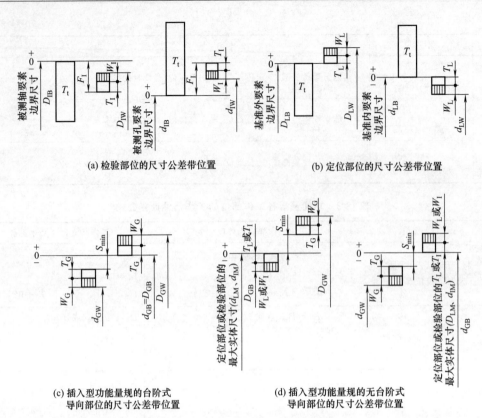

(a) 检验部位的尺寸公差带位置　　　　　　　(b) 定位部位的尺寸公差带位置

(c) 插入型功能量规的台阶式　　　　　(d) 插入型功能量规的无台阶式
　　导向部位的尺寸公差带位置　　　　　　　导向部位的尺寸公差带位置

图 13-7　功能量规尺寸公差带

③ 计算量规工作部位的极限尺寸，并确定它们的几何公差和应遵守的公差原则，再确定表面粗糙度轮廓幅度参数值。

[**例 13-2**]　设计如图 13-8 (a) 所示孔的位置度功能量规。

解：设计采用台阶式插入型功能量规，量规检验部位的圆柱外表面模拟被测孔的最大实体实效边界。当工件孔能够通过量规时，表示其实际轮廓未超出最大实体实效边界，即孔的体外作用尺寸不超出（小于）最大实体实效尺寸。

根据轴的边界综合公差，即其尺寸公差和位置度公差之和 [0.1＋0.1＝0.2 (mm)]，可以由附表查得：

$T_I = W_I = 0.006$mm

$T_G = W_G = 0.004$mm

$S_{min} = 0.004$mm

$t_I = 0.010$mm

$t'_G = 0.003$mm

$F_I = 0.028$mm

检验部位：

$d_{IB} = D_{MV} = 19.9$ (mm)

$d_I = (d_{IB} + F_I)_{-T_I}^{\ 0} = (19.9 + 0.028)_{-0.006}^{\ \ 0} = 19.928_{-0.006}^{\ \ 0}$ (mm)

$d_{IW} = (d_{IB} + F_I) - (T_I + W_I) = (19.9 + 0.028) - (0.006 + 0.006) = 19.916$ (mm)

导向部位：

$$d_{GB} = D_{GB} = 18(mm)$$

$$D_G = D_{GB}{}^{+T_G}_{\ \ 0} = 18^{+0.004}_{\ \ 0}(mm)$$

$$D_{GW} = D_{GB} + (T_G + W_G) = 18 + (0.004 + 0.004) = 18.008(mm)$$

$$d_G = (d_{GB} - S_{min})^{\ 0}_{-T_G} = (18 - 0.004)^{\ 0}_{-0.004} = 17.996^{\ 0}_{-0.004}(mm)$$

$$d_{GW} = (d_{GB} - S_{min}) - (T_G + T_W) = (18 - 0.004) - (0.004 + 0.004) = 17.988(mm)$$

量规导向部位公差带见图 13-8（b），量规检验部位公差带见图 13-8（c），量规结构简图见图 13-8（d）。

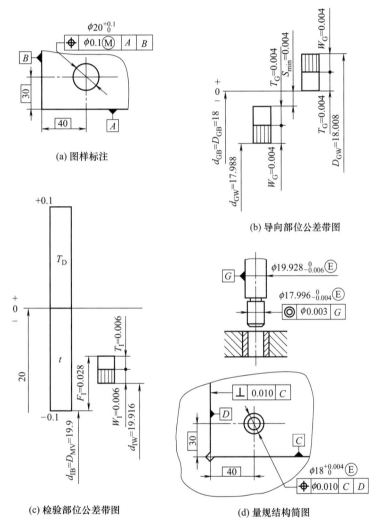

(a) 图样标注

(b) 导向部位公差带图

(c) 检验部位公差带图

(d) 量规结构简图

图 13-8　位置度量规设计示例

习　　题

一、思考题

1. 量规检验有何特点？什么情况下应采用量规检验？

2. 光滑极限量规的通规和止规各有何用途？校对量规有何用途？

3. 工作量规和验收量规有何异同？

4. 试述泰勒原则的基本内容，它与包容要求有何异同？

5. 通规和止规工作部分的形状有何不同？为什么？

6. 量规的制造公差带为什么要布置在被检验工件的公差带之内？通规为什么要预留磨损储量？

7. 光滑极限量规和功能量规有何异同？

8. 什么是共同检验和依次检验？适用场合有何不同？

9. 试述功能量规检验部位、定位部位和导向部位的作用。

二、练习题

1. 试计算检验 $\phi 30K7$ 孔用工作量规的极限尺寸，并画出量规的公差带图。

2. 试计算检验 $\phi 30f8$ 轴用工作量规和校对量规的极限尺寸，并画出量规的公差带图。

3. 试设计检验如习题图 13-1 所示零件的功能量规（平行度量规）。

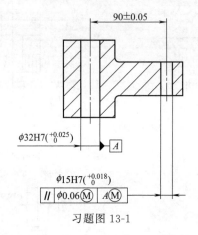

习题图 13-1

4. 试设计检验如习题图 13-2 所示零件的功能量规（同轴度量规）。

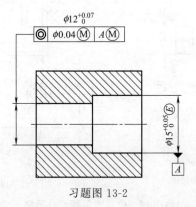

习题图 13-2

附表

附表 1-1　优先数系的基本系列的常用值（摘自 GB/T 321—2005）

R5	1.00		1.60		2.50		4.00		6.30		10.00
R10	1.00	1.25	1.60	2.00	2.50	3.15	4.00	5.00	6.30	8.00	10.00
R20	1.00	1.12	1.25	1.40	1.60	1.80	2.00	2.24	2.50	2.80	3.15
	3.55	4.00	4.50	5.00	5.60	6.30	7.10	8.00	9.00	10.00	
R40	1.00	1.06	1.12	1.18	1.25	1.32	1.40	1.50	1.6	1.70	1.80
	1.90	2.00	2.12	2.24	2.36	2.50	2.65	2.80	3.00	3.15	3.35
	3.55	3.75	4.00	4.25	4.50	4.75	5.00	5.30	5.60	6.00	6.30
	6.70	7.10	7.50	8.00	8.50	9.00	9.50	10.00			

附表 2-1　标准公差数值（摘自 GB/T 1800.1—2009）

公称尺寸 /mm		标准公差等级																	
大于	至	IT1	IT2	IT3	IT4	IT5	IT6	IT7	IT8	IT9	IT10	IT11	IT12	IT13	IT14	IT15	IT16	IT17	IT18
		μm											mm						
—	3	0.8	1.2	2	3	4	6	10	14	25	40	60	0.1	0.14	0.25	0.4	0.6	1	1.4
3	6	1	1.5	2.5	4	5	8	12	18	30	48	75	0.12	0.18	0.3	0.48	0.75	1.2	1.8
6	10	1	1.5	2.5	4	6	9	15	22	36	58	90	0.15	0.22	0.36	0.58	0.9	1.5	2.2
10	18	1.2	2	3	5	8	11	18	27	43	70	110	0.18	0.27	0.43	0.7	1.1	1.8	2.7
18	30	1.5	2.5	4	6	9	13	21	33	52	84	130	0.21	0.33	0.52	0.84	1.3	2.1	3.3
30	50	1.5	2.5	4	7	11	16	25	39	62	100	160	0.25	0.39	0.62	1	1.6	2.5	3.9
50	80	2	3	5	8	13	19	30	46	74	120	190	0.3	0.46	0.74	1.2	1.9	3	4.6
80	120	2.5	4	6	10	15	22	35	54	87	140	220	0.35	0.54	0.87	1.4	2.2	3.5	5.4
120	180	3.5	5	8	12	18	25	40	63	100	160	250	0.4	0.63	1	1.6	2.3	4	6.3
180	250	4.5	7	10	14	20	29	46	72	115	185	290	0.46	0.72	1.15	1.85	2.9	4.6	7.2
250	315	6	8	12	16	23	32	52	81	130	210	320	0.52	0.81	1.3	2.1	3.2	5.2	8.1
315	400	7	9	13	18	25	36	57	89	140	230	360	0.57	0.89	1.4	2.3	3.6	5.7	8.9
400	500	8	10	15	20	27	40	63	97	155	250	400	0.63	0.97	1.55	2.5	4	6.3	9.7
500	630	9	11	16	22	32	44	70	110	175	280	440	0.7	1.1	1.75	2.8	4.4	7	11
630	800	10	13	18	25	36	50	80	125	200	320	500	0.8	1.25	2	3.2	5	8	12.5
800	1000	11	15	21	28	40	56	90	140	230	360	560	0.9	1.4	2.3	3.6	5.6	9	14
1000	1250	13	18	24	33	47	66	105	165	260	420	660	1.05	1.65	2.6	4.2	6.6	10.5	16.5
1250	1600	15	21	29	39	55	78	125	195	310	500	780	1.25	1.95	3.1	5	7.8	12.5	19.5
1600	2000	18	25	35	46	65	92	150	230	370	600	920	1.5	2.3	3.7	6	9.2	15	23
2000	2500	22	30	41	55	78	110	175	280	440	700	1100	1.75	2.8	4.1	7	11	17.5	28
2500	3150	26	36	50	68	96	135	210	330	540	860	1350	2.1	3.3	5.4	8.6	13.5	21	23

注：1. 基本尺寸大于 500mm 的 IT1 至 IT5 的标准公差数值为试行的。

2. 基本尺寸小于或等于 1mm 时，无 IT4 至 IT8。

附表 2-2　轴的基本偏差值（摘自 GB/T 1800.1—2009）

基本偏差代号	a	b	c	cd	d	e	ef	f	fg	g	h	js
公差等级	所有等级											
公称尺寸/mm	上极限偏差（es）/μm											
≤3	−270	−140	−60	−34	−20	−14	−10	−6	−4	−2	0	偏差＝±IT/2（IT 为标准公差数值）
>3~6	−270	−140	−70	−46	−30	−20	−14	−10	−6	−4	0	
>6~10	−280	−150	−80	−56	−40	−25	−8	−13	−8	−5	0	
>10~14	−290	−150	−95	—	−50	−32	—	−16	—	−6	0	
>14~18	−290	−150	−95	—	−50	−32	—	−16	—	−6	0	
>18~24	−300	−160	−110	—	−65	−40	—	−20	—	−7	0	
>24~30	−300	−160	−110	—	−65	−40	—	−20	—	−7	0	
>30~40	−310	−170	−120	—	−80	−50	—	−25	—	−9	0	
>40~50	−320	−180	−130	—	−80	−50	—	−25	—	−9	0	
>50~65	−340	−190	−140	—	−100	−60	—	−30	—	−10	0	
>65~80	−360	−200	−150	—	−100	−60	—	−30	—	−10	0	
>80~100	−380	−220	−170	—	−120	−72	—	−36	—	−12	0	
>100~120	−410	−240	−180	—	−120	−72	—	−36	—	−12	0	
>120~140	−460	−260	−200	—	−145	−85	—	−43	—	−14	0	
>140~160	−520	−280	−210	—	−145	−85	—	−43	—	−14	0	
>160~180	−580	−310	−230	—	−145	−85	—	−43	—	−14	0	
>180~200	−660	−340	−240	—	−170	−100	—	−50	—	−15	0	
>200~225	−740	−380	−260	—	−170	−100	—	−50	—	−15	0	
>225~250	−820	−420	−280	—	−170	−100	—	−50	—	−15	0	
>250~280	−920	−480	−300	—	−190	−110	—	−56	—	−17	0	
>280~315	−1050	−540	−330	—	−190	−110	—	−56	—	−17	0	
>315~355	−1200	−600	−360	—	−210	−125	—	−62	—	−18	0	
>355~400	−1350	−680	−400	—	−210	−125	—	−62	—	−18	0	
>400~450	−1500	−760	−440	—	−230	−135	—	−68	—	−20	0	
>450~500	−1650	−840	−480	—	−230	−135	—	−68	—	−20	0	

续表

基本偏差代号 · 下极限偏差 (ei)/μm · 所有等级

公称尺寸/mm	j (5,6)	j (7)	j (8)	k (4~7)	k (≤3,>7)	m	n	p	r	s	t	u	v	x	y	z	za	zb	zc
≤3	−2	−4	−6	0	0	+2	+4	+6	+10	+14	—	+18	—	+20	—	+26	+32	+40	+60
>3~6	−2	−4	—	+1	0	+4	+8	+12	+15	+19	—	+23	—	+28	—	+35	+42	+50	+70
>6~10	−2	−5	—	+1	0	+6	+10	+15	+19	+23	—	+28	—	+34	—	+42	+52	+67	+80
>10~14	−3	−6	—	+1	0	+7	+12	+18	+23	+28	—	+33	—	+40	—	+50	+64	+90	+130
>14~18	−3	−6	—	+1	0	+7	+12	+18	+23	+28	—	+33	+39	+45	—	+60	+77	+108	+150
>18~24	−4	−8	—	+2	0	+8	+15	+22	+28	+35	—	+41	+47	+54	+63	+73	+98	+136	+188
>24~30	−4	−8	—	+2	0	+8	+15	+22	+28	+35	+41	+48	+55	+64	+75	+88	+118	+160	+218
>30~40	−5	−10	—	+2	0	+9	+17	+26	+34	+43	+48	+60	+68	+80	+94	+112	+148	+200	+274
>40~50	−5	−10	—	+2	0	+9	+17	+26	+34	+43	+54	+70	+81	+97	+114	+136	+180	+242	+325
>50~65	−7	−12	—	+2	0	+11	+20	+32	+41	+53	+66	+87	+102	+122	+144	+172	+226	+300	+465
>65~80	−7	−12	—	+2	0	+11	+20	+32	+43	+59	+75	+102	+120	+146	+174	+210	+274	+360	+480
>80~100	−9	−15	—	+3	0	+13	+23	+37	+51	+71	+91	+124	+146	+178	+214	+258	+335	+445	+585
>100~120	−9	−15	—	+3	0	+13	+23	+37	+54	+79	+104	+144	+172	+210	+254	+310	+400	+525	+690
>120~140	−11	−18	—	+3	0	+15	+27	+43	+63	+92	+122	+170	+202	+248	+300	+365	+470	+620	+800
>140~160	−11	−18	—	+3	0	+15	+27	+43	+65	+100	+134	+190	+228	+280	+340	+415	+535	+700	+920
>160~180	−11	−18	—	+3	0	+15	+27	+43	+68	+108	+146	+210	+252	+310	+380	+465	+600	+780	+1000
>180~200	−13	−21	—	+4	0	+17	+31	+50	+77	+122	+166	+236	+284	+350	+425	+520	+670	+880	+1150
>200~225	−13	−21	—	+4	0	+17	+31	+50	+80	+130	+180	+258	+310	+385	+470	+575	+740	+960	+1250
>225~250	−13	−21	—	+4	0	+17	+31	+50	+84	+140	+196	+284	+340	+425	+520	+640	+820	+1050	+1350
>250~280	−16	−26	—	+4	0	+20	+34	+56	+94	+158	+218	+315	+385	+475	+580	+710	+900	+1200	+1550
>280~315	−16	−26	—	+4	0	+20	+34	+56	+98	+170	+240	+350	+425	+525	+650	+790	+1000	+1300	+1760
>315~355	−18	−28	—	+4	0	+21	+37	+62	+108	+190	+268	+390	+475	+590	+730	+900	+1150	+1500	+1900
>355~400	−18	−28	—	+4	0	+21	+37	+62	+114	+208	+294	+435	+530	+660	+820	+1000	+1300	+1650	+2100
>400~450	−20	−32	—	+5	0	+23	+40	+68	+126	+232	+330	+490	+595	+740	+920	+1100	+1450	+1850	+2400
>450~500	−20	−32	—	+5	0	+23	+40	+68	+132	+252	+360	+540	+660	+820	+1000	+1250	+1600	+2100	+2600

附表 2-3 孔的基本偏差数值和 Δ 数值

下极限偏差 (EI)/μm（基本偏差 A～H，所有等级）；上极限偏差 (ES)/μm（基本偏差 K、M、N）；JS：偏差=±IT/2（IT 为标准公差数值）

公称尺寸/mm	A	B	C	CD	D	E	EF	F	FG	G	H	JS	J (6)	J (7)	J (8)	K (≤8)	K (>8)	M (≤8)	M (>8)	N (≤8)	N (>8)
≤3	+270	+140	+60	+34	+20	+14	+10	+6	+4	+2	0		+2	+4	+6	0	0	−2	−2	−4	−4
>3~6	+270	+140	+70	+46	+30	+20	+14	+10	+6	+4	0		+5	+6	+10	−1+Δ	0	−4+Δ	−4	−8+Δ	0
>6~10	+280	+150	+80	+56	+40	+25	+18	+13	+8	+5	0		+5	+8	+12	−1+Δ	0	−6+Δ	−6	−10+Δ	0
>10~14	+290	+150	+95	—	+50	+32	—	+16	—	+6	0		+6	+10	+15	−1+Δ	0	−7+Δ	−7	−12+Δ	0
>14~18	+290	+150	+95	—	+50	+32	—	+16	—	+6	0		+6	+10	+15	−1+Δ	0	−7+Δ	−7	−12+Δ	0
>18~24	+300	+160	+110	—	+65	+40	—	+20	—	+7	0		+8	+12	+20	−2+Δ	0	−8+Δ	−8	−15+Δ	0
>24~30	+300	+160	+110	—	+65	+40	—	+20	—	+7	0		+8	+12	+20	−2+Δ	0	−8+Δ	−8	−15+Δ	0
>30~40	+310	+170	+120	—	+80	+50	—	+25	—	+9	0		+10	+14	+24	−2+Δ	0	−9+Δ	−9	−17+Δ	0
>40~50	+320	+180	+130	—	+80	+50	—	+25	—	+9	0		+10	+14	+24	−2+Δ	0	−9+Δ	−9	−17+Δ	0
>50~65	+340	+190	+140	—	+100	+60	—	+30	—	+10	0		+13	+18	+28	−2+Δ	0	−11+Δ	−11	−20+Δ	0
>65~80	+360	+200	+150	—	+100	+60	—	+30	—	+10	0		+13	+18	+28	−2+Δ	0	−11+Δ	−11	−20+Δ	0
>80~100	+380	+220	+170	—	+120	+72	—	+36	—	+12	0	偏差＝±IT/2（IT 为标准公差数值）	+16	+22	+34	−3+Δ	0	−13+Δ	−13	−23+Δ	0
>100~120	+410	+240	+180	—	+120	+72	—	+36	—	+12	0		+16	+22	+34	−3+Δ	0	−13+Δ	−13	−23+Δ	0
>120~140	+460	+260	+200	—	+145	+85	—	+43	—	+14	0		+18	+26	+41	−3+Δ	0	−15+Δ	−15	−27+Δ	0
>140~160	+520	+280	+210	—	+145	+85	—	+43	—	+14	0		+18	+26	+41	−3+Δ	0	−15+Δ	−15	−27+Δ	0
>160~180	+580	+310	+230	—	+145	+85	—	+43	—	+14	0		+18	+26	+41	−3+Δ	0	−15+Δ	−15	−27+Δ	0
>180~200	+660	+340	+240	—	+170	+100	—	+50	—	+15	0		+22	+30	+47	−4+Δ	0	−17+Δ	−17	−31+Δ	0
>200~225	+740	+380	+260	—	+170	+100	—	+50	—	+15	0		+22	+30	+47	−4+Δ	0	−17+Δ	−17	−31+Δ	0
>225~250	+820	+420	+280	—	+170	+100	—	+50	—	+15	0		+22	+30	+47	−4+Δ	0	−17+Δ	−17	−31+Δ	0
>250~280	+920	+480	+300	—	+190	+110	—	+56	—	+17	0		+25	+36	+55	−4+Δ	0	−20+Δ	−20	−34+Δ	0
>280~315	+1050	+540	+330	—	+190	+110	—	+56	—	+17	0		+25	+36	+55	−4+Δ	0	−20+Δ	−20	−34+Δ	0
>315~355	+1200	+600	+360	—	+210	+125	—	+62	—	+18	0		+29	+39	+60	−4+Δ	0	−21+Δ	−21	−37+Δ	0
>355~400	+1350	+680	+400	—	+210	+125	—	+62	—	+18	0		+29	+39	+60	−4+Δ	0	−21+Δ	−21	−37+Δ	0
>400~450	+1500	+760	+440	—	+230	+135	—	+68	—	+20	0		+33	+43	+66	−5+Δ	0	−23+Δ	−23	−40+Δ	0
>450~500	+1650	+840	+480	—	+230	+135	—	+68	—	+20	0		+33	+43	+66	−5+Δ	0	−23+Δ	−23	−40+Δ	0

续表

基本偏差代号	P	R	S	T	U	V	X	Y	Z	ZA	ZB	ZC	Δ					
公差等级	≤7					>7							3	4	5	6	7	8
公称尺寸/mm	上极限偏差(ES)/μm												μm					
≤3	−10	−14	−14	−18	—	—	−20	—	−26	−32	−40	−60				0		
>3~6	−12	−15	−19	—	−23	—	−28	—	−35	−42	−50	−80	1	1.5	1	3	4	6
>6~10	−15	−19	−23	—	−28	—	−34	—	−42	−52	−67	−97	1	1.5	2	3	6	7
>10~14	−18	−23	−28	—	−33	—	−40	—	−50	−64	−90	−130	1	2	3	3	7	9
>14~18	−18	−23	−28	—	−33	−39	−45	—	−60	−77	−108	−150	1	2	3	3	7	9
>18~24	−22	−28	−35	—	−41	−47	−54	−63	−73	−98	−136	−188	1.5	2	3	4	8	12
>24~30	−22	−28	−35	−41	−48	−55	−64	−75	−88	−118	−160	−218	1.5	2	3	4	8	12
>30~40	−26	−34	−43	−48	−60	−68	−80	−94	−112	−148	−200	−274	1.5	3	4	5	9	14
>40~50	−26	−34	−43	−54	−70	−81	−97	−114	−136	−180	−242	−325	1.5	3	4	5	9	14
>50~65	−32	−41	−53	−66	−87	−102	−122	−144	−172	−226	−300	−405	2	3	5	6	11	16
>65~80	−32	−43	−59	−75	−102	−120	−146	−174	−210	−274	−360	−480	2	3	5	6	11	16
>80~100	−37	−51	−71	−91	−124	−146	−178	−214	−258	−335	−445	−585	2	4	5	7	13	19
>100~120	−37	−54	−79	−104	−144	−172	−210	−254	−310	−400	−525	−690	2	4	5	7	13	19
>120~140	−43	−63	−92	−122	−170	−202	−248	−300	−365	−470	−620	−800	3	4	6	7	15	23
>140~160	−43	−65	−100	−134	−190	−228	−280	−340	−415	−535	−700	−900	3	4	6	7	15	23
>160~180	−43	−68	−108	−146	−210	−252	−310	−380	−465	−600	−780	−1000	3	4	6	7	15	23
>180~200	−50	−77	−122	−166	−236	−284	−350	−425	−520	−670	−880	−1150	3	4	6	9	17	26
>200~225	−50	−80	−130	−180	−258	−310	−385	−470	−575	−740	−960	−1250	3	4	6	9	17	26
>225~250	−50	−84	−140	−196	−284	−340	−425	−520	−640	−820	−1050	−1350	3	4	6	9	17	26
>250~280	−56	−94	−158	−218	−315	−385	−475	−580	−710	−920	−1200	−1550	4	4	7	9	20	29
>280~315	−56	−98	−170	−240	−350	−425	−525	−650	−790	−1000	−1300	−1700	4	4	7	9	20	29
>315~355	−62	−108	−190	−268	−390	−475	−590	−730	−900	−1150	−1500	−1900	4	5	7	11	21	32
>355~400	−62	−114	−208	−291	−435	−530	−660	−820	−1000	−1300	−1650	−2100	4	5	7	11	21	32
>400~450	−68	−126	−232	−330	−490	−595	−740	−920	−1100	−1450	−1850	−2400	5	5	7	13	23	34
>450~500	−68	−132	−252	−360	−540	−660	−820	−1000	−1250	−1600	−2100	−2600	5	5	7	13	23	34

在>7级的相应数值上增加一个 Δ 值

附表 2-4　线性尺寸的一般公差极限偏差数值（摘自 GB/T 1804—2000）　　　mm

公差等级	公称尺寸分段							
	0.5～3	>3～6	>6～30	>30～120	>120～400	>400～1000	>1000～2000	>2000～4000
精密 f	±0.05	±0.05	±0.1	±0.01	±0.2	±0.3	±0.5	—
中等 m	±0.1	±0.1	±0.2	±0.2	±0.5	±0.8	±1.2	±2
粗糙 c	±0.2	±0.3	±0.5	±0.8	±1.2	±2	±3	±4
最粗 v	—	±0.5	±1	±1.5	±2.5	±4	±6	±8

附表 2-5　倒圆半径和倒角高度尺寸的一般公差的极限偏差数值（摘自 GB/T 1804—2000）　　mm

公差等级	公称尺寸分段			
	0.5～3	>3～6	>6～30	>30
精密 f	±0.2	±0.5	±1	±2
中等 m				
粗糙 c	±0.4	±1	±1	±2
最粗 v				

注：倒圆半径和倒角高度的含义参见 GB/T 6403.4—2008。

附表 3-1　轮廓的算术平均偏差 Ra、最大高度 Rz 和轮廓单元的平均宽度 Rsm
所对应的截止波长 λ_s 和 λ_c、取样长度 l_r 和评定长度 l_n 的标准化值
（摘自 GB/T 1031—2009、GB/T 10610—2009 和 GB/T 6062—2009）

$Ra/\mu m$	$Rz/\mu m$	Rsm/mm	λ_s/mm	$l_r=\lambda_c$ /mm	λ_c/λ_s	$l_n=5l_r/mm$
≥0.008～0.02	≥0.025～0.1	≥0.013～0.04	0.0025	0.08	30	0.4
>0.02～0.1	>0.1～0.5	>0.04～0.13	0.0025	0.25	100	1.25
>0.1～2	>0.5～10	>0.13～0.4	0.0025	0.8	300	4
>2～10	>10～50	>0.4～1.3	0.008	2.5	300	12.5
>10～80	>50～320	>1.3～4	0.025	8	300	40

附表 3-2　轮廓的算术平均偏差 Ra 的数值（摘自 GB/T 1031—2009）　　μm

基本系列	补充系列	基本系列	补充系列	基本系列	补充系列	基本系列	补充系列
	0.008						
	0.010						
0.012			0.125		1.25	12.5	
	0.016		0.160	1.60			16.0
	0.020	0.20		2.0			20
0.025			0.25	2.5		25	
	0.032		0.32	3.2			32
	0.040	0.40		4.0			40
0.050			0.50	5.0		50	
	0.063		0.63	6.3			63
	0.080	0.80		8.0			80
0.100			1.00	10.0		100	

附表 3-3　**轮廓的最大高度 Rz 的数值**（摘自 GB/T 1031—2009）　　　μm

基本系列	补充系列	基本系列	补充系列	基本系列	补充系列	基本系列	补充系列	基本系列	补充系列	基本系列	补充系列
			0.125		1.25	12.5			125		1250
			0.160	1.60			16.0		160	1600	
		0.20			2.0		20	200			
0.025			0.25		2.5	25			250		
	0.032		0.32	3.2			32		320		
	0.040	0.40			4.0		40	400			
0.050			0.50		5.0	50			500		
	0.063		0.63	6.3			63		630		
	0.080	0.80			8.0		80	800			
0.100			1.00		10.0	100			1000		

附表 3-4　**轮廓单元的平均宽度 Rsm 的数值**（摘自 GB/T 1031—2009）　　　mm

0.006	0.1	1.6
0.0125	0.2	3.2
0.025	0.4	6.3
0.05	0.8	12.5

附表 3-5　**轮廓的支承长度率 $Rmr(c)$ 的数值**（摘自 GB/T 1031—2009）　　　%

10	15	20	25	30	40	50	60	70	80	90

注：选用轮廓的支承长度率 $Rmr(c)$ 参数时，应同时给出轮廓水平截面高度 c 值，c 值可用微米或轮廓的最大高度 Rz 的百分数表示。Rz 的百分数系列如下：5%、10%、15%、20%、25%、30%、40%、50%、60%、70%、80%、90%。

附表 4-1　**直线度、平面度公差值**（摘自 GB/T 1184—1996）

主参数 /mm	公差等级											
	1	2	3	4	5	6	7	8	9	10	11	12
	公差值/μm											
≤10	0.2	0.4	0.8	1.2	2	3	5	8	12	20	30	60
>10~16	0.25	0.5	1	1.5	2.5	4	6	10	15	25	40	80
>16~25	0.3	0.6	1.2	2	3	5	8	12	20	30	50	100
>25~40	0.4	0.8	1.5	2.5	4	6	10	15	25	40	60	120
>40~63	0.5	1	2	3	5	8	12	20	30	50	80	150
>63~100	0.6	1.2	2.5	4	6	10	15	25	40	60	100	200
>100~160	0.8	1.5	3	5	8	12	20	30	50	80	120	250
>160~250	1	2	4	6	10	15	25	40	60	100	150	300
>250~400	1.2	2.5	5	8	12	20	30	50	80	120	200	400
>400~630	1.5	3	6	10	15	25	40	60	100	150	250	500
>630~1000	2	4	8	12	20	30	50	80	120	200	300	600

注：直线度主参数为被测要素的长度；平面度主参数为被测要素的长边或直径。

附表 4-2　圆度、圆柱度公差值（摘自 GB/T 1184—1996）

主参数 /mm	公差等级												
	0	1	2	3	4	5	6	7	8	9	10	11	12
	公差值/μm												
≤3	0.1	0.2	0.3	0.5	0.8	1.2	2	3	4	6	10	14	25
>3～6	0.1	0.2	0.4	0.6	1	1.5	2.5	4	5	8	12	18	30
>6～10	0.12	0.25	0.4	0.6	1	1.5	2.5	4	6	9	15	22	36
>10～18	0.15	0.25	0.5	0.8	1.2	2	3	5	8	11	18	27	43
>18～30	0.2	0.3	0.6	1	1.5	2.5	4	6	9	13	21	33	52
>30～50	0.25	0.4	0.6	1	1.5	2.5	4	7	11	16	25	39	62
>50～80	0.3	0.5	0.8	1.2	2	3	5	8	13	19	30	46	74
>80～120	0.4	0.6	1	1.5	2.5	4	6	10	15	22	35	54	87
>120～180	0.6	1	1.2	2	3.5	5	8	12	18	25	40	63	100
>180～250	0.8	1.2	2	3	4.5	7	10	14	20	29	46	72	115
>250～315	1.0	1.6	2.5	4	6	8	12	16	23	32	52	81	130
>315～400	1.2	2	3	5	7	9	13	18	25	36	57	89	140
>400～500	1.5	2.5	4	6	8	10	15	20	27	40	63	97	155

注：主参数为被测要素的直径。

附表 4-3　平行度、垂直度、倾斜度公差值（摘自 GB/T 1184—1996）

主参数 /mm	公差等级											
	1	2	3	4	5	6	7	8	9	10	11	12
	公差值/μm											
≤10	0.4	0.8	1.5	3	5	8	12	20	30	50	80	120
>10～16	0.5	1	2	4	6	10	15	25	40	60	100	150
>16～25	0.6	1.2	2.5	5	8	12	20	30	50	80	120	200
>25～40	0.8	1.5	3	6	10	15	25	40	60	100	150	250
>40～63	1	2	4	8	12	20	30	50	80	120	200	300
>63～100	1.2	2.5	5	10	15	25	40	60	100	150	250	400
>100～160	1.5	3	6	12	20	30	50	80	120	200	300	500
>160～250	2	4	8	15	25	40	60	100	150	250	400	600
>250～400	2.5	5	10	20	30	50	80	120	200	300	500	800
>400～630	3	6	12	25	40	60	100	150	250	400	600	1000
>630～1000	4	8	15	30	50	80	120	200	300	500	800	1200

注：主参数为被测要素的长度或直径。

附表 4-4　同轴度、对称度、圆跳动、全跳动公差值（摘自 GB/T 1184—1996）

主参数 /mm	公差等级											
	1	2	3	4	5	6	7	8	9	10	11	12
	公差值/μm											
≤1	0.4	0.6	1.0	1.5	2.5	4	6	10	15	25	40	60
>1～3	0.4	0.6	1.0	1.5	2.5	4	6	10	20	40	60	120
>3～6	0.5	0.8	1.2	2	3	5	8	12	25	50	80	150
>6～10	0.6	1	1.5	2.5	4	6	10	15	30	60	100	200
>10～18	0.8	1.2	2	3	5	8	12	20	40	80	120	250
>18～30	1	1.5	2.5	4	6	10	15	25	50	100	150	300
>30～50	1.2	2	3	5	8	12	20	30	60	120	200	400
>50～120	1.5	2.5	4	6	10	15	25	40	80	150	250	500
>120～250	2	3	5	8	12	20	30	50	100	200	300	600
>250～500	2.5	4	6	10	15	25	40	60	120	250	400	800

注：主参数为被测要素的宽度或直径。

附表 4-5　位置度公差值数系（摘自 GB/T 1184—1996）

1	1.2	1.5	2	2.5	3	4	5	6	8
1×10^n	1.2×10^n	1.5×10^n	2×10^n	2.5×10^n	3×10^n	4×10^n	5×10^n	6×10^n	8×10^n

注：n 为整数。

附表 4-6　几何公差的未注公差值（摘自 GB/T 1184—1996）　　mm

基本长度范围	公差等级											
	直线度、平面度			垂直度			对称度			圆跳动		
	H	K	L	H	K	L	H	K	L	H	K	L
≤10	0.02	0.05	0.1									
>10~30	0.05	0.1	0.2	0.2	0.4	0.6			0.6			
>30~100	0.1	0.2	0.4				0.6			0.1	0.2	0.5
>100~300	0.2	0.4	0.8	0.3	0.6	1	0.5		1			
>300~1000	0.3	0.6	1.2	0.4	1.8	1.5		0.8	1.5			
>1000~3000	0.4	0.8	1.6	0.5	1	2		1	2			

附表 5-1　圆锥角度公差（GB/T 11334—2005）

公称圆锥长度 L/mm		公差等级											
		AT4		AT5		AT6		AT7		AT8		AT9	
		ATα	AT_D	ATα	AT_D	ATα	AT_D	ATα	AT_D	ATα	AT_D	ATα	AT_D
大于	至	μrad (″)	μm	μrad (′)(″)	μm	μrad (′)(″)	μm	μrad (′)(″)	μm	μrad (′)(″)	μm	μrad (′)(″)	μm
自 6	10	200　41	>1.3~2.0	315　1′05″	>2.0~3.2	500　1′43″	>3.2~5.0	800　2′45″	>5.0~8.0	1250　4′18″	>8.0~12.5	2000　6′52″	>12.5~20.0
10	16	160　33	>1.6~2.5	250　52″	>2.5~4.0	400　1′22″	>4.0~6.3	630　2′10″	>6.3~10.0	1000　3′26″	>10.0~16.0	1600　5′30″	>16~25
16	25	125　26	>2.0~3.2	200　41″	>3.2~5.0	315　1′05″	>5.0~8.0	500　1′43″	>8.0~12.5	800　2′45″	>12.5~20.0	1250　4′18″	>20~32
25	40	100　21	>2.5~4.0	160　33″	>4.0~6.3	250　52″	>6.3~10.0	400　1′22″	>10.0~16.0	630　2′10″	>16.0~25.5	1000　3′26″	>25~40
40	63	80　16	>3.2~5.0	125　26″	>5.0~8.0	200　41″	>8.0~12.5	315　1′05″	>12.5~20.0	500　1′43″	>20.0~32.0	800　2′45″	>32~50
63	100	63　13	>4.0~6.3	100　21″	>6.3~10.0	160　33″	>10.0~16.0	250　52″	>16.0~25.0	400　1′22″	>25.0~40.0	630　2′10″	>40~63
100	160	50　10	>5.0~8.0	80　16″	>8.0~12.5	125　26″	>12.5~20.0	200　41″	>20.0~32.0	315　1′05″	>32.0~50.0	500　1′34″	>50~80
160	250	40　8	>6.3~10.0	63　13″	>10.0~16.0	100　21″	>16.0~25.0	160　33″	>25.0~40.0	250　52″	>40.0~63.0	400　1′22″	>63~100
250	400	31.5　6	>8.0~12.5	50　10″	>12.5~20.0	80　16″	>20.0~32.0	125　26″	>32.0~50.0	200　41″	>50.0~80.0	315　1′05″	>80~125
400	630	25　5	>10.0~16.1	40　8″	>16.0~25.0	63　13″	>25.2~40.0	100　21″	>40.0~63.0	160　33″	>63.0~100.0	250　52″	>100~160

附表 5-2　角度尺寸一般公差的极限偏差值（摘自 GB/T 1804—2000）

公差等级	长度分段/mm				
	约 10	>10～50	>50～120	>120～400	>400
精密 f	±1°	±30′	±20′	±10′	±5′
中等 m					
粗糙 c	±1°30′	±1°	±30′	±15′	±10′
最粗 v	±3°	±2°	±1°	±30′	±20′

附表 7-1　与滚动轴承相配的轴颈和外壳孔的几何公差值（摘自 GB/T 275—2015）

公称尺寸 /mm		圆柱度 t				轴向圆跳动 t_1			
		轴颈		外壳孔		轴肩		外壳肩	
		轴承公差等级							
		0	6(6X)	0	6(6X)	0	6(6X)	0	6(6X)
大于	至	公差值/μm							
—	6	2.5	1.5	4	2.5	5	3	8	5
6	10	2.5	1.5	4	2.5	6	4	10	6
10	18	3	2	5	3	8	5	12	8
18	30	4	2.5	6	4	10	6	15	10
30	50	4	2.5	7	4	12	8	20	12
50	80	5	3	8	5	15	10	25	15
80	120	6	4	10	6	15	10	25	15
120	180	8	5	12	8	20	12	30	20
180	250	10	7	14	10	20	12	30	20
250	315	12	8	16	12	25	15	40	25
315	400	13	9	18	13	25	15	40	25
400	500	15	10	20	15	25	15	40	25

附表 7-2　与滚动轴承相配的轴颈和外壳孔的表面粗糙度（摘自 GB/T 275—2015）

轴颈或外壳孔 直径/mm		轴颈或外壳孔配合表面直径公差等级					
		IT7		IT6		IT5	
		表面粗糙度 Ra/μm					
大于	至	磨	车	磨	车	磨	车
—	80	1.6	3.2	0.8	1.6	0.4	0.8
80	500	1.6	3.2	1.6	3.2	0.8	1.6
500	1250	3.2	6.3	1.6	3.2	1.6	3.2
端面		3.2	6.3	3.2	6.3	1.6	3.2

附表 8-1　普通平键尺寸和键槽深度 t_1、t_2 的公称尺寸及其极限偏差（摘自 GB/T 1095—2003）

mm

键尺寸 $b \times h$	键槽											
		宽度 b					深度					
	公称尺寸	极限偏差					轴键槽			轮毂孔键槽		
		正常联结		紧密联结	较松联结		t_1		$d - t_1$	t_2		$d + t_2$
		轴 N9	轮毂孔 JS9	轴和轮毂孔 P9	轴 H9	轮毂孔 D10	基本尺寸	极限偏差	极限偏差	基本尺寸	极限偏差	极限偏差
5×5 6×6	5 6	0 −0.030	±0.015	−0.012 −0.042	+0.030 0	+0.078 +0.030	3.0 3.5	+0.1 0	0 −0.1	2.3 2.8	+0.1 0	+0.1 0
8×7 10×8	8 10	0 −0.036	±0.018	−0.015 −0.051	+0.036 0	+0.098 +0.040	4.0 5.0	+0.2 0	0 −0.2	3.3 3.3	+0.2 0	+0.2 0
12×8 14×9 16×10 18×11	12 14 16 18	0 −0.043	±0.0215	−0.018 −0.061	+0.043 0	+0.120 +0.050	5.0 5.5 6.0 7.0			3.3 3.8 4.3 4.4		

附表 8-2　矩形花键键槽和键齿的位置度公差值与对称度公差值（摘自 GB/T 1144—2001）

mm

键宽或槽宽 B			3	3.5 ～ 6	7 ～ 10	12 ～ 18
位置度 t_1		槽宽	0.010	0.015	0.020	0.025
	键宽	滑动、固定	0.010	0.015	0.020	0.025
		紧滑动	0.006	0.010	0.013	0.016
对称度 t_2		一般用途	0.010	0.012	0.015	0.018
		精密传动	0.006	0.008	0.009	0.012

附表 9-1　普通螺纹的基本偏差和顶径公差（摘自 GB/T 197—2018）

螺距 P/mm	内螺纹基本偏差 EI/μm		外螺纹基本偏差 es/μm				内螺纹小径公差 T_{D_1}/μm				外螺纹大径公差 T_d/μm		
	G	H	e	f	g	h	5	6	7	8	4	6	8
0.75	+22		−56	−38	−22		150	190	236	—	90	145	—
0.8	+24		−60	−38	−24		160	200	250	315	95	150	236
1	+26		−60	−40	−26		190	236	300	375	112	180	280
1.25	+28		−63	−42	−28		212	265	335	425	132	212	335
1.5	+32	0	−67	−45	−32	0	236	300	375	475	150	236	375
1.75	+34		−71	−48	−34		265	335	425	530	170	265	425
2	+38		−71	−52	−38		300	375	475	600	180	280	450
2.5	+42		−80	−58	−42		355	450	560	710	212	335	530
3	+48		−85	−63	−48		400	500	630	800	236	375	600

附表 9-2　普通螺纹的中径公差和旋合长度（摘自 GB/T 197—2018）

中径/mm		螺距	内螺纹中径公差 $T_{D2}/\mu m$				外螺纹中径公差 $T_{d2}/\mu m$				旋合长度/mm			
			公差等级								S		N	L
大于	至	P/mm	5	6	7	8	5	6	7	8	≤	>	≤	>
5.6	11.2	0.75	106	132	170	—	80	100	125	—	2.4	2.4	7.1	7.1
		1	118	150	190	236	90	112	140	180	3	3	9	9
		1.25	125	160	200	250	95	118	150	190	4	4	12	12
		1.5	140	180	224	280	106	132	170	212	5	5	15	15
11.2	22.4	1	125	160	200	250	95	118	150	190	3.8	3.8	11	11
		1.25	140	180	224	280	106	132	170	212	4.5	4.5	13	13
		1.5	150	190	236	300	112	140	180	224	5.6	5.6	16	16
		1.75	160	200	250	315	118	150	190	236	6	6	18	18
		2	170	212	265	335	125	160	200	250	8	8	24	24
		2.5	180	224	280	355	132	170	212	265	10	10	30	30

附表 10-1　齿距偏差允许值（摘自 GB/T 10095.1—2008）　　　　μm

分度圆直径 d/mm	法向模数 m_n/mm	单个齿距极限偏差 $\pm f_{pt}$					齿距累积总偏差 F_p				
		精度等级					精度等级				
		5	6	7	8	9	5	6	7	8	9
>50~125	≥0.5~2	5.5	7.5	11	15	21	18	26	37	52	74
	>2~3.5	6.0	8.5	12	17	23	19	27	38	53	76
	>3.5~6	6.5	9.0	13	18	26	19	28	49	55	78
>125~280	≥0.5~2	6.0	8.5	12	17	24	24	25	40	69	98
	>2~3.5	6.5	9.0	13	18	26	35	35	50	70	100
	>3.5~6	7.0	10	14	20	28	25	36	51	72	102
>280~560	≥0.5~2	6.5	9.5	13	19	27	32	46	64	91	129
	>2~3.5	7.0	10	14	20	29	33	46	65	92	131
	>3.5~6	8.0	11	16	22	31	33	47	66	94	133

附表 10-2　齿廓偏差允许值（摘自 GB/T 10095.1—2008）　　　　μm

分度圆直径 d/mm	法向模数 m_n/mm	齿廓总偏差 F_α					齿廓形状偏差 $f_{f\alpha}$					齿廓倾斜偏差 $\pm f_{H\alpha}$				
		精度等级					精度等级					精度等级				
		5	6	7	8	9	5	6	7	8	9	5	6	7	8	9
>50~125	≥0.5~2	6.0	8.5	12	17	23	4.5	6.5	9	13	18	3.7	5.5	7.5	11	15
	>2~3.5	8.0	11	16	22	31	6	8.5	12	17	24	5	7	10	14	20
	>3.5~6	9.5	13	19	27	38	7.5	10	15	21	29	6	8.5	12	17	24
>125~280	≥0.5~2	7.0	10	14	20	28	5.5	7.5	11	15	21	4.4	6	9	12	18
	>2~3.5	9.0	13	18	25	36	7	9.5	14	19	28	5.5	8	11	16	23
	>3.5~6	11	15	21	30	42	8	12	16	23	33	6.5	9.5	13	19	27
>280~560	≥0.5~2	8.5	12	17	23	33	6.5	9	13	18	26	5	7.5	11	15	21
	>2~3.5	10	15	21	29	41	8	11	16	22	32	6.5	9	13	18	26
	>3.5~6	12	17	24	34	48	9	13	18	26	37	7.5	11	15	21	30

附表 10-3   螺旋线偏差允许值（摘自 GB/T 10095.1—2008） μm

圆直径 d/mm	齿宽 b/mm	螺旋线总偏差 F_β					螺旋线形状偏差 $f_{f\beta}$ 螺旋线倾斜偏差 $\pm f_{H\beta}$				
		精度等级					精度等级				
		5	6	7	8	9	5	6	7	8	9
>50~125	≥4~10	6.5	9.5	13	19	27	4.8	6.5	9.5	13	19
	>10~20	7.5	11	15	21	30	5.5	7.5	11	15	21
	>20~40	8.5	12	17	24	34	6	8.5	12	17	24
	>40~80	10	14	20	28	39	7	10	14	20	28
>125~280	>10~20	8.0	11	16	22	32	5.5	8	11	16	23
	>20~40	9.0	13	18	25	36	6.5	9	13	18	25
	>40~80	10	15	21	29	41	7.5	10	15	21	29
	>80~160	12	17	25	35	49	8.5	12	17	25	35
>280~560	>20~40	9.5	13	19	27	38	7	9.5	14	19	27
	>40~80	11	15	22	31	44	8	11	16	22	31
	>80~160	13	18	26	36	52	9	13	18	26	37
	>160~250	15	21	30	43	60	11	15	22	30	43

附表 10-4   切向综合偏差、径向跳动允许值（摘自 GB/T 10095.1—2008 和 GB/T 10095.2—2008）

μm

分度圆直径 d/mm	法向模数 m_n/mm	一齿切向综合偏差 f_i'/K 值					径向跳动 F_r				
		精度等级					精度等级				
		5	6	7	8	9	5	6	7	8	9
>50~125	≥0.5~2	16	22	31	44	62	15	21	29	42	59
	>2~3.5	18	25	36	51	72	15	21	30	43	61
	>3.5~6	20	29	40	57	81	16	22	31	44	62
>125~280	≥0.5~2	17	24	34	49	69	20	28	39	55	78
	>2~3.5	20	28	39	56	79	20	28	40	56	80
	>3.5~6	22	31	44	62	88	20	29	41	58	82
>280~560	≥0.5~2	19	27	39	54	77	26	36	51	73	103
	>2~3.5	22	31	44	62	87	26	37	52	74	105
	>3.5~6	24	34	48	68	96	27	38	53	75	106

注：1. K 值由总重合度 ε_r 确定：当 $\varepsilon_r < 4$ 时，$K = 0.2 \times (\varepsilon_r + 4)/\varepsilon_r$；当 $\varepsilon_r \geqslant 4$ 时，$K = 0.4$。

2. 切向综合总偏差 F_i' 为齿距累积总公差和一齿切向综合偏差之和，即 $F_i' = F_p + f_i'$。

附表 10-5　径向综合偏差允许值（摘自 GB/T 10095.2—2008）

圆直径 d/mm	法向模数 m_n/mm	径向综合总偏差 F_i''/μm					一齿径向综合偏差 f_i''/μm				
		精度等级					精度等级				
		5	6	7	8	9	5	6	7	8	9
>50~125	>1.0~1.5	19	27	39	55	77	4.5	6.5	9.0	13	18
	>1.5~2.5	22	31	43	61	86	6.5	9.5	13	19	26
	>2.5~4.0	25	36	51	72	102	10	14	20	29	41
	>4.0~6.0	31	44	62	88	124	15	22	31	44	62
>125~280	>1.0~1.5	24	34	48	68	97	4.5	6.5	9.0	13	18
	>1.5~2.5	26	37	53	75	106	6.5	9.5	13	19	27
	>2.5~4.0	30	43	61	86	121	10	15	21	29	41
	>4.0~6.0	36	51	72	102	144	15	22	31	44	62
>280~560	>1.0~1.5	30	43	61	86	122	4.5	6.5	9.0	13	18
	>1.5~2.5	33	46	65	92	131	6.5	9.5	13	19	27
	>2.5~4.0	37	52	73	104	146	10	15	21	29	41
	>4.0~6.0	42	60	84	119	169	15	22	31	44	62

附表 10-6　齿坯尺寸公差

精度等级	4	5	6	7	8	9	10
盘形齿轮基准孔	IT4	IT5	IT6	IT7		IT8	
齿轮轴基准轴颈	IT4	IT5		IT6		IT7	
齿轮顶圆	IT7			IT8		IT9	

注：1. 齿轮轴采用滚动轴承支承时，其基准轴颈尺寸公差可按滚动轴承公差等级确定。

2. 当顶圆不作基准面时，尺寸公差按 IT11，但不大于 $0.1m_n$。

附表 10-7　齿坯基准面几何公差（摘自 GB/Z 18620.3—2008）

圆度、圆柱度(t_1)	$0.04(L/b)F_\beta$ 或 $0.1F_p$
径向圆跳动(t_2)	$0.15(L/b)F_\beta$ 或 $0.3F_p$
轴向圆跳动(t_3)	$0.2(D_d/b)F_\beta$

注：1. 表中代号：L—支承跨距；b—齿宽；D_d—基准端面直径；F_β—螺旋线总偏差允许值；F_p—齿距累积总偏差允许值。

2. 齿轮轴采用滚动轴承支承时，其基准轴颈几何公差可按滚动轴承公差等级确定。

附表 10-8　齿轮齿面和基准面的粗糙度参数 Ra 的推荐值　　　　　μm

表面种类		齿轮精度等级				
		5	6	7	8	9
齿面	$m_n \leqslant 6$	0.5	0.8	1.25	2.0	3.2
	$6 < m_n \leqslant 25$	0.63	1.0	1.6	2.5	4.0
齿轮基准孔		0.32~0.63	0.8~1.6	1.6~2.5		2.5~3.2
齿轮轴基准轴颈		0.32	0.63	0.8~1.6		1.6~2.5
基准端面、齿顶圆		0.8~1.6	1.6~3.2		3.2~6.3	

附表 10-9　齿轮副中心距极限偏差和轴线平行度公差允许值　μm

		齿轮精度等级	5、6	7、8	9、10
		f_a	(IT7)/2	(IT8)/2	(IT9)/2
中心距极限偏差$\pm f_a$	齿轮副中心距/mm	>30~50	12.5	19.5	31
		>50~80	15	23	37
		>80~120	17.5	27	43.5
		>120~180	20	31.5	50
		>180~250	23	36	57
		>250~315	26	40.5	65
		>315~400	28.5	44.5	70
轴线平行度公差 $f_{\Sigma\beta}$、$f_{\Sigma\delta}$	$f_{\Sigma\beta}$			$f_{\Sigma\delta}$	
	$f_{\Sigma\beta}=0.5\left(\dfrac{L}{b}\right)F_\beta$			$f_{\Sigma\delta}=2F_{\Sigma\beta}$	

附表 11-1　各级量块长度极限偏差和长度变动量最大允许值（摘自 JJG 146—2011）　μm

标称长度 l_n/mm	K 级		0 级		1 级		2 级		3 级	
	长度极限偏差	长度变动量	长度极限偏差	长度变动量	长度极限偏差	长度变动量	长度极限偏差	长度变动量	长度极限偏差	长度变动量
$l_n\leqslant 10$	±0.20	0.05	±0.12	0.10	±0.20	0.16	±0.45	0.30	±1.0	0.50
$10<l_n\leqslant 25$	±0.30	0.05	±0.14	0.10	±0.30	0.16	±0.60	0.30	±1.2	0.50
$25<l_n\leqslant 50$	±0.40	0.06	±0.20	0.10	±0.40	0.18	±0.80	0.30	±1.6	0.55
$50<l_n\leqslant 75$	±0.50	0.06	±0.25	0.12	±0.50	0.18	±1.00	0.35	±2.0	0.55
$75<l_n\leqslant 100$	±0.60	0.07	±0.30	0.12	±0.60	0.20	±1.20	0.35	±2.5	0.60
$100<l_n\leqslant 150$	±0.80	0.08	±0.40	0.14	±0.80	0.20	±1.6	0.40	±3.0	0.65
$150<l_n\leqslant 200$	±1.00	0.09	±0.50	0.16	±1.00	0.25	±2.0	0.40	±4.0	0.70
$200<l_n\leqslant 250$	±1.20	0.10	±0.60	0.16	±1.20	0.25	±2.4	0.45	±5.0	0.75
$250<l_n\leqslant 300$	±1.40	0.10	±0.70	0.18	±1.40	0.25	±2.8	0.50	±6.0	0.80
$300<l_n\leqslant 400$	±1.80	0.12	±0.90	0.20	±1.80	0.30	±3.6	0.50	±7.0	0.90
$400<l_n\leqslant 500$	±2.20	0.14	±1.10	0.25	±2.20	0.35	±4.4	0.60	±9.0	1.00

注：距离测量面边缘 0.8mm 范围内不计。

附表 11-2　各等量块长度的测量不确定度和长度变动量最大允许值（摘自 JJG 146—2011）μm

标称长度 l_n/mm	1 等		2 等		3 等		4 等		5 等	
	测量不确定度	长度变动量	测量不确定度	长度变动量	测量不确定度	长度变动量	测量不确定度	长度变动量	测量不确定度	长度变动量
$l_n\leqslant 10$	0.022	0.05	0.06	0.10	0.11	0.16	0.22	0.30	0.6	0.50
$10<l_n\leqslant 25$	0.025	0.05	0.07	0.10	0.12	0.16	0.25	0.30	0.6	0.50
$25<l_n\leqslant 50$	0.030	0.06	0.08	0.10	0.15	0.18	0.30	0.30	0.8	0.55
$50<l_n\leqslant 75$	0.035	0.06	0.09	0.12	0.18	0.18	0.35	0.35	0.9	0.55
$75<l_n\leqslant 100$	0.040	0.07	0.10	0.12	0.20	0.20	0.40	0.35	1.0	0.60
$100<l_n\leqslant 150$	0.05	0.08	0.12	0.14	0.25	0.20	0.5	0.40	1.2	0.65
$150<l_n\leqslant 200$	0.06	0.09	0.15	0.16	0.30	0.25	0.6	0.40	1.5	0.70
$200<l_n\leqslant 250$	0.07	0.10	0.18	0.16	0.35	0.25	0.7	0.45	1.8	0.75

标称长度 l_n/mm	1 等		2 等		3 等		4 等		5 等	
	测量不确定度	长度变动量	测量不确定度	长度变动量	测量不确定度	长度变动量	测量不确定度	长度变动量	测量不确定度	长度变动量
$250 < l_n \leqslant 300$	0.08	0.10	0.20	0.18	0.40	0.25	0.8	0.50	2.0	0.80
$300 < l_n \leqslant 400$	0.10	0.12	0.25	0.20	0.50	0.30	1.0	0.50	2.5	0.90
$400 < l_n \leqslant 500$	0.12	0.14	0.30	0.25	0.60	0.35	1.2	0.60	3.0	1.00

注：1. 距离测量面边缘 0.8mm 范围内不计。

2. 表内测量不确定度的包含概率为 99%。

附表 11-3　部分成套量块的组合尺寸（摘自 GB/T 6093—2001）

总块数	级别	尺寸系列/mm	间隔/mm	块数
91	0,1	0.5	—	1
		1	—	1
		1.001,1.002,…,1.009	0.001	9
		1.01,1.02,…,1.49	0.01	49
		1.5,1.6,…,1.9	0.1	5
		2.0,2.5,…,9.5	0.5	16
		10,20,…,100	10	10
83	0,1,2	0.5	—	1
		1	—	1
		1.005	—	1
		1.01,1.02,…,1.49	0.01	49
		1.5,1.6,…,1.9	0.1	5
		2.0,2.5,…,9.5	0.5	16
		10,20,…,100	10	10
46	0,1,2	1	—	1
		1.001,1.002,…,1.009	0.001	9
		1.01,1.02,…,1.09	0.01	9
		1.1,1.2,…,1.9	0.1	9
		2,3,…,9	1	8
		10,20,…,100	10	10
38	0,1,2	1	—	1
		1.005	—	1
		1.01,1.02,…,1.09	0.01	9
		1.1,1.2,…,1.9	0.1	9
		2,3,…,9	1	8
		10,20,…,100	10	10
10	0,1	0.991,0.992,…,1	0.001	10
10^+	0,1	1,1.001,…,1.009	0.001	10
10^-	0,1	1.991,1.992,…,2	0.001	10
5	0,1,2	600,700,800,900,1000	—	5

附表 12-1　铸铁平板的规格及其精度（摘自 JB/T 7974—1999）

平板尺寸 /mm	平板精度等级					
	000	00	0	1	2	3
	用涂色法检验工作面,在边长 25mm 正方形面积中的接触点数					
	≥25			≥20	≥12	—
	平面度公差/μm					
400×400	2	3.5	6.5	13	25	62
630×400	2	3.5	7	14	28	70
630×630	2	4	8	16	30	75
800×800	2	4	9	17	34	85
1000×630	2.5	4.5	9	18	35	87
1000×1000	2.5	5	10	20	39	96
1250×1250	3	6	11	22	44	111
1600×1000	3	6	12	23	46	115
1600×1600	3.5	6.5	13	26	52	130

附表 12-2　比较仪和指示表的不确定度 u_1'（摘自 JB/Z 181—1982）　　　　mm

计量器具			尺寸范围							
名称	分度值	放大倍数或测量范围	≤25	>25 ~40	>40 ~65	>65 ~95	>95 ~115	>115 ~165	>165 ~215	>215 ~265
			测量不确定度 u_1'							
比较仪	0.0005	2000 倍	0.0006	0.0007	0.0005		0.0009	0.001	0.0012	0.0014
	0.001	1000 倍	0.001			0.0011		0.0012	0.0013	0.0014	0.0016
	0.002	500 倍	0.0017	0.0018			0.0019		0.0020	0.0021
	0.005	250 倍	0.0030					0.0035		
千分表	0.001	0 级全程内 1 级 0.2mm 内	0.005					0.006		
	0.002	1 转内								
	0.001	1 级全程内	0.001							
	0.002									
	0.005									
百分表	0.01	0 级在任意 1mm 内	0.010							
		0 级全程内 1 级在任意 1mm 内	0.018							
		1 级在全程内	0.03							

注：本表的数值是指测量时使用 4 块 1 级（或 4 等）量块组成的数据。

附表 12-3　千分尺和游标卡尺的不确定度（摘自 JB/Z 181—1982）　　　　mm

尺寸范围	分度值 0.01mm 外径千分尺	分度值 0.01mm 内径千分尺	分度值 0.02mm 游标卡尺	分度值 0.05mm 游标卡尺
	测量不确定度 u_1'			
≤50	0.004			
>50~100	0.005	0.008		0.05
>100~150	0.006			
>150~200	0.007		0.02	
>200~250	0.008	0.013		
>250~300	0.009			
>300~350	0.010			
>350~400	0.011	0.20		0.10
>400~450	0.012			
>450~500	0.013	0.025		
>500~600	0.015			
>600~700	0.016	0.030		
>700~1000	0.018			0.15

附表 12-4　安全余度 A 与计量器具的测量不确定度允许值 u_1（摘自 GB/T 3177—2009）　　μm

公差等级		6					7					8					9			
公称尺寸/mm		T	A	u_1			T	A	u_1			T	A	u_1			T	A	u_1	
大于	至			I	II	III			I	II	III			I	II	III			I	II	III
10	18	11	1.1	1.0	1.7	2.5	18	1.8	1.7	2.7	4.1	27	2.7	2.4	4.1	6.1	43	4.3	3.9	6.5	9.7
18	30	13	1.3	1.2	2.0	2.9	21	2.1	1.9	3.2	4.7	33	3.3	3.0	5.0	7.4	52	5.2	4.7	7.8	12
30	50	16	1.6	1.4	2.4	3.6	25	2.5	2.3	3.8	5.6	39	3.9	3.5	5.9	8.8	62	6.2	5.6	9.3	14
50	80	19	1.9	1.7	2.9	4.3	30	3.0	2.7	4.5	6.8	46	4.6	4.1	6.9	10	74	7.4	6.7	11	17
80	120	22	2.2	2.2	3.3	5.0	35	3.5	3.2	5.3	7.9	54	5.4	4.9	8.1	12	87	8.7	7.8	13	20
120	180	25	2.5	2.3	3.8	5.6	40	4.0	3.6	6.0	9.0	63	6.3	5.7	9.5	14	100	10	9.0	15	23
180	250	29	2.9	2.6	4.4	6.5	46	4.6	4.1	6.9	10	72	7.2	6.5	11	16	115	12	10	17	26

公差等级		10					11					12				13			
公称尺寸/mm		T	A	u_1			T	A	u_1			T	A	u_1		T	A	u_1	
大于	至			I	II	III			I	II	III			I	II			I	II
10	18	70	7.0	6.3	11	16	110	11	10	17	25	180	18	16	27	270	27	24	41
18	30	84	8.4	7.6	13	19	130	13	12	20	29	210	21	19	32	330	33	30	50
30	50	100	10	9.0	15	23	160	16	14	24	36	250	25	23	38	390	39	35	59
50	80	120	12	11	18	27	190	19	17	29	43	300	30	27	45	460	46	41	69
80	120	140	14	13	21	32	220	22	20	33	50	350	35	32	53	540	54	49	81
120	180	160	16	15	24	36	250	25	23	38	56	400	40	36	60	630	63	57	95
180	250	185	19	17	28	42	290	29	26	44	65	460	46	41	69	720	72	65	110

表 13-1　光滑极限量规尺寸公差 *T* 和位置参数 *Z*（摘自 GB/T 1957—2006）　　μm

工作基本尺寸 *D*/mm	IT6	*T*	*Z*	IT7	*T*	*Z*	IT8	*T*	*Z*	IT9	*T*	*Z*	IT10	*T*	*Z*	IT11	*T*	*Z*
约 3	6	1	1	10	1.2	1.6	14	1.6	2	25	2	3	40	2.4	4	60	3	6
>3～6	8	1.2	1.4	12	1.4	2	18	2	2.6	30	2.4	4	48	3	5	75	4	8
>6～10	9	1.4	1.6	15	1.8	2.4	22	2.4	3.2	36	2.8	5	58	3.6	6	90	5	9
>10～18	11	1.6	2	18	2	2.8	27	2.8	4	43	3.4	6	70	4	8	110	6	11
>18～30	13	2	2.4	21	2.4	3.4	33	3.4	5	52	4	7	84	5	9	130	7	13
>30～50	16	2.4	2.8	25	3	4	39	4	6	62	5	8	100	6	11	160	8	16
>50～80	19	2.8	3.4	30	3.6	4.6	46	4.6	7	74	6	9	120	7	13	190	9	19
>80～120	22	3.2	3.8	35	4.2	5.4	54	5.4	8	87	7	10	140	8	15	220	10	22
>120～180	25	3.8	4.4	40	4.8	6	63	6	9	100	8	12	160	9	18	250	12	25
>180～250	29	4.4	5	46	5.4	7	72	7	10	115	9	14	185	10	20	290	14	29
>250～315	32	4.8	5.6	52	6	8	81	8	11	130	10	16	210	12	22	320	16	32
>315～400	36	5.4	6.2	57	7	9	89	9	12	140	11	18	230	14	25	360	18	36
>400～500	40	6	7	63	8	10	97	10	14	155	12	20	250	16	28	400	20	40

附表 13-2　功能量规各工作部位的尺寸公差、几何公差、允许磨损量和最小间隙数值

（摘自 GB/T 8069—1998）　　μm

综合公差 T_t	检验部位		定位部位		导向部位			t_I、t_L、t_G	t_G'
	T_I	W_I	T_I	W_L	T_G	W_G	S_{min}		
≤16	1.5							2	
>16～25	2							3	
>25～40	2.5							4	
>40～63	3							5	
>63～100	4				2.5		3	6	2
>100～160	5				3			8	2.5
>160～250	6				4		4	10	3
>250～400	8				5			12	4
>400～630	10				6		5	16	5
>630～1000	12				8			20	6
>1000～1600	16				10		6	25	8
>1600～2500	20				12			32	10

附表 13-3　功能量规检验部位的基本偏差数值（摘自 GB/T 8069—1998）　　　　μm

序号	0	1		2		3		4		5	
基准类型	无基准	无基准 （成组被测要素） 一个平表面		一个中心要素 两个平表面		一个平表面和 一个中心要素 三个平表面 一个成组 中心要素		两个平表面和 一个中心要素 两个中心要素 一个平表面和 一个成组中心要素		一个平表面和 两个组成中心要素 两个平表面和一 个成组中心要素 一个中心要素和 一个成组中心要素	
综合公差 T_t	整体型或 组合型	整体型或 组合型	插入型或 活动型	整体型或 组合型	插入型或 活动型	整体型或 组合型	插入型或 活动型	整体型或 组合型	插入型或 活动型	整体型或 组合型	插入型或 活动型
≤16	3	4	—	5	—	5	—	6	—	7	—
>16~25	4	5	—	6	—	7	—	8	—	9	—
>25~40	5	6	—	8	—	9	—	10	—	11	—
>40~63	6	8	—	10	—	11	—	12	—	14	—
>63~100	8	10	16	12	18	14	20	16	20	18	22
>100~160	10	12	20	16	22	18	25	20	25	22	28
>160~250	12	16	25	20	28	22	32	25	32	28	36
>250~400	16	20	32	25	36	28	40	32	40	36	45
>400~630	20	25	40	32	45	36	50	40	50	45	56
>630~1000	25	32	50	40	56	45	63	50	63	56	71
>1000~1600	32	40	63	50	71	56	80	63	80	71	90
>1600~2500	40	50	80	63	90	71	100	80	100	90	110

参考文献

[1] 何永熹，武充沛. 几何精度规范学. 北京：北京理工大学出版社，2006.

[2] 甘永立. 几何量公差与检测. 上海：上海科学技术出版社，2013.

[3] 武充沛，张发玉，王恒迪. 机械精度设计与检测. 北京：科学出版社，2014.

[4] 刘巽尔. 形状和位置公差. 北京：中国标准出版社，2004.

[5] 费业泰. 误差理论与数据处理. 北京：机械工业出版社，2010.

[6] 闻邦椿. 机械设计手册 第 1 卷 常用设计资料. 北京：机械工业出版社，2010.